U0059514

LabVIEW 與感測電路應用

陳瓊興 編著

全華圖書股份有限公司

THIS "Consent Agreement" is made on May 7, 2019, between National Instruments Corporation ("NI") with its principal place of business at 11500 N. Mopac Expwy, Austin, Texas 78759 and National Kaohsiung University of Science and Technology with its principal place of business at No. 142,Haizhuan Rd. Nanzi District,Kaohsiung City, Taiwan 811.

National Kaohsiung University of Science and Technology would like to make use of National Instruments Powered by LabVIEW Logo that is the Intellectual Property and/or proprietary, copyrighted material of National Instruments. National Instruments consents to allow limited use of the LOGOS subject to the terms and conditions below and the National Instruments Corporate Logo Use Guidelines ("GUIDELINES") incorporated herein by reference.

Terms and Conditions

1. National Instruments grants to National Kaohsiung University of Science and Technology the nonexclusive right to use the Powered by LabVIEW logo in their textbook for the publishing of NI LabVIEW and NI myRIO related interfaces. The Powered by LabVIEW LOGO will only be used in the specific manner described above and as defined in the LOGO GUIDELINES.

2. NI will be cited as the source of the material in every use. For oral presentations, this citation may be verbal. For all printed materials that include a direct copy of images, diagrams, or text, the citation shall include "©2017 National Instruments Corporation. All Rights Reserved" next to the direct copy. For printed materials where the ideas are incorporated into text, a citation of NI as the source of the ideas or concepts shall be included in a *notes or bibliography* section.

3. Where a Logo or Icon is used as an indication of the NI brand, the additional copyright text next to the Logo is not needed. Where other images are used to illustrate an article, publication, or event, they must be identified somewhere in the text (bibliography, footnotes, foreword) or on the website (in the Privacy and Use policy of the website and/or in a note at the bottom of the page on which they are displayed) as the protected property of NI with the words "Designs and images representing NI ideas and concepts are the sole property of National Instruments Corporation."

4. If a logo or icon is being provided, then a copy of the GUIDELINES must accompany this Consent Agreement. Signing this form is an affirmation that the GUIDELINES have been read, understood, and will be followed.

5. All right, title, and interest in the LOGO or ICON, including the intellectual property embodied therein, is and shall remain the sole property of NI.

6. This Agreement exists only for the specific use for which permission to use the LOGO is granted, and the terms of this agreement are not transferable to other uses. NI may terminate this Consent Agreement with 30 days written notice or immediately upon any breach or violation of the terms of this Consent Agreement or the GUIDELINES. Upon the expiration or termination, National Kaohsiung University of Science and Technology shall, to the best of its ability, insure the destruction and/or deletion of all physical and electronic copies stored or archived on any disc or hard drive. National Kaohsiung University of Science and Technology shall provide a letter affirming such destruction and/or deletion upon request from NI.

National Instruments   **National Kaohsiung University of Science and Technology**

Signature

Printed Name: Shelley Gretlein   Printed Name: Chiung-Hsing Chen

Title: Vice President Corporate Marketing   Title: Professor

Date: May 7, 2019   Date 2019. 5. 10

National Instruments Corporation, 11500 N. Mopac Expwy., Austin, TX 78759 USA/ Telephone: (512) 683-0100

作者序

指導學生專題實務擔任系上專題指導教授，學生專題實務需搭配多種不同的感測器元件來設計一套控制系統。隨著科技的進步與發展，感測器的發展也登上另一個高峰，且各有所長，但坊間出版的書籍仍欠缺如何將各式硬體與 LabVIEW 做結合之介紹，以及如何引領學生熟悉並進入資料擷取與智慧型遠端控制的領域，因此本書的撰寫就顯得相當重要。讀者們可透過本書深入淺出的軟硬體範例與自我挑戰題，來提升軟體撰寫與資料擷取使用之能力。

本書獨家蒐錄目前全球正夯的物聯網概念，將 iOS 作業系統的手持式裝置與 LabVIEW 做結合，並利用簡單範例來引導初學者入門。依不同屬性共分為 Part 1 至 Part 3 三個部分：Part 1 為程式篇，以淺顯易懂及詼諧的口吻描述 LabVIEW 圖形化程式設計的工作環境及指令功能來奠定讀者程式撰寫之基礎；Part 2 為進階篇，描述一些與網路相關的進階程式設計功能與 NI 網路資料傳輸 (DataSocket) 的使用；Part 3 為感測篇，描述 NI 資料擷取卡 (DAQ 卡) 的硬體設定與使用，讀者可透過本書開發的教具來熟悉感測器的類比輸入與數位 I/O 之程式撰寫。

除了配合讀者自我學習考量，採用價格較親民的低階 NI DAQ 資料擷取外，並增加遠端監控的應用實例。透過一套方便教學的簡單教具，使學生可以更加明瞭 DAQ 卡在不同感測器上的使用，並輔以實務上的應用。2020 年已將 DAQ 教學影片放在 YouTube 上 (關鍵字查詢：歐陽逸，公開讓有興趣者自行上網學習。本人擔任編劇、拍攝和導演的工作，最佳男主角則由研究生歐陽逸擔綱演出)，或可參照下方連結進行閱覽。

在本書所附的光碟內提供了 Part 1 程式篇的影音教學和許多實用的感測範例。也將以往結合上述各部分之基礎所完成的專題製作競賽成果放置於光碟中來啟發同學，並提供同學對 LabVIEW 從事專題製作之參考。

NI LabVIEW 的版本，每年都會更新。本書在編撰時是以學校既有的版本來使用。因此，程式的畫面和元件路徑或許會有些微差異，敬請包涵。其實，在基礎程式設計的教學上，LabVIEW 新舊版本並沒有影響。

本次的編輯期間，感謝本系歐陽逸與張家祥兩位同學的協助校稿。

教學影片連結

國立高雄科技大學電訊工程系　陳壿興博士謹識

2021.02.05

編輯部序

「系統編輯」是我們的編輯方針,我們所提供給您的,絕不只是一本書,而是關於這門學問的所有知識,它們由淺入深,循序漸進。

LabVIEW 是在 1986 年所發展的一種繪圖程式語言,在程式撰寫及設計上,都是以圖形方式來完成。

本書分為程式篇、進階篇、感測篇三個部分,讓讀者可以由淺入深,熟悉程式篇的元件及函數,再經由進階篇的精進練習熟悉 LabVIEW 之程式撰寫。

本書精心設計之範例,例如:四則運算、陣列大小等,讓讀者可輕鬆學會 LabVIEW 軟體,加強程式實務設計能力,培養多樣化的思考面向。大量的程式範例,循序漸進加以解說每個程式內容與觀念,讓讀者發現程式設計樂趣。章末附有自我挑戰題,例如:上下限顯示、溫度過高預警等,讓讀者更深入學習,自行創造出獨特的設計方法及技巧,讓讀者學習事半功倍。

本書適用大學、科大電子、電機、電訊系「LabVIEW 程式設計」、「圖控程式設計」等課程之任課教師。

同時為了使您能有系統且循序漸進研習相關方面的叢書,我們以流程圖方式,列出各有關圖書的閱讀順序,以減少您研習此門學問的摸索時間,並能對這門學問有完整的知識。若您在這方面有任何問題,歡迎來函連繫,我們將竭誠為您服務。

相關叢書介紹

書號：03238077
書名：控制系統設計與模擬－使用
　　　MATLAB/SIMULINK(第八版)
　　　(附範例光碟)
編著：李宜達
20K/696 頁/600 元

書號：06486
書名：物聯網理論與實務
編著：鄒耀東.陳家豪
16K/400 頁/500 元

書號：10471
書名：訊號與系統概論－
　　　LabVIEW & Biosignal
　　　Analysis
編著：李柏明.張家齊.林筱涵
　　　蕭子健
20K/472 頁/500 元

書號：05803047
書名：可程式控制器程式設計與實務-
　　　FX2N/FX3U(第五版)
　　　(附範例光碟)
編著：陳正義
16K/504 頁/580 元

書號：06413017
書名：嵌入式系統－myRIO 程式設計
　　　(第二版)(附範例光碟)
編著：陳瓊興.楊家穎.高紹恩
16K/392 頁/600 元

書號：0295902
書名：感測器應用與線路分析(第三版)
編著：盧明智
20K/864 頁/620 元

書號：10468
書名：生醫訊號系統實作：
　　　LabVIEW & Biomedical System
編著：張家齊.蕭子健
20K/224 頁/300 元

◎上列書價若有變動，請以
　最新定價為準。

流程圖

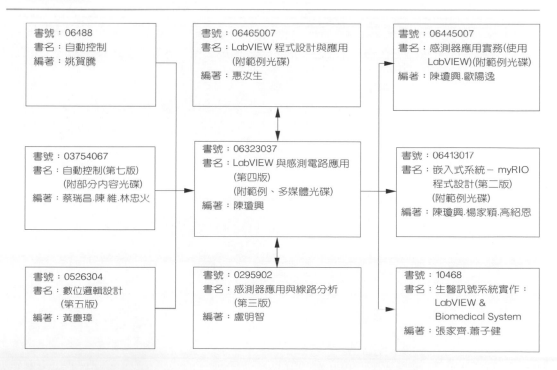

目錄 *Contents*

Part 1 程式篇

※ 電子書置於光碟

PART

1 程式篇

第 1 章　LabVIEW 是啥？

　　LabVIEW 是一種以圖形化程式介面的發展環境。此圖形化程式介面相較於文字指令型態的程式撰寫方式，對於工程師或科學家的程式撰寫經驗中是一種更具直覺的程式設計方式。直覺式的圖形化程式設計圖示讓使用者很快且輕易地上手。使用者可以透過交互式面板、對話框、選單以及數百種虛擬儀表（Virtual Instruments，簡稱為 VI）來達成所有的功能，也可以將這些 VIs 置於圖框中來定義使用者想要執行的動作。上述這些動作只需利用點選滑鼠便可完成。如此，可有效的減少程式從初始設定到最後執行所需的時間。

　　LabVIEW 擁有操作便利的特質，但並不表示使用 LabVIEW 需要犧牲其功能性或強大的能力。LabVIEW 提供了使用者發展測試、量測、控制以及自動化系統時完整的功能性，這包含了資料結構、流向控制、迴圈架構與事件管理等一般程式語言功能。因此，LabVIEW 的優勢在於：能夠利用直覺式的架構式介面取代難以理解的程式碼，以降低使用與學習過程的複雜度。

　　舉例來說，以 LabVIEW 在記憶體管理部分的成功範例來描述與驗證 LabVIEW 如何降低程式設計的複雜度。LabVIEW 會自動地完成所有記憶體的管理並確保它們被有效地且安全的使用。即使在程式方塊圖上各項資料類型的操作使用上相當"直覺"，使用者仍然能夠進行字串及陣列的運算，絲毫不需要擔心記憶體分配的細節，更不會發生資料遺失或覆蓋的致命錯誤。

　　另一個例子是事件處理。在 LabVIEW 環境中，使用者可以把應用程式中所需回應的事件整理列表，然後根據程式執行過程，安排進行事件致能或者禁能的要求來提升程式執行的效率。這透過圖形架構和互動式架構對話框的方式，能幫助使用者迅速的選擇使用者想要程式處理的物件或事件。

　　傳統的程式語言需要大量的程式設計技巧才能建立平行執行的程序，這是使程式效率達到最大的常用方法之一。使用平行方案往往需要在函式庫呼叫作業系統函數、資源管理、記憶體保護及鎖定機制之間取得複雜的平衡關係。LabVIEW 使這類高級程式設計技巧變得非常容易。

　　LabVIEW 中的資料流程（Dataflow）提供一個比常見的文字式語言所使用的流程控制更加豐富的運算模式。它本身即具平行運算能力，使用者只需要繪製兩個或多個迴圈，即可輕易地達成平行運算的目的。每一個迴圈會自動地平行執行，只要沒有資料相關性便可以各自保持獨立。即使是新手使用者也能輕易地設計平行應用程式。除此之外，LabVIEW 可以自動並透明地將欲處理的作業分散在多個處理器之間，有效率地運用所有可用的資源，也可以調整欲處理的作業要使用哪個處理器來進行作業。

　　LabVIEW 2015 還透過軟體設計方式縮短學習時間，有助於迅速建置強大、靈活又穩定的系統。除了大幅提升支援效能之外，更同時根據使用者的意見整合多項功能，讓程式設計作業更輕鬆。

　　NI 根據使用者意見而建構新功能、簡化高複雜度程式、強化時序與同步化功能，可達到更高效率的應用；不論是初階或高階使用者均可協助提升產能。LabVIEW 2015 版提供了更快的速度、開發捷徑和除錯工具，幫助開發人員有效操作自己所建置的系統。LabVIEW 可在不同系統間重複使用程式碼來藉此節省時間與成本。

　　LabVIEW 程式語言也被稱為 G 語言，是一種資料流程式語言。程式設計師通過繪製導線連結不同功能的節點和圖形化的程式框圖結構決定程式如何執行。這些導線傳遞變數，所有的輸入資料都準備好之後節點便馬上執行，G 語言天生地具有並列執行能力。內建的排程演算法自動使用多個處理器和多執行緒來執行系統。

第 2 章　LabVIEW 的特色

當為了量測和自動化應用需求發展適用的軟體時，通常會在不同種類的開發軟體間進行選擇。目前常用的程式語言，包括 C、C++ 以及 Visual Basic 等，這些程式語言通常是以文字指令為基礎（text-based）的軟體，且這些傳統的程式工具能夠充分發揮其功能及優勢。但也因為這類程式語言的使用者須具備熟悉該程式的語法規則及其發展特性的經驗與知識，因此，即使這些工具的應用相當彈性，但也意味著使用者必須接受一些深度內容的訓練。

另一種是以設定為基礎（configuration-based）的軟體，專門用來克服撰寫傳統程式語言時會遭遇的困難：此類軟體可以提供快速的方法，在最短的時間內設計出可自動化操作的測試及量測系統。一般而言，這些以對話框（dialog-based）為基礎的互動式應用介面提供了較便利的程式撰寫過程，但也導致功能性受限，且其提供客製化以及擴展化方面選擇的機會也極低。

如何在上述兩種軟體開發工具間進行應用程式撰寫與實現，則必須視實際情況而定。當嘗試使用架構式為基礎的軟體來快速達成任務的同時，很快就會因軟體本身的限制而遭遇瓶頸。若使用傳統的程式語言，則會發現即便是最簡單的任務，也會因為入門的困難度高而遭遇到使用指令障礙的窘境。

NI 的 LabVIEW 填補了這兩種開發工具的鴻溝，並且提供一個直覺式的圖形研發環境，徹底地推翻了軟體工具無法兼具功能強大及操作容易的說法。不論是何種工業、專業領域或程式設計經驗的應用範疇中，LabVIEW 都是一個輔助使用者實現測試、量測、自動化以及控制等應用的最佳工具，只要將 NI 的硬體連結到電腦上並撰寫程式就能快速地完成一個簡單的訊號接收與傳送。不論是科學家、工程師或是技術員，LabVIEW 將根據使用者的設計專長提供適當的操作介面，使其能快速的建構系統，有效的幫助使用者驗證產品設計、自動化應用與控制流程的可行性。並且可以交叉應用 LabVIEW 的各種功能同時即刻瀏覽結果。

同樣地，因為 LabVIEW 建構在一個發展完整的程式語言上，其強大的程式編輯元件與程式架構，促使在各方面的應用範疇均佔有絕對的優勢，可滿足使用者的各項特定要求。當設計好一套系統後，能夠將程式與 Data Dashboard 結合，再透過網路和手持裝置來查看及控制系統的資訊。

第 3 章　LabVIEW 的安裝

3-1　LabVIEW 2015 試用版的下載與安裝

STEP 1 首先，先連上 NI 的官方網站 (http://www.ni.com)，點選網頁上方的 "支援"，接著點選 "LabVIEW" 的選項，如圖 3-1 所示。(如有本書光碟，可從光碟內安裝試用版，即可跳至 3-2 LabVIEW 2015 正式版的安裝繼續。)

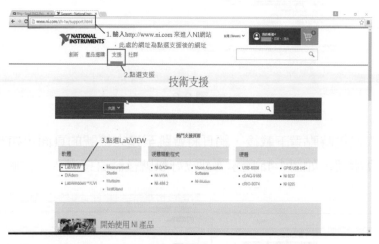

圖 3-1

STEP 2 之後請點選適合電腦作業系統和硬體的 LabVIEW 版本，如圖 3-2 所示。點選後將會出現下載頁面如圖 3-3 所示，有 2 種下載方式。

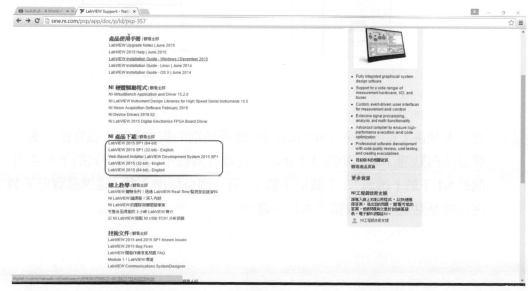

圖 3-2

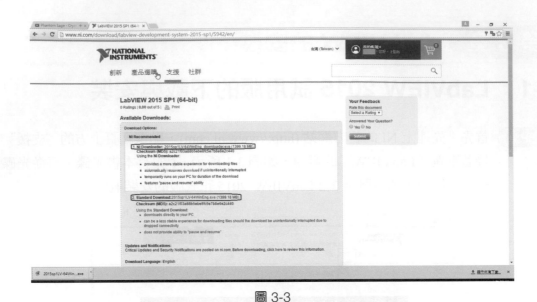

圖 3-3

STEP 3 未登入帳號時點選下載後，網頁將會跳至建立帳號的頁面，如圖 3-4 所示。接著建立帳號，如圖 3-4a 所示。建立好帳號後請直接登入，如圖 3-4b 所示。

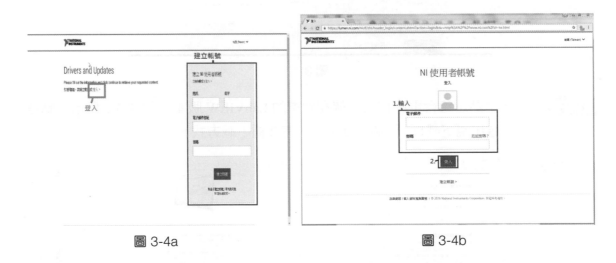

圖 3-4a   圖 3-4b

STEP 4 登入帳號後，即可進入 LabVIEW 2015(或是別的版本) 的下載頁面。進入下載頁面後再點選下載，如圖 3-5 所示。此處有兩種不同傳輸方式的下載選項，一個是 NI 下載 (透過 NI 下載器下載)、另一個是標準下載 (透過瀏覽器下載)，在這裡是點選 NI 下載器來進行下載。

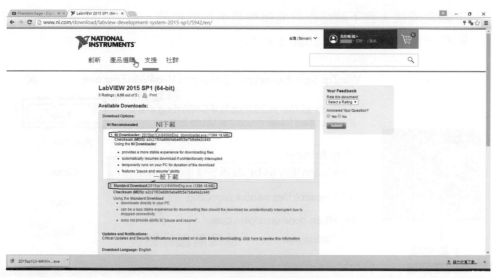

圖 3-5

STEP 5　點選選項後，會開始下載 NI 下載器 (此處作者所存放的位置為桌面)，如圖 3-6
為下載完成後的圖示。

圖 3-6

STEP 6　接下來，開啟 LabVIEW 2015 的 NI 下載器，並且決定存放路徑後，NI Downloader
就會開始下載，如圖 3-7 所示。NI Downloader 為一種續傳軟體，不需擔心檔
案會下載失敗 (除非關閉程式)。

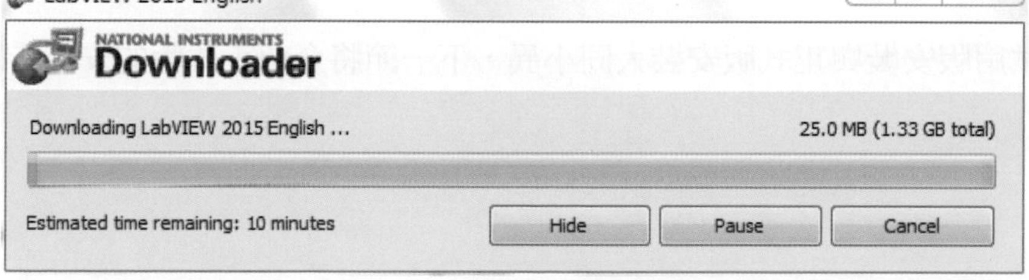

圖 3-7

STEP 7 下載完成後，到下載路徑打開壓縮檔進行解壓縮。首先，先選擇解壓縮存放的路徑，再執行解壓縮，如圖 3-8 所示。

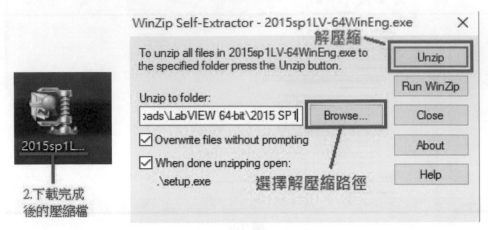

圖 3-8

STEP 8 解壓縮完成後，進入解壓縮路徑 (看存放在哪個位置) 執行 setup 開始安裝 LabVIEW 2015，如圖 3-9 所示

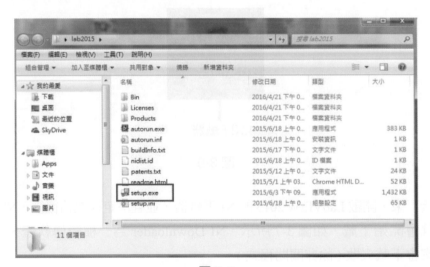

圖 3-9

試用版安裝與正式版安裝大同小異，下一節將介紹正式版的安裝步驟。

3-2　LabVIEW 2015 正式版的安裝

STEP 1 每一種軟體都一定要安裝才能使用，LabVIEW 當然也不例外。首先，將標籤為 NI LabVIEW Core Software 的光碟放置光碟機中讀取 (或圖 3-9 開啟後)，之後會跳出 LabVIEW 的起始安裝畫面，再點選 Install NI LabVIEW 2015 來進行下一步，如圖 3-10 所示。

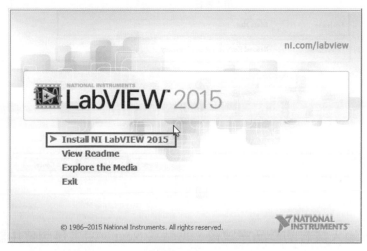

圖 3-10

STEP 2 完成圖 3-10 的動作後，會出現下一個視窗。點選 Next 進行下一步，如圖 3-11 所示。

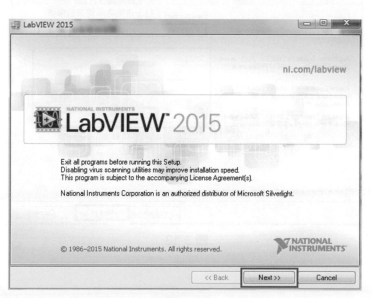

圖 3-11

STEP ③ 完成圖 3-11 的動作後，會出現一個視窗提供使用者填入姓名與所屬的單位，再選擇 Next，如圖 3-12 所示。

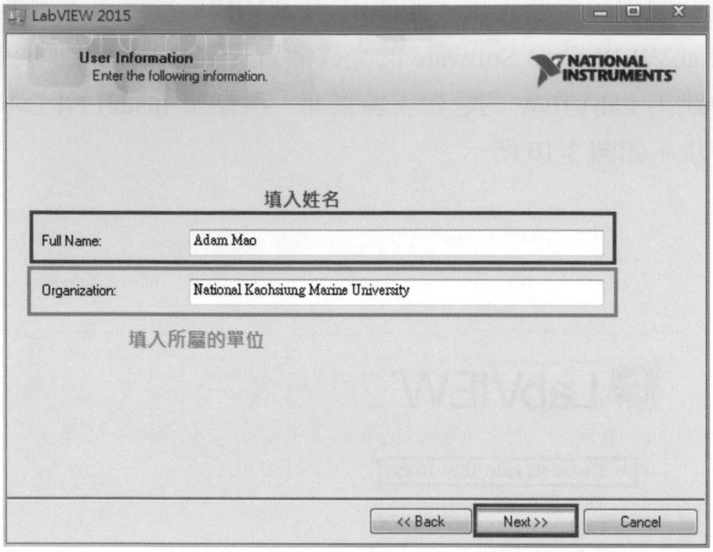

圖 3-12

STEP ④ 接著，輸入擁有的產品序號後，再點選 Next。如果是想使用試用版本的話，直接點選 Next 進行下一步，如圖 3-13 所示。

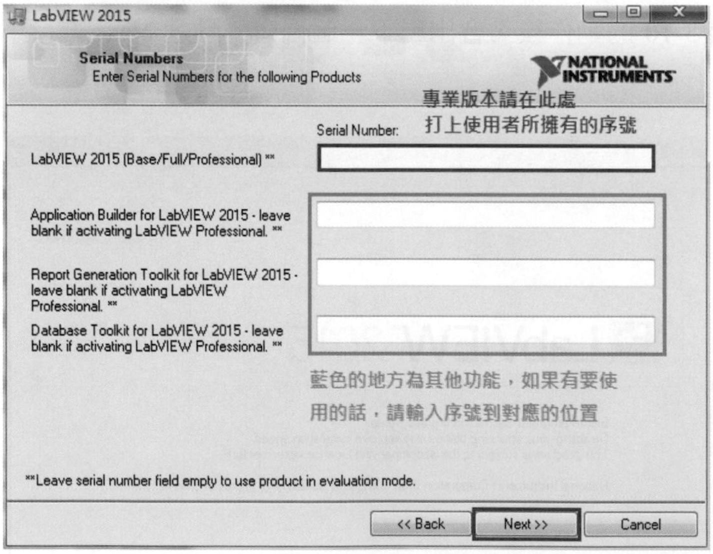

圖 3-13

STEP 5 完成圖 3-13 的動作後，會出現一個視窗供使用者決定安裝的位置，選擇完畢
後點選 Next 進行下一步，如圖 3-14 所示。

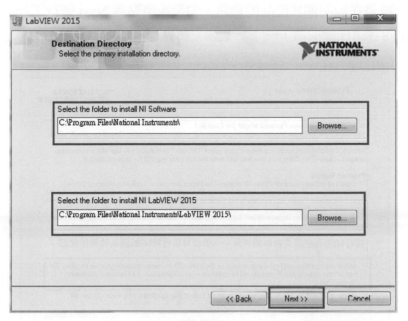

圖 3-14

STEP 6 完成圖 3-14 的動作後，會出現一個視窗，供選擇要安裝的 NI 套件，選擇完畢
後，請直接點選 Next 進行下一步，如圖 3-15 所示。

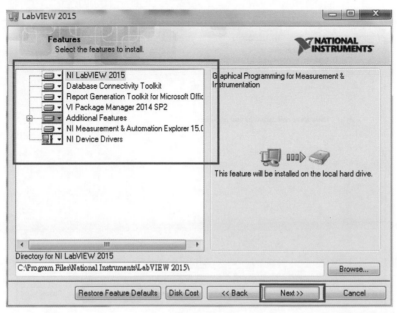

圖 3-15

STEP 7 接著會出現下一個視窗，這個視窗在說明關於 LabVIEW 第一次啟動時會經由網路來擷取資訊。建議調整防火牆，不要讓防火牆做出阻擋 LabVIEW 的功能。另一項是在說明關於產品的資訊，勾選後請點選 Next 進行下一步如圖 3-16 所示 (內容請仔細閱讀)。

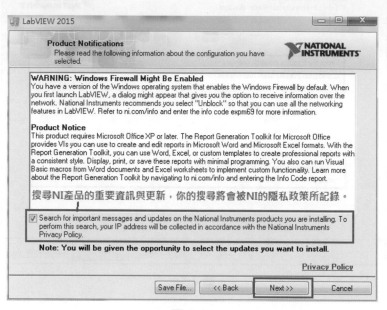

圖 3-16

STEP 8 之後會出現下一個視窗，點選 Next 進行下一步，如圖 3-17 所示。

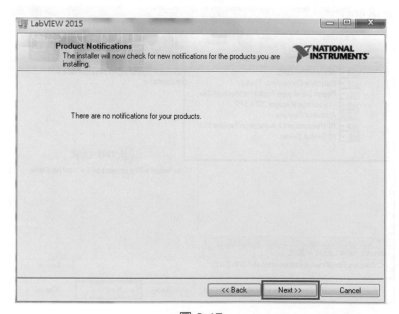

圖 3-17

STEP **9** 接下來會再出現 2 次授權視窗，點選 I accept to above 2 License Agreement，再
點選 Next 即可下一步 (內容請仔細閱讀)，如圖 3-18 所示。

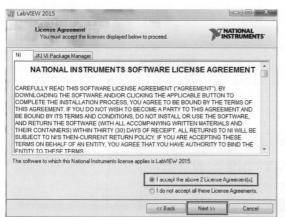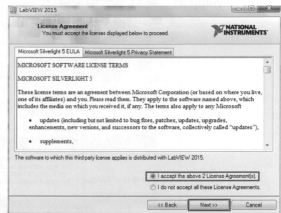

圖 3-18

STEP **10** 接下來會出現準備安裝的視窗，如圖 3-19 所示，點選 Next 下一步即可。

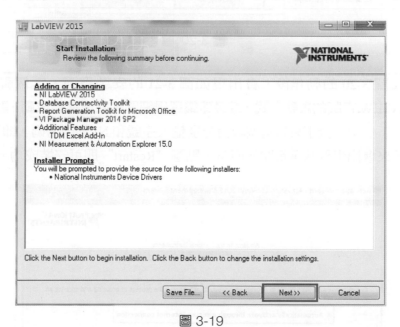

圖 3-19

STEP 11 完成圖 3-19 的動作後，會出現如圖 3-20 的安裝畫面。安裝完後，如果有 NI 硬體驅動需要安裝的話，選擇路徑後點選 "Install Support"，否則點選 "Decline Support" 進行下一個步驟。

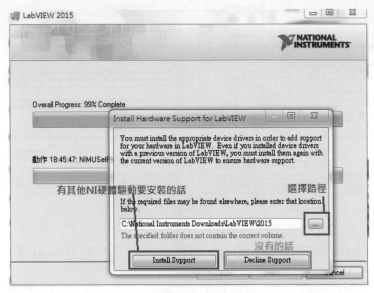

圖 3-20

STEP 12 完成圖 3-20 的動作後，會出現如圖 3-21 的安裝畫面。這個視窗是在詢問 LabVIEW 正版的啟動方式，這邊建議選用網路帳號來連結啟動，點選 "NEXT" 進行下一步。接下來的兩個視窗分別輸入序號和 NI 帳號密碼，即可啟動產品。接下來會出現要求重新開機視窗，點選 "Restart" 即可安裝成功。

圖 3-21

STEP 13 完成圖 3-21 的動作後，會出現如圖 3-22 的安裝畫面，請輸入序號才能和您的
NI 帳號作連結，輸入後點選 "Next"。

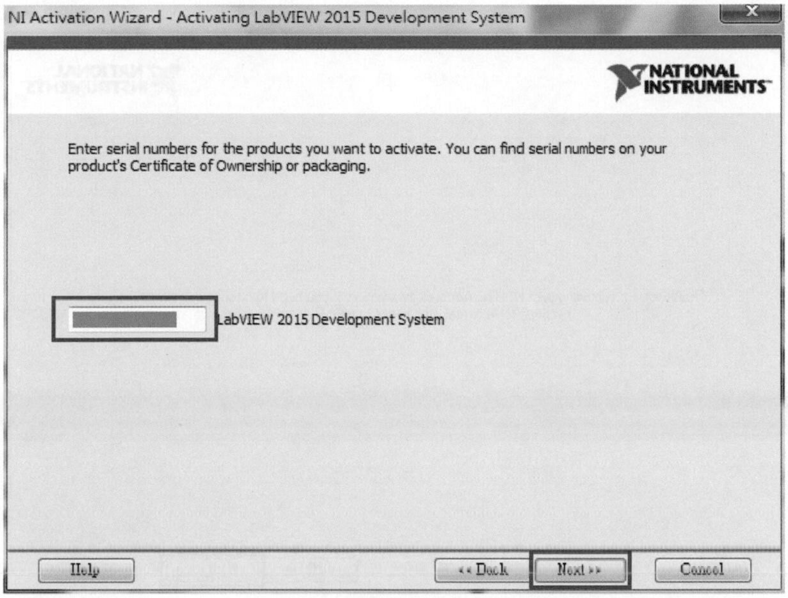

圖 3-22

STEP 14 完成圖 3-22 的動作後，會出現如圖 3-23 的畫面，這個視窗是請輸入所擁有的
NI 帳號與密碼，輸入完成後點選 "NEXT" 下一步。

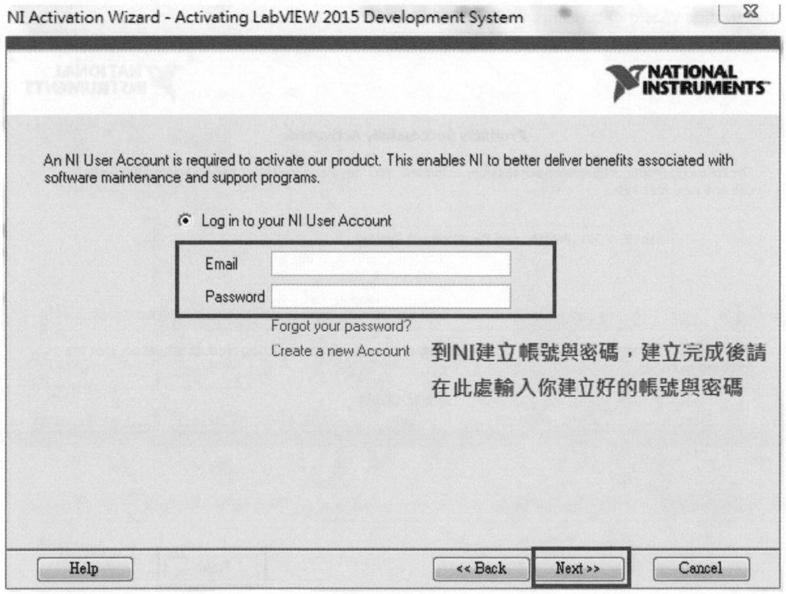

圖 3-23

STEP 15 完成圖 3-23 的動作後，會出現如圖 3-24 的安裝畫面。完成安裝後 NI 會寄一封郵件確定連結成功。假如需要更改個人資訊可以到 NI .com 去修改資料。

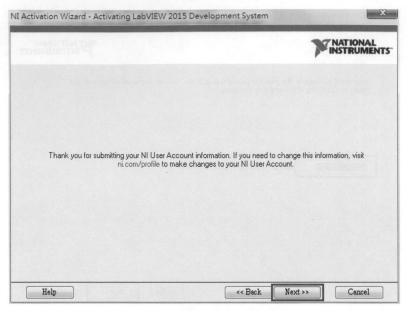

圖 3-24

STEP 16 完成圖 3-24 的動作後，會出現如圖 3-25 的安裝畫面，這個視窗是代表產品啟動成功，確認視窗無誤後點選 "Finish" 完成安裝。

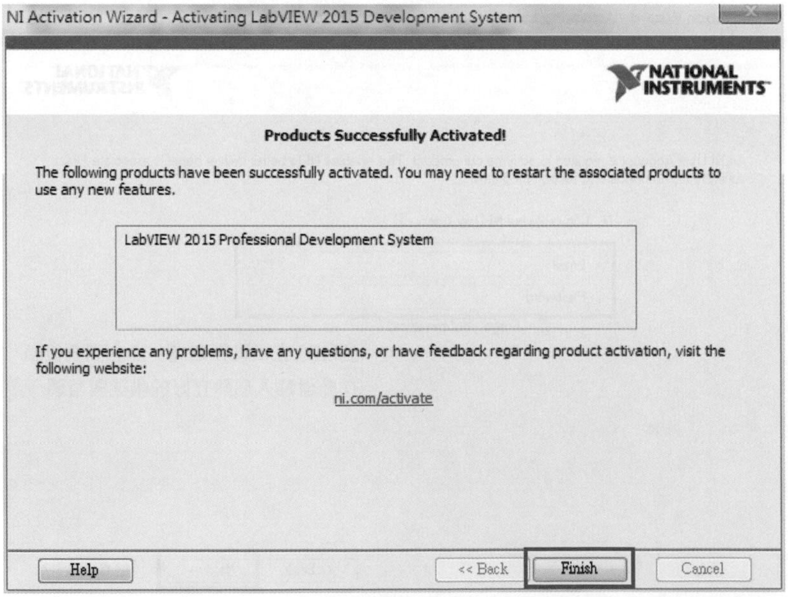

圖 3-25

STEP 17 完成圖 3-25 的動作後，會出現如圖 3-26 的安裝畫面，這個視窗是詢問是否讓 NI Updates 隨時檢查更新，但 NI Updates 不會強制自動更新，會先詢問使用者意見。

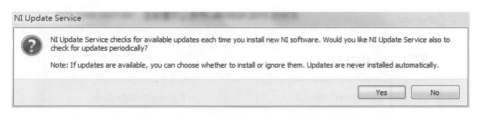

圖 3-26

STEP 18 完成圖 3-26 的動作後，會出現如圖 3-27 的畫面，相信已了解安裝完程式後是需要重新啟動電腦才能使安裝設定完全成功，所以接下來有三個選項，由左至右分別是重新啟動、關機、稍後重新啟動，點選 "Restart"（重新啟動）後，等待電腦重新開機完成後，就可以開始使用安裝好的軟體。

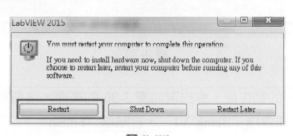

圖 3-27

3-3　創立捷徑和執行畫面

STEP 1 透過 Windows 視窗工作列上的搜尋，打上 L 就會跑出和 L 相關的程式，再來對 LabVIEW 的圖示點選右鍵釘選於工作列或開始功能表，如圖 3-28 所示。

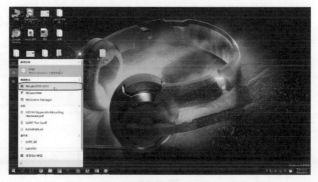

圖 3-28

STEP 2 完成圖 3-28 的動作後，滑鼠左鍵點選 LabVIEW 的圖示即可執行程式。點選後會出現視窗，如圖 3-29 所示。接下來點選 "Create Project"（或是按住鍵盤的 Ctrl+n 來快速建立新專案）。

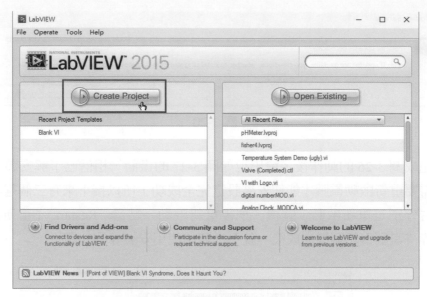

圖 3-29

STEP 3 完成圖 3-29 的動作後，會出現如圖 3-30 的畫面，這個視窗可以選擇要建立何種專案，這裡選擇 "Blank VI"，再點選 "Finish"。

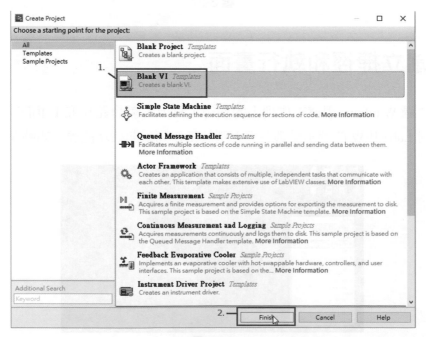

圖 3-30

STEP ④ 完成圖 3-30 的動作後，會出現如圖 3-31 的畫面。接下來為了方便操作請點選
"Windows" 下拉式選單中的 "Tile Left and Right" 或是按住 Ctrl+T。

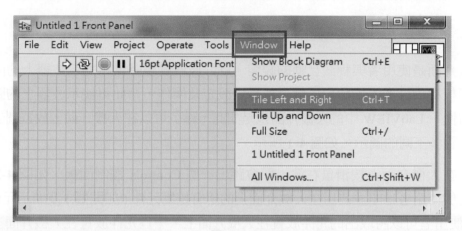

圖 3-31

STEP ⑤ 完成圖 3-31 的動作後，會出現如圖 3-32 的畫面。上圖的步驟是為了讓兩個視
窗平均展開在螢幕上。如圖 3-32 左側的視窗為人機介面，右側的視窗為圖形
程式區。

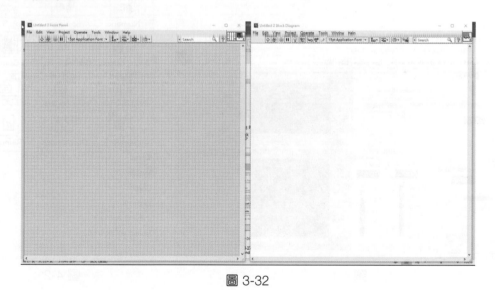

圖 3-32

完成圖 3-32 的動作後，就可以針對自己想設計的方案著手進行設計。

第 4 章　LabVIEW 的工作環境

4-1　人機介面

　　人機介面是使用者與程式互動的視窗。就好像做實驗時常用的示波器上的面板功能一樣，面板提供許多的旋鈕與按鍵供使用者設定及操作，藉此可使示波器上的圖形顯示更具可讀性。 LabVIEW 中的人機介面也是如此，除了可以在人機介面上放置圖表及開關外也提供許多不同的圖示，如圖 4-1 所示。

　　可以在人機介面上按滑鼠右鍵，即會跳出一個 Controls 控制面板，如圖 4-2 所示。此面板提供使用者呼叫並使用在人機介面上的所有控制元件 (如開關) 及顯示元件 (如溫度計)。使用者可以將取出的元件放置在人機介面上，一旦元件放置在人機介面上時便可以使用工具面板上的工具輕鬆的調整元件大小、位置、顏色及其他屬性。在後面章節會有工具面板的詳細介紹。

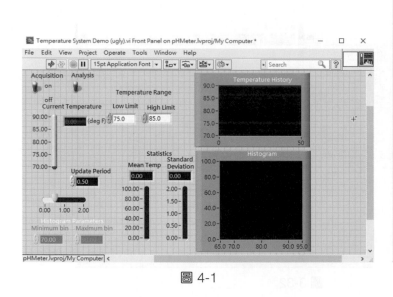

圖 4-1

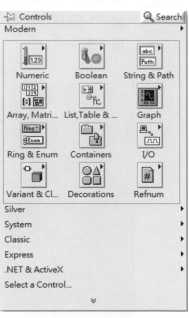

圖 4-2

4-2　圖形程式區

　　如果人機介面是對比於示波器的面板，那圖形程式區就是示波器內部的電路系統。圖形程式區中有 LabVIEW 的原始程式碼及所有的函數，設計者可以在圖形程式區中使用適當的函數撰寫出符合需求的程式，其做法就像在畫流程圖般簡單，如圖 4-3 所示。另外，圖形程式區中的函數不會顯示在人機介面上，人機介面只放置控制元件 (輸入) 及顯示元件 (輸出)。

　　在人機介面上放置一個元件時，同時也會在圖形程式區上顯示該元件及其屬性 (控制元件或顯示元件)。可以在圖形程式區上按滑鼠右鍵，即會跳出一個函數面板，此面板提供 LabVIEW 中所有的函數供使用者使用，如圖 4-4 所示。

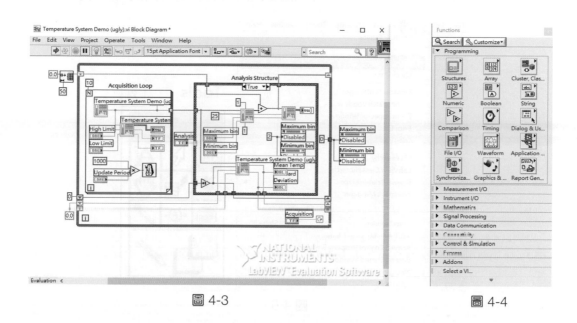

圖 4-3　　　　　　　　　　　　　　　　　　　圖 4-4

　　若想將人機介面與圖形程式區這兩個視窗並列顯示在電腦螢幕上的話，可以在 "Window" 下拉式選單點選 "Tile Left and Right" 或直接按 Ctrl+T，即可使人機介面與圖形程式區能同時顯示在螢幕上，如圖 4-5 所示。

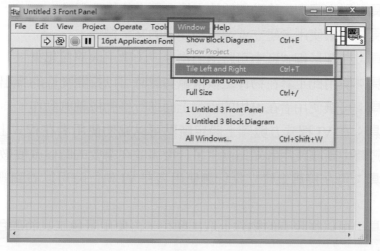

圖 4-5

4-3　工具面板

　　工具面板 (Tools Palette) 可出現在人機介面或圖形程式區中。不像控制面板與函數面板只能分別出現在人機介面與圖形程式區上。可以使用 LabVIEW 中的工具面板編輯人機介面上的元件與連接圖形程式區上的函數。若工具面板沒有出現，可以在"View"的下拉式選單中點選"Tools Palette"，即可呼叫出工具面板 (Tools)，如圖 4-6 所示。

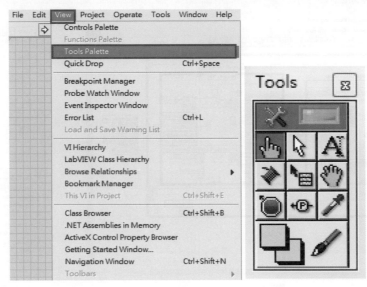

圖 4-6

自動選項工具：可依據滑鼠 (游標) 所處在位置，自動地變換合適的工具。

操作工具：可以讓使用者改變人機介面上的控制元件或顯示元件的數值。也可利用它來操作按鈕、開關或是其他的物件。

定位工具：用來選取、移動與縮放人機介面上的物件尺寸。

標籤工具：可讓使用者建立或編輯物件上的文字標籤。

接線工具：在圖形程式區中可將兩個物件或函數用線連接起來。

彈出工具：使用此工具在物件上按滑鼠右鍵時可以打開物件的彈出式選單。

捲軸工具：可讓使用者在可用的視窗上面進行移動捲軸的動作。

斷點工具：在 VI 程式方塊圖上設定斷點可以協助使用者在程式上除錯。可以使得程式暫時中斷讓使用者知道發生了什麼事並在需要的時候改變數值。

探針工具：可在接線上建立探針讓使用者在 VI 執行時可以看到經過此接線上的資料。

取色工具：可以從現有的物件上取出顏色，再使用著色工具將顏色貼到另一個物件上。

著色工具：選擇色彩的亮度來為物件與背景顏色著色。也可以選用工具面板內的適當顏色區域，同時設定前景與背景的顏色。倘若在物件上方使用彈出式的著色工具，可以直接選取色彩選用板上的顏色。

4-4　工具列

工具列 (Tool bar) 分別位於人機介面視窗與圖形程式區視窗的上方，如圖 4-7 與圖 4-8 所示。工具列提供使用者控制程式的執行與否、元件分布及設定元件上文字的大小、顏色、字體等。

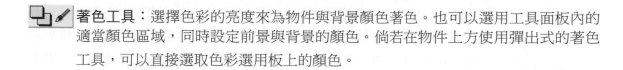

圖 4-7　人機介面視窗的工具列

圖 4-8　圖形程式區視窗的工具列

人機介面與圖行程式區工具列介紹

執行鍵：執行鍵的樣子就像是一個箭頭，按下它之後，VI 便會開始執行；在執行 VI 的時候，箭頭的外觀會改變，成為執行中的執行鍵；當 VI 內容發生錯誤而無法編譯時，執行鍵會變成一支斷裂的箭頭。

執行中的執行鍵。

不可執行的執行鍵。

重複執行鍵：連續執行鍵會讓 VI 不斷地執行，直到按下強制退出鍵才會停止。它跟 GOTO 的陳述很類似；但在結構化程式中，這不是一種很好的程式撰寫方式，所以使用時要很小心。

執行中的重複執行鍵。

強制退出鍵：當 VI 執行時，按下它即可終止 VI 的執行。

暫停鍵：按下暫停鍵時可以使 VI 暫停，藉以進行除錯的功能。

`16pt Application Font ▼` **字體選項表單**：可以在工具列的字型選項中，改變字型大小、位置與 LabVIEW 文字的顏色。

Align Object 鍵：LabVIEW 提供自動的排列方法，可以協助將文字與圖示排列整齊。可以使用定位工具將所要選的物件框起來，然後到工具列上的排列表單 (alignment ring) 選取想要的排列方式 (包括頂端對齊、左邊對齊、垂直中線等)。倘若希望物件之間有固定的距離，請仿照上面所提的方式使用配置表單 (Distribution ring)。倘若要在人機介面上重新安排各物件的大小比例，可使用物件尺寸重置 (Resize Objects)。

 Distribute Objects 鍵：設定分配選擇，包含間隙、壓縮等。

 Resize Object 鍵：設定人機介面上的物件大小 (長度及寬度)。

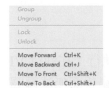 Recorder 鍵：在 Recorder 鍵中有眾多功能可以讓使用者在設計人機介面時用到。例如 Group/Ungroup 可以設置物件群組；Lock/Unlock 可以設置物件之功能；Move Forward/Move Backward/Move To Front/Move To Back 等選項，可以設定物件在螢幕顯示上的前後順序。

資料流向顯示鍵：資料流向顯示鍵可以顯示出程式方塊圖中資料的流向。當按下此鍵時，可以看到程式方塊圖執行中資料的流動方式，尚未執行的資料則不會顯示。

單步進入鍵：此鍵的功能除了可以在節點至節點之間以單步進入執行外，遇到 SubVI 與迴圈時，亦可單步進入方式執行內部程式。

單步跨越鍵：此鍵功能是以一步接一步的方式，執行 VI 各個節點至節點的單一步驟動作，凡被執行到的節點部份，均會以閃爍的方式來表示。不過在碰到 SubVI 或迴圈時，則此功能就無法以單步方式執行，只會以一次執行完畢 SubVI 的內部程式。

單步離開鍵：此鍵的功能是離開執行的過程，使程式直接跳到輸出程式節點的下一節點。

保存接線的資料 (retain wire values)：此鍵的功能是在執行流程的各個點中暫時儲存接線的值，配合探針的功能能快速的取得當下流入接線的值。

4-5　下拉式選單

下拉式選單位於人機介面視窗與圖形程式區上的頂端，包含 LabVIEW 中多種的常用功能，下面為各種下拉式選單的說明。

<File> 選單

拉下 File 選單，會看到一般常用的命令，如 Open…、Save 與 Print Window…相關的命令；也可從 File 選單中設定 VI 的屬性 (VI Properties)，如圖 4-9 所示。

<Edit> 選單

Edit 選單中有一些程式編輯過程中常用的命令，如 Undo、Redo、Cut、Copy、Paste…與 Show Search Results 等，可以方便編輯視窗。

也可以從 Edit 選單來去除錯誤的接線 Remove Broken Wires 與寫入圖片 Import Picture to Clipboard…如圖 4-10 所示。

圖 4-9

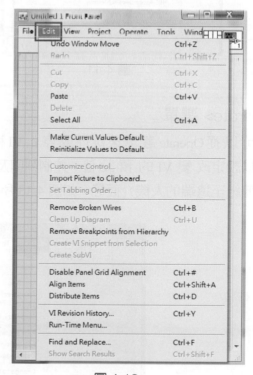

圖 4-10

<View> 選單

可以從 View 選單來顯示一些視窗。像是錯誤的顯示、VI Hierarchy 等視窗,如圖 4-11 所示。

<Project> 選單

可以從 Project 選單來開啟新的專案或者是開啟歷史專案,如圖 4-12 所示。

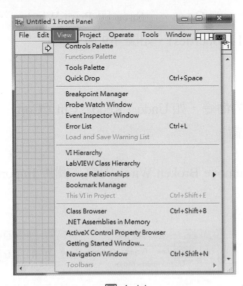

圖 4-11

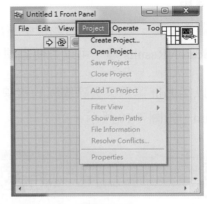

圖 4-12

<Operate> 選單

可以從 Operate 選單來執行或停止 VI 程式(不過較常用的還是使用工具列的按鈕)。也可以設定改變 VI 的預設值、控制列印及記錄完整的型態、切換執行模式與編輯模式以及連結至遠端的人機介面等,如圖 4-13 所示。

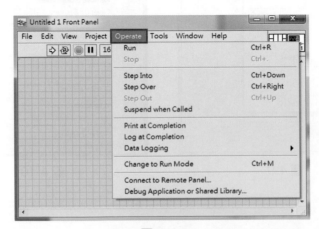

圖 4-13

\<Tools\> 選單

可以在此選單中點選 Build Application (EXE) from VI... 建立 VI 的執行檔，如圖 4-14 所示。

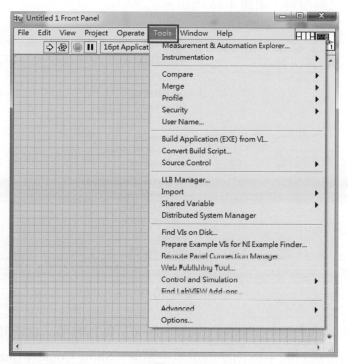

圖 4-14

\<Window\> 選單

\<Window\> 選單，可以切換人機介面與圖形程式區視窗、可以同時看到兩個視窗以及在兩個 VIs 視窗間切換。此外，也可從此選單查看目前已載入並開啟的 VI 程式視窗，如圖 4-15 所示。

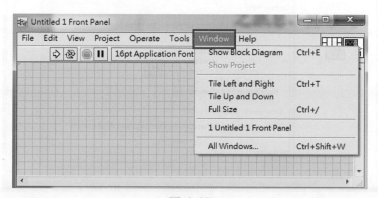

圖 4-15

<Help> 選單

可以顯示、隱藏、或是鎖住 Help 選單的輔助視窗。也可以進入 LabVIEW 的線上參考資訊、查詢所有 VI 及函數等說明文件、查詢範例程式、連上 NI 公司網頁下載相關資料，以及錯誤訊息之解說等，如圖 4-16 所示。

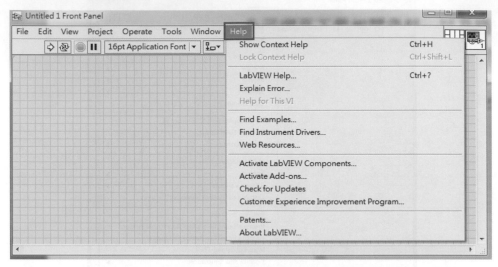

圖 4-16

其中在這下拉式選單中的 "Show Context Help" 更為重要。當不知道某元件或是某函數的用途或功能時請到圖 4-16 所示的選單中點選 "Show Context Help" 來開啟說明視窗，將滑鼠指標移動到元件上點並點擊左鍵選取，說明視窗中的內容將會變更為該元件的說明，如圖 4-17 所示。要是想知道更詳細的資訊的話，請點選說明視窗中的 "Detailed help" 來開啟。

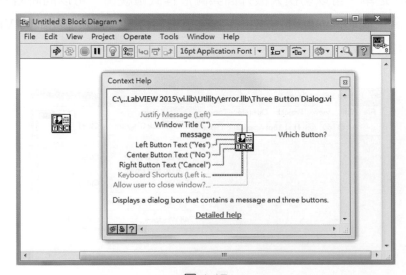

圖 4-17

4-6　鍵盤快捷鍵

檔案

Ctrl + N	新 VI 檔	Ctrl + S	存檔	Ctrl + Q	離開檔 LabVIEW
Ctrl + O	開檔	Ctrl + P	列印		
Ctrl + W	關檔	Ctrl + I	顯示 VI 屬性		

工具

Ctrl + Y	編輯 VI 歷史資料

視窗

Ctrl + E	人機介面與圖形程式區之間做切換	Ctrl + L	顯示錯誤列表
Ctrl + T	人機介面與圖形程式區之視窗排列	Ctrl + /	全螢顯示

編輯

Ctrl + V	貼上物件
Ctrl + ShIFT + F	顯示尋找結果
Ctrl ╷ B	刪除壞線
Ctrl + C	複製物件
Ctrl + D	允許重繪製 (VI 層色架構使用)
Ctrl + F	尋找接點、區域變數、reference、屬性節點等
Ctrl + X	刪除物件
Ctrl + Z	回復上一個操作
Ctrl + Shjft + Z	到下一個操作

操作

Ctrl + R	執行 VI	Ctrl + H	顯示輔助內容視窗
Ctrl + M	執行 / 編輯模式切換	Ctrl + ?	顯示輔助內容視窗與索引
Ctrl + -	暫停 VI	Ctrl + Shift + L	鎖定輔助視窗

字形

Ctrl + 0	顯示字型對話框
Ctrl + 1	更改 Application 之字型
Ctrl + 2	更改 System 之字型
Ctrl + 3	更改 Dialog 之字型
Ctrl + 4	更改 Current 之字型

4-7 浮動式面板與固定式面板

　　LabVIEW 有三種常用的面板：工具面板、控制面板及函數面板，其中人機介面中的控制面板與圖形程式區中的函數面板皆是以滑鼠右鍵呼叫出來。當控制面板或函數面板呼叫出來時，其面板的左上角皆有一個圖釘圖示，表示此面板是浮動面板，如圖 4-18 所示。當使用者跳出視窗後，浮動面板將會消失，若想將浮動式的面板轉成固定式的面板的話，可以將滑鼠移至浮動面板的左上角之圖釘上按左鍵，即可將浮動式面板轉成固定式面板，如圖 4-19 所示。這對經常使用某個視窗時特別有幫助，可以節省重複找尋同性質元件或函數的時間。當不再使用時可將它關閉，免得找不到其他同性質的元件或函數。

圖 4-18　浮動式面板

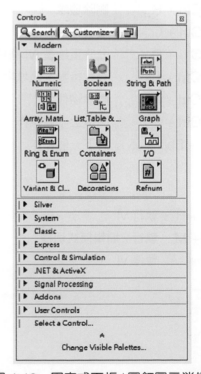

圖 4-19　固定式面板 (圖釘圖示消失)

4-8　前置面板的面板設定

可以在 Tools 選單中，點選 Options 即可改變人機介面的面板，如圖 4-20 所示；在 Front Panel 項目中最下方的 "Alignment grid draw style" 選單裡，可以選擇點式 (Dots)、線式 (Lines) 或圖表紙式 (Graph Paper)，如圖 4-21 所示，或是直接把 "Show front panel grid" 的勾選取消，那麼面板上的點或線就會消失，如圖 4-22 所示。

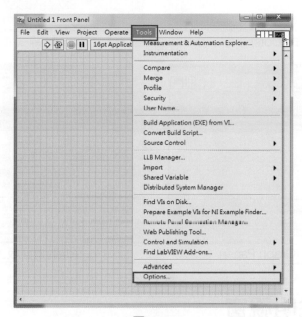

圖 4-20

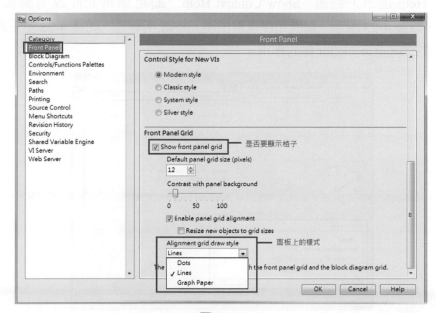

圖 4-21

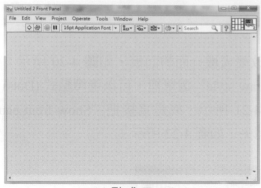

(a) 點式 (Dots)

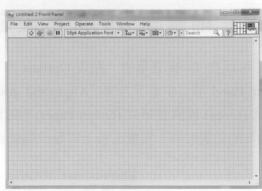

(b) 線式 (Lines)

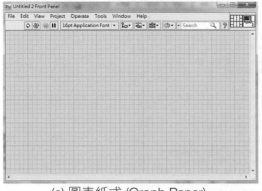

(c) 圖表紙式 (Graph Paper)

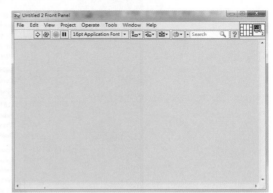

(d) 取消面板上的規線

圖 4-22

4-9 元件說明視窗

可以在 Help 選單，點選 "Show Context Help" 即可顯示元件說明視窗或是按下 Ctrl+h 開啟，如圖 4-23 所示。點選元件後會出現元件說明視窗，如圖 4-23 左下視窗所示，可以透過英文的解說來知道元件的作用。

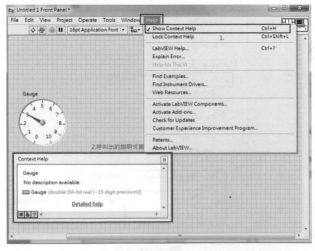

圖 4-23

第 5 章　五大元件介紹

　　LabVIEW 是一種 Data Flow 資料流的程式設計。就好比電路設計有訊號源 (DAQ 資料)、邏輯閘和電晶體 (布林)、電阻 (數值或浮點數值)、纜線 (叢集)、電容和電感 (陣列)、LCM(字串)。而兩者最大的不同是在於一個是訊號另一個是資料，在後面的章節就可以體會到為什麼可以這樣比喻。當然提到程式設計一定少不了資料型態，在 LabVIEW 中有整數數值、浮點數值、布林、字串、陣列、叢集等，但在面臨不同專案時就要學會融會貫通才能設計出良好的專案。

5-1　元件圖示

　　由左至右分別是數值 (Numeric)、布林 (Boolean)、字串 (String)、路徑 (Path)、陣列 (Array)、叢集 (Cluster)，它們在人機介面中的元件圖示如圖 5-1(a) 所示。在一般情況下前四個元件為固定顏色，如圖 5-1(b) 所示。但是數值 (Numeric) 在不同的資料形態下將會以藍色來表示 (當數值為浮點數時會以橘色來表示，正整數時以藍色來表示)。而陣列和叢集會有所不同，要視其輸入端資料型態或放入框內的元件為哪種資料型態而定 (未給予資料型態定義時為黑色)，如圖 5-1(b) 所示。在後面的章節中將會為這些元件做詳細的介紹。

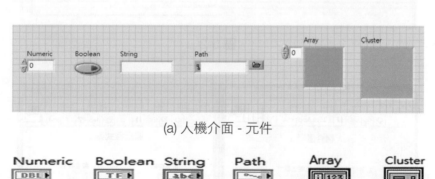

(a) 人機介面 - 元件

(b) 圖形程式區 - 元件與顏色

圖 5-1

5-2 元件連結

　　元件與元件之間的資料傳輸是靠一條或多條線來作連結。連結後，資料才能在元件中傳遞。在這裡以數值元件來舉例。首先，在人機介面上按滑鼠右鍵，在跳出的 Controls 控制面板上進入「Modern → Numeric」中取得數值控制及顯示元件，如圖 5-2 與圖 5-3 所示。

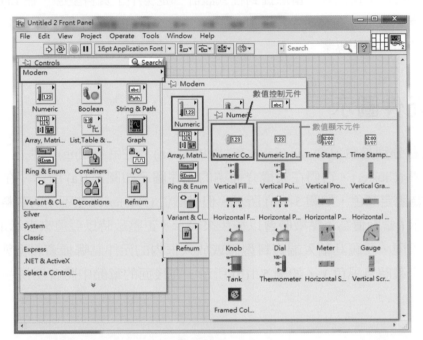

圖 5-2

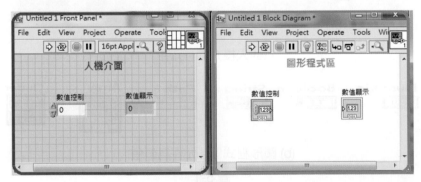

圖 5-3

接著，在圖形程式區中會看到 2 個元件 (圖 5-3)，分別對應著剛才所建立的 "數值控制" 與 "顯示" 元件。將滑鼠移動至其中一個元件上，會看到它們的連結點，如圖 5-4 所示。

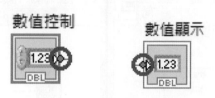

圖 5-4

再來，在 "數值控制" 元件上的連結點按滑鼠左鍵，再將滑鼠向右移動，會看到從 "數值控制" 元件上會拉出一條引線 (虛線代表未連結)，如圖 5-5 所示。

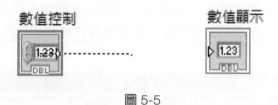

圖 5-5

將 "數值控制" 元件的引線與 "數值顯示" 元件上的接點做連結 (實線代表已連結)，如圖 5-6(A) 所示。當引線連結後，也能在引線上任何一點拉出另一條引線來與另一個顯示元件連結，如圖 5-6(B) 所示。

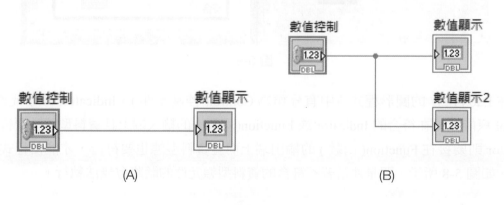

(A)　　　　　　　　　　　(B)

圖 5-6

連結後，就能將數值打在 "數值控制" 元件上並且將資料傳送至 "數值顯示" 元件中顯示出來，如圖 5-7 所示。

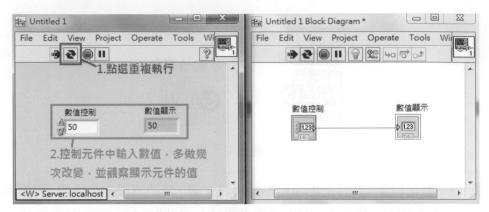

圖 5-7

元件與元件連結時，還會發生一種狀況，如圖 5-8 所示。因為布林元件無法判讀數值控制元件所傳送的值，所以會造成整條連結線錯誤並讓程式無法執行。

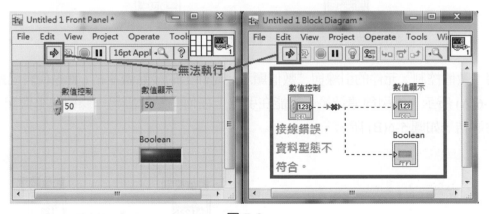

圖 5-8

在 LabVIEW 的圖形程式區中有分類為 Control(控制元件)、Indicator(顯示元件)。Control 只能連結在符合的 Indicator 或 Function(函數) 的輸入端上且資料型態也要符合。Indicator 則要接在 Function(函數) 的輸出端上而且資料型態也要符合，才能使程式正常運作。如圖 5-8 所示，要是連結著不符合的資料型態元件的話將會無法執行。

　　圖 5-9 為不同資料型態的引線。在這裡以數值 (浮點數或整數) 來當作範例說明。在一般情況下元件連結都是以 "普通資料" 的形式來傳遞資料，如圖 5-9 為單一的細線 (左側)。但是經由某些程式的運算後，資料將會以 "一維陣列" 的方式來傳遞，此時元件之間傳遞的引線將會以單一的粗線 (中間) 來連結。相對的有 "一維陣列" 就有 "二維陣列 (右側)"。而 "二維陣列" 的引線又跟 "一維陣列" 有所不同，是以空心線來傳遞資料。不同的資料型態引線在不同情況下所表示的樣子都不一樣。所以請在後面的章節中撰寫程式時需仔細觀察它們的不同。在後面的某章節中會講解如何讓不同的資料型態連結。

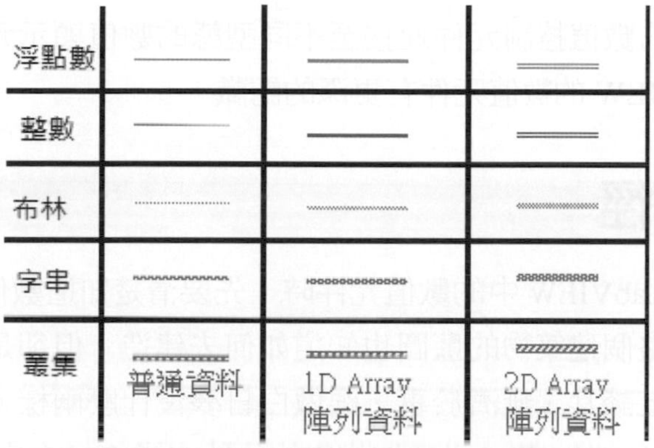

浮點數	———	━━━	═══
整數	———	━━━	═══
布林	·········	∿∿∿∿	∞∞∞∞
字串	∿∿∿∿	∞∞∞∞	⋈⋈⋈⋈
叢集	普通資料	1D Array 陣列資料	2D Array 陣列資料

圖 5-9　圖形程式區　引線 (連結線)
(由左到右普通資料 >1D 陣列資料 >2D 陣列資料)

現在瞭解了資料型態與如何將元件連結，請接續著第 6 章努力吧。

第 6 章 數值

　　數值的應用無所不在，身高、體重、年齡、IQ 指數、EQ 指數、分數、學分 等，沒有一個不是用數值來呈現的。但大部分對數值的第一印象就是單純的數字而已，而 LabVIEW 則提供許多不同型態的數值元件，如：溫度計 (Thermometer)、水塔 (Tanks)、滑動開關 (Slides)、旋鈕 (Dial)、儀表 (Gauge) 和簡單的數字控制端及顯示端等。可以在數值控制元件上輸入欲輸入的數值；數值顯示元件則會顯示欲輸出的數值。在 LabVIEW 中，可以將不同型態的數值控制元件連接至不同型態的數值顯示元件上。當做過後面的例題後，將會對 LabVIEW 的數值元件有更深的認識。

6-1　元件路徑

　　當開始試著使用 LabVIEW 中的數值元件時，先要清楚知道數值元件的所在位置；就拿蓋房子來說，有了整個建築物的藍圖也知道如何去建造，但卻是沒有建材或不知道怎樣得手，那等於是紙上談兵、無濟於事，跟做白日夢沒什麼兩樣。同理，其他的程式語言也是如此，當要呼叫副程式時，必須知道它的位址才能 CALL 它。LabVIEW 中的元件也不例外。一位好的廚師知道何處有他想要的食材，且知道用什麼食材可以做出什麼美味的料理。希望做一個好廚師嗎？那就必須知道各食材在哪？否則就枉費一身的廚藝了。

　　事不宜遲，馬上去拜訪數值元件的家。LabVIEW 提供多種路徑可以找到數值元件，其中包括數值控制元件及數值顯示元件，如圖 6-1 至圖 6-3 所示等路徑。

 數值元件：可以在人機介面上按滑鼠右鍵，在跳出的 Controls 控制面板上進入「Modern → Numeric」中取得數值控制及顯示元件，如圖 6-1 所示。

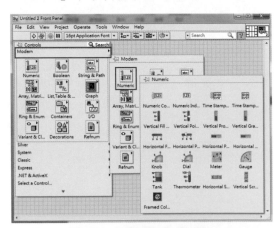

圖 6-1　快速式數值元件

路徑2　復古式數值元件：可以在人機介面上按滑鼠右鍵，在跳出的 Controls 控制面板
上進入「Classic → Numeric」中取得數值的控制元件及顯示元件，如圖 6-2 所
示。

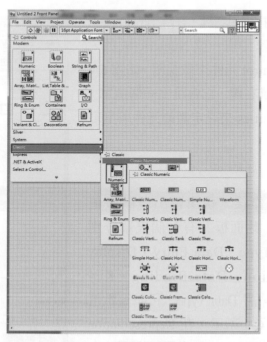

圖 6-2　復古式數值元件

路徑3　綜合式數值元件：可以在人機介面上按滑鼠右鍵，在跳出的 Controls 控制面板
上進入「Express → Numeric Contols/Numeric Indicators」中取得數值控制 / 顯
示元件，如圖 6-3 所示。

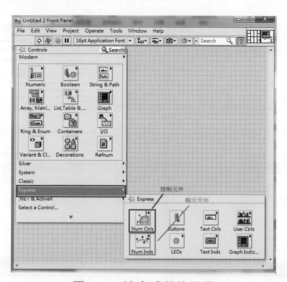

圖 6-3　綜合式數值元件

6-2 使用

6-2.1 設定

　　首先，在人機介面上按滑鼠右鍵，在跳出的 Controls 控制面板上從數值元件家中取一位 Numeric 成員，在這裡選擇 Numeric Control 元件來做說明。如圖 6-4 所示，在該元件上按滑鼠右鍵，它會跳出一個選單，可以點選選單中的 Properties 來設定數值元件所呈現的資料型態及精確度。

1. 資料型態

　　當完成圖 6-4 的動作後，視窗會出現該數值元件的性質設定面板，此面板共有七個表單分別是 Appearance、Data Type、Data Entry、Display Format、Documentation、Data Binding、Key Navigation 七個表單。點選 Data Type，可設定數值元件的資料型態，如圖 6-5 所示。在 Representation 下面的方塊按滑鼠左鍵會跳出一個表單，裡面共有十五種不同的資料型態，當選擇其中一種時 (I8：8 位元整數)，在表單 Data Entry 中的 Minimum 及 Maximum 會顯示所選擇的資料型態之數值範圍 (−128~127) 如圖 6-6 所示。可以依照需求設定數值元件的資料型態。

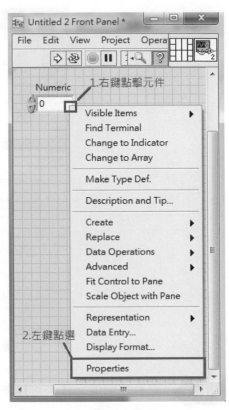

圖 6-4

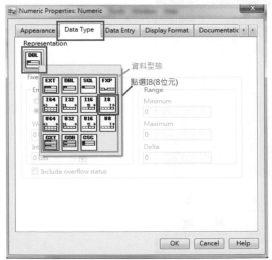

圖 6-5

圖 6-6

各種代碼的資料型態如下：

EXT	高精確度浮點數	U32	無正負號 32 位元整數
DBL	雙精準度浮點數	U16	無正負號 16 位元整數
SGL	單精準度浮點數	U8	無正負號 8 位元整數
I32	32 位元整數	CXT	複數高精確度浮點數
I16	16 位元整數	CDB	複數雙精準度浮點數
I8	8 位元整數	CSG	複數單精準度浮點數

　　或者，也可以在數值元件上按滑鼠右鍵，在跳出的選單上點選 Representation，也可選擇資料的型態，如圖 6-7 所示。

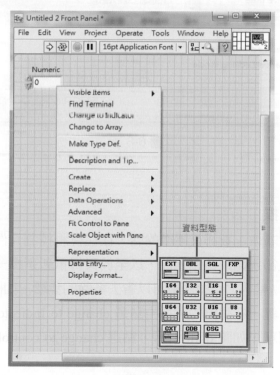

圖 6-7

2. 精確度

　　介紹完數值的資料型態後，接著來認識數值的精確度。可以在數值元件的性質設定面板上，點選 Display Format 表單，可供設定數值元件所呈現的精確度，如圖 6-8 所示。以 80.17 這個數值為例，當精確度設定為 4 時，則數值顯示為 80.17；如果將精確度設定為 3，數值則顯示為 80.2，依此類推。當然也可以在表單 Display Format 的左邊選單中選擇以時間日期的方式顯示或以科學記號表示等。

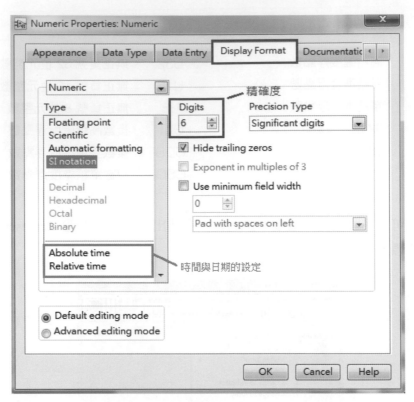

圖 6-8

6-2.2 訣竅

1. 輸出 / 輸入之切換

當在撰寫程式時，若快、狠卻又不準的話，往往會將控制元件及顯示元件搞錯。本來想要點選顯示元件但卻選錯成控制元件，以至於又得重新選擇一次且還要刪除原有的錯誤元件，這時，輸出 / 輸入之切換訣竅可以省去多餘的步驟。如圖 6-9 所示，只要在數值控制元件上按滑鼠右鍵，在跳出的選單中點選 change to Indicator，則原來的控制元件就會轉成顯示元件。同理，如圖 6-10 所示，點選 change to control 則顯示元件就會轉成控制元件。

2. 尋找對應端

當程式越寫越大時，常常會有找不到對應端的困擾，當無法確定人機介面上的某個元件在圖形程式區中何處，則這時尋找對應端訣竅可以提供一定程度幫助。如圖 6-11 所示，只要在想要尋找的元件上按滑鼠右鍵，在跳出的選單中點選 Find Terminal，其對應的元件就會如圖 6-12 顯示出來。預防勝於治療，最好先用工具面板上的標籤工具在工作元件上修改 Numeric 標籤，就可以避免找不到對應端的麻煩。否則，就算有尋找對應端這項功能，也夠疲於應付了。

圖 6-9

圖 6-10

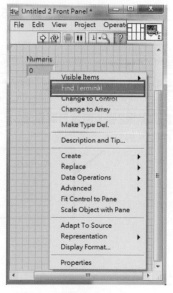

圖 6-11

圖 6-12

3.　隱藏對應端

　　除了尋找對應端外，也可以將人機介面上的對應端元件隱藏起來。如果需要的話，只要在指定元件上按滑鼠右鍵，在跳出的選單中的 Advanced 點選 Hide Indicator，如圖 6-13 所示。如此人機介面上的顯示元件就會變成如圖 6-14 的人機介面那樣被隱藏起來。若想要將被隱藏的顯示元件恢復在人機介面上的話，可在圖形程式區中的顯示元件上按右鍵，在跳出的選單中點選 Show Indicator，如圖 6-15 所示，它便會解除隱藏功能，恢復成原來的樣子。

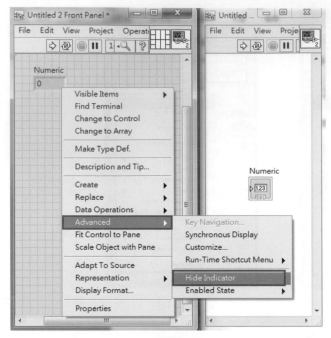
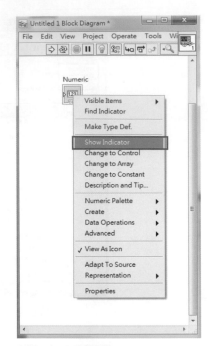

圖 6-13   圖 6-15

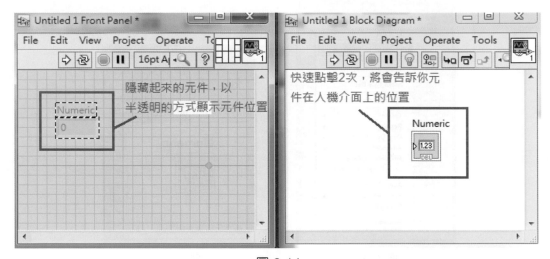

圖 6-14

4. 創造

(1) 定值的元件

　　假如要設計一個只要輸入直徑就可求出圓周的程式 (直徑 × π)，則必須在人機介面上建立一個能輸入直徑的數值控制元件和一個能輸出圓周的數值顯示元件。由於圓周計算式中的 π 為一個定值，為方便計算可將圓周率 π 內建在圖形程式區中。此時，在圖形程式區上創造一個固定不變的數值控制元件 (輸入圓周率 π)。

　　首先，在人機介面上按滑鼠右鍵，在跳出的 Controls 控制面板中進入「Modern →
Numeric」裡面取出 Numeric Control，接下來在該元件上按滑鼠右鍵，在跳出的選單中點
選 Create 裡面的 Constant，如圖 6-16 所示，它就會創造一個性質功能相同的固定元件，
此元件只能在圖形程式區中修改且不會顯示在人機介面上，其預設值為 0。可以將它設
為 3.14159，再經過程式設計後，即可算出圓周 (＝直徑 ×3.14159…)，如圖 6-17 所示。

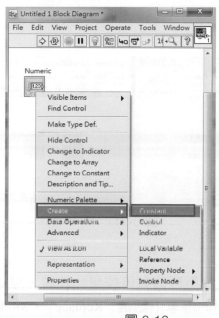

圖 6-16

圖 6-17

(2)　輸入的元件

　　當想要用一個控制元件來控制所想要顯示的元件，而又不知道用哪個控制元件時，
可以在顯示元件上按滑鼠右鍵，在跳出的選單中點選 Create 裡面的 Control，它便會創造
一個適當的控制元件來，如圖 6-18 及圖 6-19 所示。

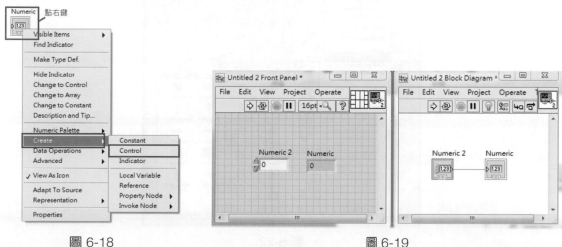

圖 6-18　　　　　　　　　　　　　　　　　　圖 6-19

(3) 輸出的元件

　　當想要用一個顯示元件來顯示控制元件所輸出的值，卻又不知道要接哪種顯示元件才能顯示時，可以在控制元件上按滑鼠右鍵，在跳出的選單中點選 Create 裡面的 Indicator，它便會創造一個適當的顯示元件來，如圖 6-20 及圖 6-21 所示。

圖 6-20

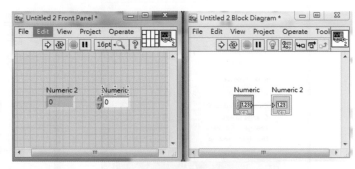

圖 6-21

5. 替換成別的元件

　　當想把數字型態的數值控制元件替換成別種型態的數值控制元件時，可以在數字型態的數值控制元件上按滑鼠右鍵，在跳出的選單中點選「Replace → Modern → Numeric」裡面的其他控制元件，只要資料型態相同，在圖形程式區內的接線是不會受到影響的。完成圖 6-22 的動作後便會如圖 6-23 所示，原本的上下鍵形式轉變成 Slide 形式。

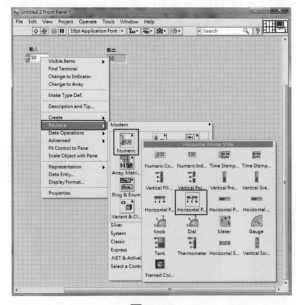

圖 6-22

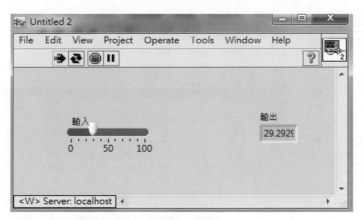

圖 6-23

6-2.3　四則運算

1. 首先，人機介面上按滑鼠右鍵，在跳出的控制面板上取出兩個數值控制元件，分別命名為「X」和「Y」，再取出四個數值顯示元件，分別命名為「X+Y」、「X-Y」、「X*Y」、「X/Y」，將此六個數值元件放置在人機介面上，如圖 6-24 所示。

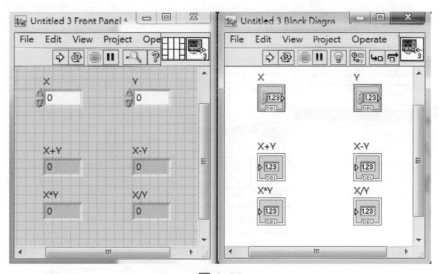

圖 6-24

2. 圖形程式區上按滑鼠右鍵，在跳出的函數面板上進入「Programming → Numeric」中取得加、減、乘、除四項函數，如圖 6-25 所示。另外一種方式，在圖形程式區上按滑鼠右鍵，在跳出的函數面板上進入「Mathematics → Numeric」中也可取得，如圖 6-26 所示。

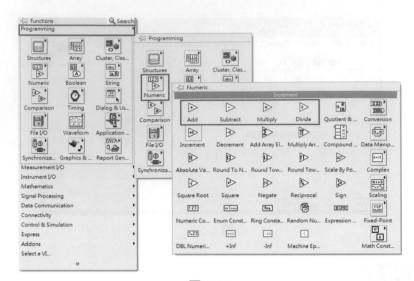

圖 6-25

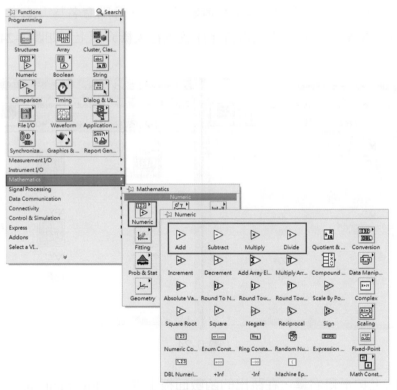

圖 6-26

3. 將加、減、乘、除四項函數按照名稱分別連線至各個數值元件上，如圖 6-27 的圖形
程式區所示。設「X」為 5 且「Y」值為 2，點選執行鍵後，則「X+Y」=7，「X-Y」
=3，「X*Y」=10，「X/Y」=2.5。

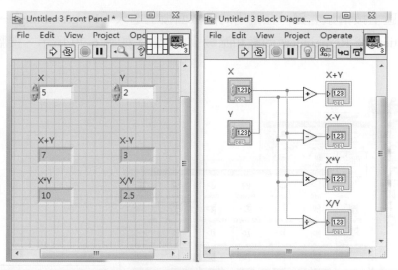

圖 6-27

　　此時一個簡單的四則運算程式已經呈現在面前了，是不是很簡單呢？加油！打鐵趁熱，前往下一題吧！

(注意事項)

　　減函數是上面減下面，除函數上面是分子，下面是分母。

6-2.4　商數餘數

1.　首先，人機介面上按滑鼠右鍵，在跳出的控制面板上進入「Modern → Numeric」中取出兩個數值控制元件，分別命名為「被除數」和「除數」，再取出兩個數值顯示元件，分別命名為「商數」和「餘數」，將此四個數值元件放置在人機介面上，如圖 6-28 所示。

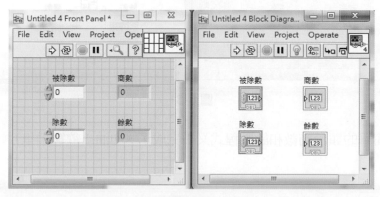

圖 6-28

2. 圖形程式區上按滑鼠右鍵,在跳出的函數面板上進入「Programming → Numeric」中取得 Quotient & Remainder(商數和餘數) 的函數,如圖 6-29 所示,接腳如圖 6-30 所示。

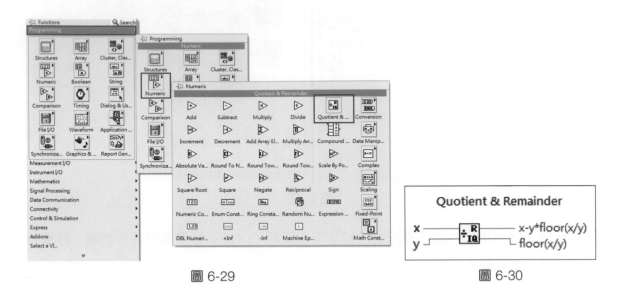

圖 6-29　　　　　　　　　　　　　　　　　　圖 6-30

3. 將 Quotient & Remainder(商數和餘數) 函數按照名稱分別連接至各個數值元件上,如圖 6-31 所示。設「被除數」為 1207,「除數」為 12,點選執行鍵後,則「商數」=100,「餘數」=7。

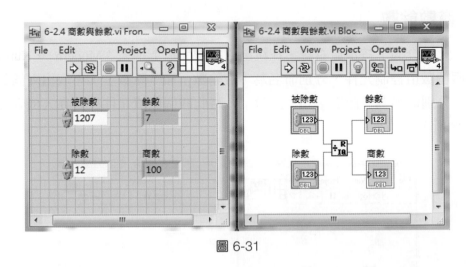

圖 6-31

　　此時一個簡單的顯示商數和餘數程式又被完成了。加油!欲窮千里目,更上一層樓…衝啊!

6-2.5 亂數

亂數又可稱為隨機產生的數值。身在臺灣對於樂透一定不會陌生，應該有聽說過「電腦選號」的字眼吧！沒錯，電腦選號的意思，就是讓電腦隨機產生六個樂透號碼，而現在要學習的例題就是亂數，很興奮吧！相信大多數的人都可以體會那「一券在手，希望無窮」的心情。

1. [亂數1]：首先，在人機介面上按滑鼠右鍵，在跳出的控制面板上進入「Modern → Numeric」中取出一個數值顯示元件，將其命名為「隨機輸出 (0 to 1)」，如圖 6-32 所示。

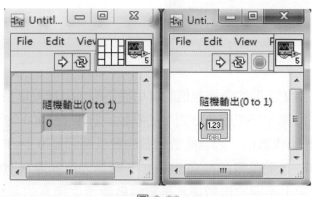

圖 6-32

2. 圖形程式區上按滑鼠右鍵，在跳出的函數面板上進入「Programming → Numeric」中取得亂數產生函數 Random Number(0-1)，如圖 6-33 所示。

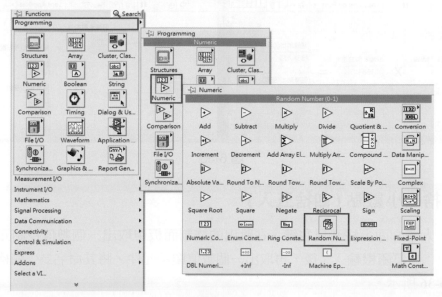

圖 6-33

3. 將亂數函數連線至隨機輸出的顯示元件上，如圖 6-34 所示。點選"單次執行"後，隨機輸出 (0 to 1) 的數值顯示元件便會顯示 0 到 1 間的隨機數值。

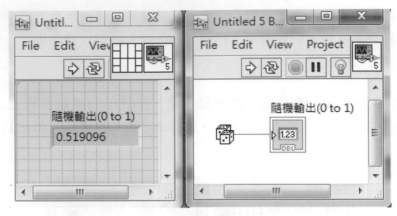

圖 6-34

4. [亂數 2]：雖然 0 到 1 之間的隨機數值的實用性不高，但是可以自訂隨機輸出的範圍。如圖 6-35 所示，將原來只能產生 0 到 1 的亂數函數乘上 1000 的話，則隨機輸出會顯示 0 到 1000 間的隨機數值。因為亂數函數的數值範圍是 0 到 1，也就是說其最大值是 1、最小值是 0。若將亂數函數乘以 10 倍，則最大值就變為 10、最小值還是不變。可以依照需求，乘上不同的倍數使其亂數函數能產生適當的隨機數值範圍，此函數大部分用來模擬感測器的輸入值。

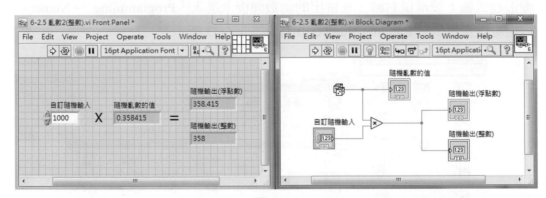

圖 6-35

6-2.6　捨去小數點 (四捨五入)

1. 首先，人機介面上按滑鼠右鍵，在跳出的控制面板中取出一個數值控制元件，將其命名為「自訂隨機輸入」後，再取出一個數值顯示元件，將其命名為「隨機輸出」，如圖 6-36 所示。

圖 6-36

此時可能會覺得奇怪，在上一題的亂數函數中 (圖 6-35)，為什麼隨機輸出是整數，而現在的捨去小數點函數中的隨機輸出是有小數點的數值？那是因為圖 6-35 中 "隨機輸出" 的資料型態被設定為整數 (圖中的顯示元件為 32 位元)，所以在執行後，該元件顯示出來的值為整數。但是小數點後面沒顯示出來的值還是存在的。假設得到的值為 123.4，因為資料型態的關係，所以顯示出來的值為 123。但是，將值乘上 10 後，顯示的值為 1234，而非 1230。而現在捨去小數點函數中，設定隨機輸出資料型態為雙精準度浮點數且精確度為 4，所以才有此差異。若是忘記怎樣設定資料型態，請參考圖 6-5。

2. 圖形程式區上按滑鼠右鍵，在跳出的函數面板上進入「Programming → Numeric」中取得 Round To Nearest 捨去小數點 (四捨五入) 函數，如圖 6-37 所示。

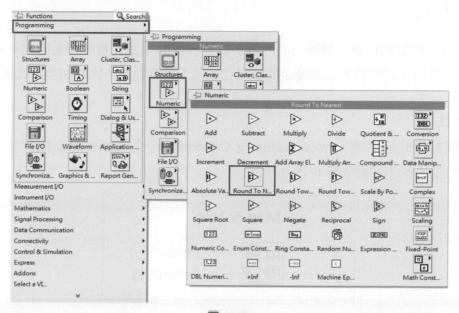

圖 6-37

3. 將 Round To Nearest 函數串接至乘函數與「隨機輸出」元件之間，便大功告成，如圖 6-38 所示。此處 "自訂隨機輸入" 設定為 5000，" 單次執行" 後，"隨機輸出" 的值為 1919.75(無四捨五入)，但經過 Round To Nearest 函數後，則輸出為 1920(四捨五入後)。但因為是隨機取值，所以每次執行後都會顯示出不同的數值。

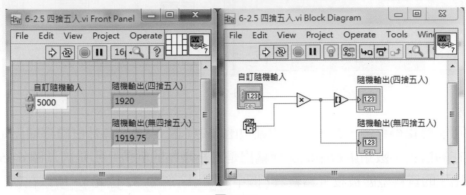

圖 6-38

注意事項

如果不串接 Round To Nearest 函數，而直接更改隨機輸出的資料型態成為整數，雖然顯示效果一樣，但是0.75 的值還是存在，只是沒有顯示出來而已。若是串接 Round To Nearest 函數，那0.75 的值就不會存在。

6-2.7 比較

大家都有類似的經驗－開開心心的買了很多要秤的東西，當要秤重時常有超出預期的結果。其實用來判別的方式僅僅是比較而已。以下就針對單一比較和多重比較做介紹：

1. **單一比較**

(1) 在圖形程式區點選「Programming → Comparison」的 Max& Min 的元件去做兩數值大小比較，接腳如圖 6-39 所示。

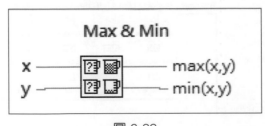

圖 6-39

(2) 在人機介面中點選 Numeric 裡面的控制元件，選擇兩個 Numeric Control(取名為 X 與 Y) 和兩個 Numeric Indicator 元件 (取名為 MAX 與 MIN)，個別給 X 與 Y 數值 (值 可隨機輸入) 來做比較，再如圖 6-40 所示，將元件連接起來。當完成後再 X 元件 中輸入 50 及 Y 元件中輸入 27，再點選 "單次執行" 來觀看結果，結果會如圖 6-40 所示。

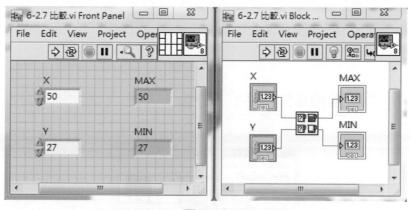

圖 6-40

2. 多重比較

　　先從人機介面中取出 4 個數值控制元件、2 個數值顯示元件與「Modern → Boolean」 中的 Round LED，再來到圖形程式區中取出 4 個 Max& Min 的 元 件與 4 個「Programming → Comparison」中的 Less Or Equal to 0? 元件。再來將元件如圖 6-41 所示連接起來。在 A 元件中輸入 -68、B 元件中輸入 41、C 元件中輸入 23 以及 D 元件中輸入 -57 來判斷這 四個數值之間的大小值及顯示它們的最大值和最小值，再來按 "單次執行" 來查看結果， 結果如圖 6-41 所示。 "Less Or Equal to 0?" 元件則是用來判斷輸入的數值是否有小於等 於 0，當數值小於 0 時 (條件成立) 將布林值 true 輸出給 Round LED。

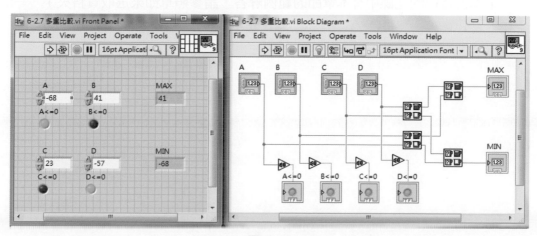

圖 6-41

自我挑戰題：押骰子

高雄瑞豐夜市大香腸老闆為了招攬客人，擬設計一個押骰子遊戲，當客人押中骰子點數時，大香腸則半價優待。骰子點數範圍 (1~6)。請客人輸入押注號碼 (1~6 中任選一個)，再點擊 "單次執行" 來看看是否中獎。

💬 提示：可能會用到亂數函數與捨去小數點函數。

 請設計一個能隨機產生數字1~6的骰子電路

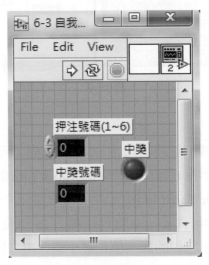

人機介面

(本書背後的光碟中有本章節的範例解答，請參照章節來選取資料夾)

第 7 章　陣列與叢集

7-1　陣列

陣列是包含相同資料的集合。資料的型態可以和數值、布林、字串等元件做結合，但不可以是圖形或圖表且每個單位元素的初始值皆從 0 到 N － 1 的個數。下面就針對陣列介紹，可以把陣列視為數學的向量函數或矩陣函數。

7-1.1　元件路徑

現在要看看陣列元件的位置，LabVIEW 提供多種路徑可以找到元件，如圖 7-1 至圖 7-2 所示等路徑：

 陣列元件：人機介面上按滑鼠右鍵，在跳出的 Controls 控制面板上進入「Modern → Array, Matrix& Cluster」中取得陣列控制元件，如圖 7-1 所示。

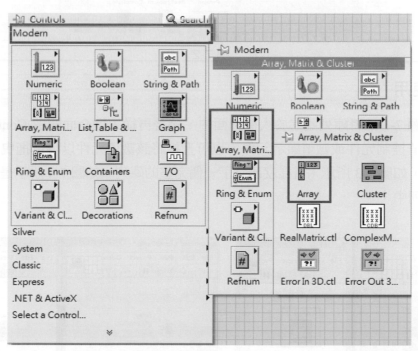

圖 7-1

路徑2 復古式陣列元件：人機介面上按滑鼠右鍵，在跳出的 Controls 控制面板上進入
「Classic → Array, Matrix& Cluster」中取得陣列控制元件，如圖 7-2 所示。

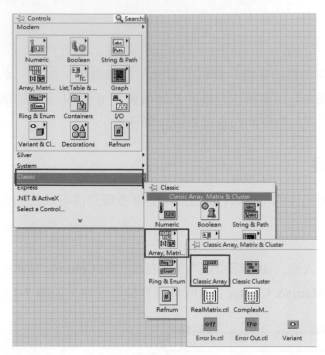

圖 7-2

7-1.2 使用

先照著圖 7-1 來將陣列建立於人機介面中，接著再從人機介面開啟 Controls 控制面
板，取出數值控制元件或數值顯示元件，也可直接將該數值元件以滑鼠拖曳的方式移動
至陣列框內，如圖 7-3 所示。這樣就建立了一個完整的陣列，如圖 7-4 所示是將數值控制
元件放入陣列中。

圖 7-3

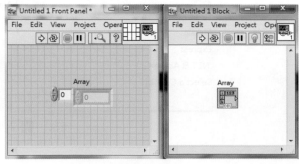

圖 7-4

接下來將陣列外框往右拉即可增加行的數目，如圖 7-5 所示，即所謂的一維陣列。由於程式計算是從 0 開始，所以陣列第一個值的位置以 0 來定位，第二個值的位置為 1...以此類推。

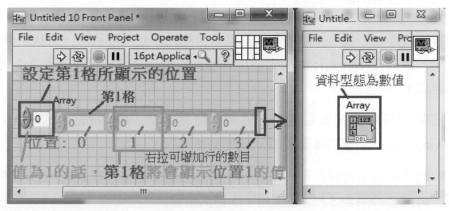

圖 7-5

如果想要擴充為二維或多維陣列的話，在陣列的外框按下滑鼠右鍵功能表 Add Dimension，如圖 7-6 所示，再如圖 7-7 的操作來擴大二維陣列。

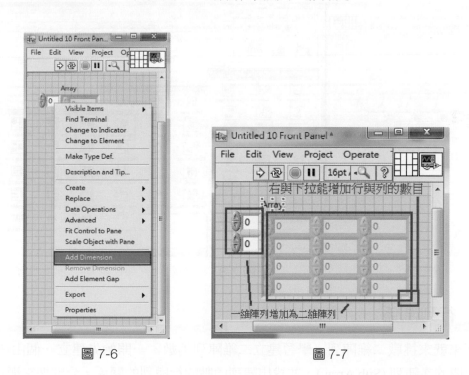

圖 7-6　　　　　　　　　　　圖 7-7

緊接著，將介紹一些陣列函數相關的功能，廢話不多說，直接用例題開始吧！

7-1.3 陣列大小

以下案例將引領認識 Array Size 元件來判斷陣列的大小，例如建立一個陣列，經過 Array Size 元件之後輸出值即是 5。

STEP 1 首先要建立一個一維陣列；取出數值控制元件放入陣列中，之後將陣列向右拉開，接著從 Numeric 面板上取出一個數值顯示元件 (可參考圖 7-3 到圖 7-5 來建立)。

STEP 2 接著在圖形程式區點選滑鼠右鍵，並從函數「Programming → Array」取出 Array Size，如圖 7-8 圖形程式區的路徑所示。

STEP 3 如圖 7-8 所示連接即可完成陣列，輸入數值後點擊 "單次執行" 來察看結果，在這裡的結果是 5，因為使用了 5 格的位置。

註 陣列的位置是從 0 開始計算，所以第 1 格的位置為 0，而第 2 格的位置為 1…以此類推。

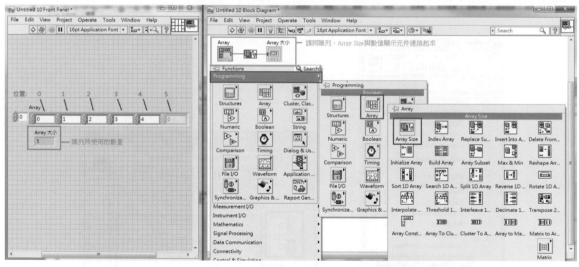

圖 7-8

7-1.4 行列關係

接下來就來挑戰二維陣列，學習建立二維陣列函數。一開始先建立一個由任意大小的陣列組成的次陣列 (Sub Array)，並找出陣列函數的行與列的關係，分別把它顯示出來。

STEP 1 先建立一個二維的陣列函數 (可參考圖 7-3 到 7-7 來建立) 並在內部填入任意數值。

STEP 2 在圖形程式區從「Programming → Array」中選取 Index Array 函數，其接腳如圖 7-9 所示。陣列控制元件的輸出連結至 n-dimension array 接點上並將常數連接至 index 0 接點上，由於陣列的大小為 4*5 所以這裡所設定的常數為 2 與 3。

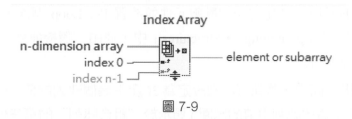

圖 7-9

STEP 3 接著在 Index Array 函數的 element or subarray 端按滑鼠右鍵點選「Create → Indicator」並命名為 "列" 與 "行" 再依圖 7-10 的程式架構連接即可完成。在陣列中輸入值後點擊 "單次執行" 來觀察結果。

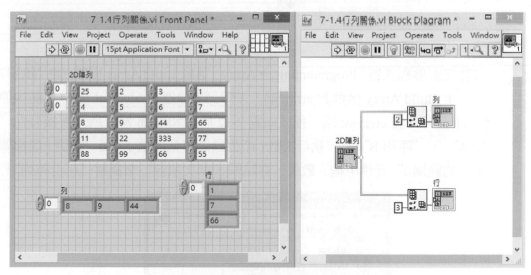

圖 7-10

(注意事項)

透過剛才得實作可以得知Index Array能夠指定陣列中的任何一個位置，然後將資料輸出，所以必須要給它陣列資料以及位置的 Index 值。

(此段落引用自LabVIEW Pro 論壇)

7-1.5 建立三個陣列並組成二維陣列

STEP 1 首先在人機介面上建立四個數值陣列元件。兩個陣列控制元件命名為 "陣列 A" 與 "陣列 B"。兩個陣列顯示元件命名為 "組合陣列" 與 "隨機陣列"，建立方法可參考 7-1.2 節。接著再建立二個數值控制元件將其命名為 "執行次數"、"比例"。

STEP 2 接著在圖形程式區建立一個亂數元件並放置 For Loop 迴圈，迴圈的位置在圖形程式區「Programming → Structures」中，並由 "隨機陣列" 將值顯示出來，如圖 7-13 所示。

STEP 3 並在人機介面中，將執行次數設定為 3(產生幾個陣列的值)，將亂數函數乘上 "比例" (隨機陣列中值的範圍) 顯示於 "組合陣列" 的第三列。

Build Array 是將資料或陣列組合成新陣列的函數，其接腳如圖 7-11 所示

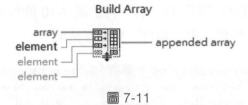

圖 7-11

STEP 4 接著在圖形程式區「Programming → Array」選取 Build Array 函數，將 "陣列 A" 連結至 Build Array 函數的 array 端，"陣列 B" 連至 element 端，"隨機陣列" 連至另一個 element 端，程式如圖 7-12 所示和如圖 7-13 所示。接著在 "陣列 A"、"陣列 B"、"執行次數 (產生幾個陣列的值)" 與 "比例 (隨機陣列中值的範圍)" 元件中輸入數值，在點擊 "單次執行" 來觀察 "組合陣列"。

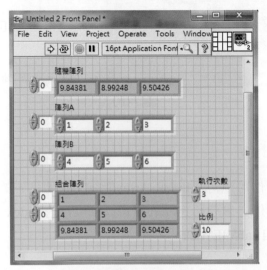

圖 7-12

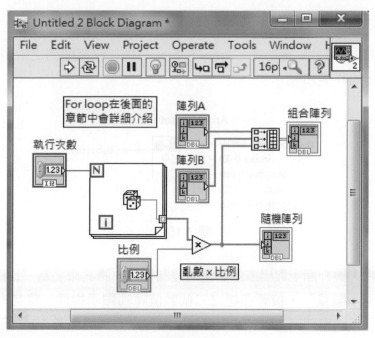

圖 7-13

注意事項

Build Array 是一個功能強大的元件，可以任意地將多組陣列資料進行組合，不論是單一元素組成一維陣列，或是兩個一維陣列組成一個二維陣列，或甚至是將兩個一維陣列組成另一個較長的一維陣列也可以，如圖7-14所示。
(此段落引用自LabVIEW Pro 論壇)

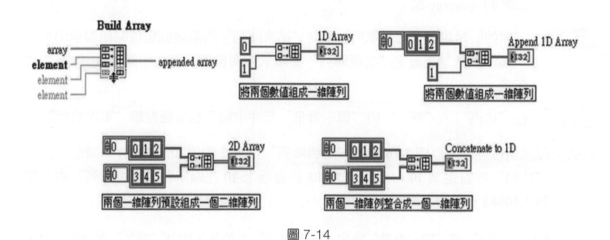

圖 7-14

7-1.6 建立一個陣列並熟悉陣列函數

再來學習陣列的另外一種功能。Array Subset 是用以設定陣列之索引 (Index) 和長度 (Length)，其接腳如圖 7-15 所示

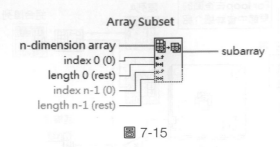

圖 7-15

STEP 1 首先在人機介面上取出三個數值的控制物件，將其命名為 "比例" 、 "開始" 與 "顯示數量"，接著在建立三個數值陣列顯示物件，將其命名為 "隨機陣列" 、 "結束陣列" 與 "次要陣列"，建立方法請參考 7-1.2 節。

STEP 2 接著在圖形程式區建立一個亂數並放置 For Loop 迴圈內，並由 "隨機陣列" ，將陣列的值顯示出來。

STEP 3 並將圖形介面程式區中的迴圈設定值行 10 次，並將亂數乘上 "比例" 顯示於 "結束陣列" 中。

STEP 4 接著在圖形程式區「Programming → Array」選取 Array Subset 函數，將 "結束陣列" 連結至 Array Subset 函數的 array 端， "開始" 連至 index(0) 端， "顯示數量" 連至 length(rest) 端，接下來將 "次要陣列" 連結至 Array Subset 函數的 subarray 端。

STEP 5 "開始" 是選擇 "次要陣列" 要從 "結束陣列" 的第幾個數值開始顯示出來， "顯示數量" 是設定 "次要陣列" 要顯示幾個數值。程式如圖 7-16 和圖 7-17 所示。

STEP 6 在 "比例" 、 "開始" 與 "顯示數量" 元件中輸入數值後點擊 "單次執行" 。

說明：程式執行完後，以圖 7-16 中的 "隨機陣列" 位置 2 的值 (0.150888) 來講解，由於 "比例" 的設定為 10，所以 0.150888 將會乘上 10 並顯示在 "結束陣列" 中，值為 1.50888。

再來由 "開始" 與 "顯示數量" 決定 "次要陣列" 內的值，因為 "開始" 的設定為 2，所以將會從 "結束陣列" 中的位置 2 開始提取數值並顯示在 "次要陣列" 中，而位置 2

的值為 1.50888。由於 "顯示數量" 設定為 3，所以顯示在 "次要陣列" 中的值將會為
1.50888、5.17202 與 4.94439 這三個值。

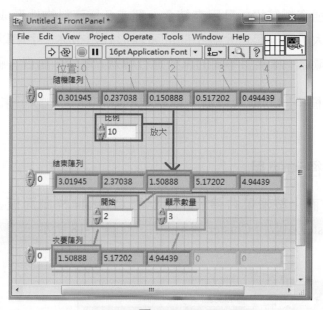

圖 7-16

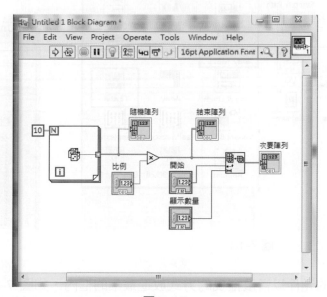

圖 7-17

注意事項

透過剛才實作可以得知Array Subset 能夠取出陣列中的一段資料，只需要指定
起始的位置及擷取的長度，Array Subset 就會將資料擷取出來。
(此段落引用自LabVIEW Pro 論壇)

7-2 叢集

叢集本身是一種資料結構，是用來結合一種或多種資料物件形成另外一種的資料型態。而它與陣列最大的不同是可允許不同的資料形式如布林、字串以及數值等等。打個比方，他就像是電纜線一樣能對不同的訊號進行傳遞 (電話、語音、視訊)。

而叢集就是多種不同的輸入只需一種組成的輸出即可。接下來就來拜訪叢集的家吧！

7-2.1 元件路徑和使用

可以在人機介面上按滑鼠右鍵，在跳出的 Controls 控制面板上進入「Modern → Array」Matrix&Cluster 中取得 Cluster 叢集元件，如圖 7-18 所示。

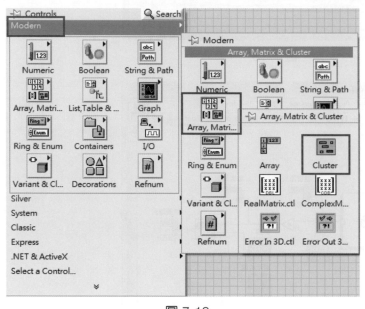

圖 7-18

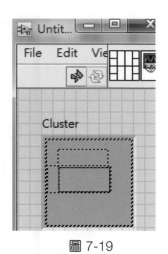

圖 7-19

接著，把想要的元件以滑鼠拖曳的方式放進叢集的框內，如圖 7-19 所示。但要記住一點，它有其優先順序，假如先放進 "控制元件" 則後面加入的 "顯示元件" 便會自動變成 "控制元件"。相反的要是先放入 "顯示元件" 的話，後面才加入的元件會自動變成 "顯示元件"。首先，將布林 "控制元件" 放入叢集中，元件位置如圖 7-20 所示。

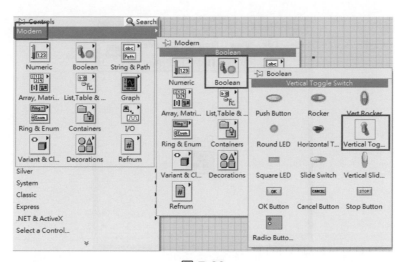

圖 7-20

　　再放入數值 "顯示元件" ，元件位置如圖 7-21 所示。完成後會如圖 7-22 所示，但是後面放入的數值 "顯示元件" 變成了 "控制元件" ，所以在使用叢集時請注意放入的先後順序。

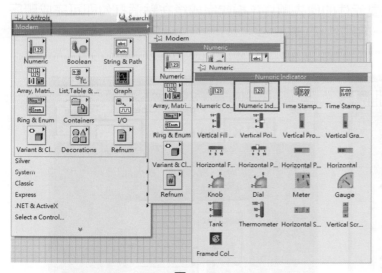

圖 7-21

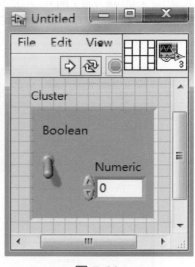

圖 7-22

　　而同樣地在圖形介面程式中，也可以把在人機介面所做的轉換成常數型態。在該物件上面選擇滑鼠右鍵點選 Change to Indicator；而另一種方法則是在該物件按滑鼠右鍵點選「Create → Constant」來建立叢集常數，如圖 7-23 所示。

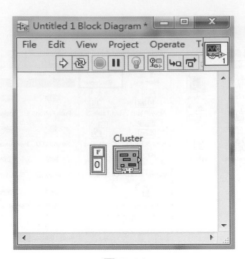

圖 7-23

7-2.2 叢集順序

當在處理資料時，所有叢集內都為獨立的資料型態，物件的順序就顯得非常重要。所以可以在此面板點選滑鼠右鍵選擇 Reorder Controls In Cluster，如圖 7-24 就會跑出新的視窗，如圖 7-25 所示，去改變元件的優先順序，編輯完成後在點選打勾即可完成順序的變更。

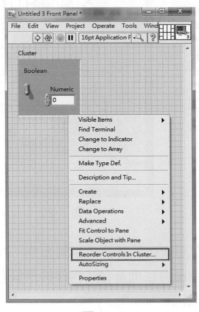

圖 7-24

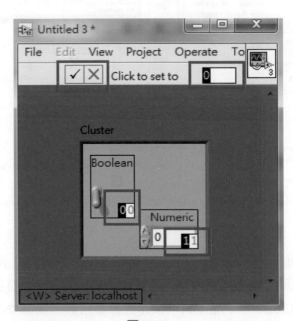

圖 7-25

7-2.3　叢集函數路徑

LabVIEW 可以利用幾個函數功能來處理叢集喔！像是集合與解集合等函數。下面就為大家介紹此兩種的使用方式。

集合及名稱集合在圖形程式區「Programming → Cluster Class&Variant」中，元件名稱為 "Bundle" 和 "Bundle By Name"，如圖 7-26 所示。

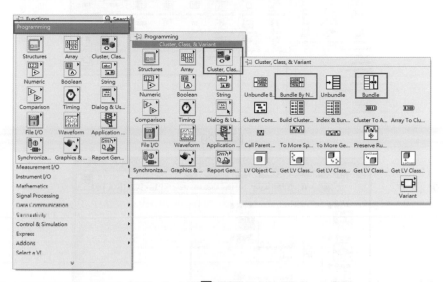

圖 7-26

而集合 (Bundle) 是用在任何物件透過集合函數所連接的橋樑，可以用滑鼠在函數下方以拖曳的方式增加輸入的數目，如圖 7-27 所示。而名稱集合 (Bundle By Name) 則是可替代原來叢集的物件，因此名稱集合的功能有如集合函數一般，如圖 7-28 所示。

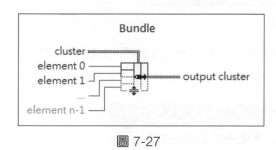

圖 7-27　　　　　　　　　　　　　　　　圖 7-28

7-2.4　叢集函數傳送和接收資料

1. 首先在人機介面上取出三個控制元件分別是數值、布林、字串，將其命名為 "傳送數值"、"傳送開關"、"傳送字串"，再從人機介面上取出三個顯示元件分別是數值、布林、字串，將其命名為 "接收數值"、"接收開關"、"接收字串"。(字串路徑為「Modern → String & Path」)

2. 接著在圖形程式區「Programming → Cluster，Class&Variant」取出 "Bundle" 和 "Unbundle"，如圖 7-29，在 "Bundle" 上方 Cluster 端按滑鼠右鍵建立常數，如圖 7-30 所示。

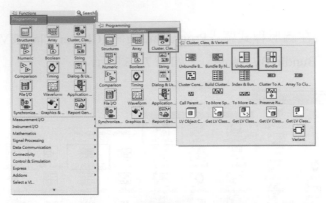

圖 7-29

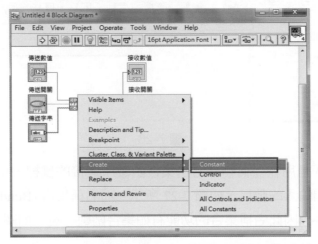

圖 7-30

3. 再來照著圖 7-31 所示將元件連接即可完成程式，點擊 "單次執行" 來觀察 "顯示元件們" 的值是否如同 "控制元件們" 一樣，執行結果如圖 7-31 所示。

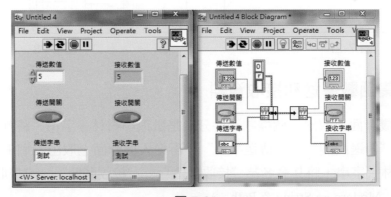

圖 7-31

自我挑戰題 1：叢集挑戰

叢集資料顯示到圖表上，有 3 筆資料 (1 個是陣列、2 個是數值資料)，若想把這 3 筆資料同時在圖表上顯示，"單次執行" 後應產生的結果如下圖所示。

(可以將上限設定為小於 Y 軸上限的整數值、下限則為大於 Y 軸下限的整數值)

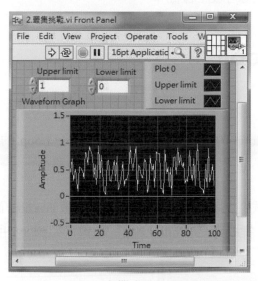

人機介面

自我挑戰題 2：七段 LED 亂數燈

亂數資料 (0~9) 透過 LED 燈顯示，如下圖所示。

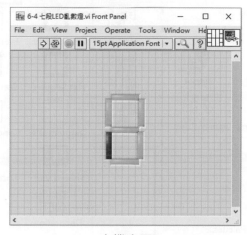

人機介面

(本書背後的光碟中有本章節的範例解答，請參照章節來選取資料夾)

第 8 章　迴圈

　　有撰寫過程式語言的人，一定都知道重複執行某段程式的重要性。在這章節將探索 LabVIEW 的迴圈 While Loop 及 For Loop 的使用。不要害怕儘管放 20 個心，因為將會發現，原來架設一個迴圈就像呼吸一樣簡單。

8-1　While Loop

8-1.1　路徑

　　在開始介紹 While Loop 的使用前，先去拜訪 While Loop 的家吧。LabVIEW 提供多種路徑可以找到 While Loop，如圖 8-1 與圖 8-3 所示等路徑。

 可以在圖形程式區上按滑鼠右鍵，在跳出的函數 Functions 面板上進入「Programming → Structures」裡找到 "While Loop" 函數，如圖 8-1 所示。

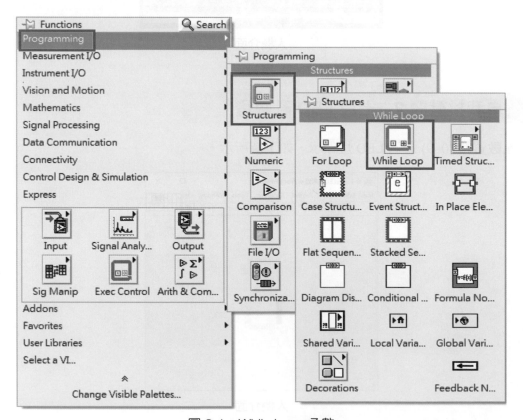

圖 8-1　While Loop 函數

注意事項

上述的 While Loop需要在停止元件額外連接一個布林控制元件，進入「Modern
→Boolean → Stop Buttons」裡面點選 "Stop Buttons" 程式才可執行，如圖 8-2
所示。

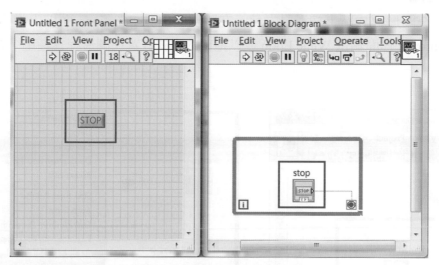

圖 8-2　加入 Stop Buttons

 可以在圖形程式區上按滑鼠右鍵，在跳出的函數 Functions 面板上進入
「Express → Exec Control」裡面找到 While Loop，如圖 8-3 所示。

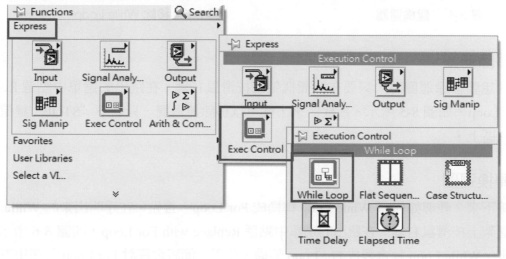

圖 8-3　While Loop 函數 (內建 Stop Buttons)

註 此路徑之 While Loop 已經在停止元件上連接一個布林控制元件 "Stop Buttons"，
使用者不必額外連接 "Stop Buttons"。

8-1.2　訣竅

在開始使用 While Loop 前，先學習如何移除迴圈架構，而不影響 While Loop 內的程式。

1.　建構迴圈

首先，在圖形程式區上按滑鼠右鍵，在跳出的函數 Functions 面板上進入「Express → Exec Control」裡面點選 While Loop 並以拖曳的方式放置在圖形程式區上，如圖 8-4 所示。

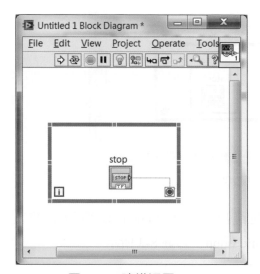

圖 8-4　建構迴圈

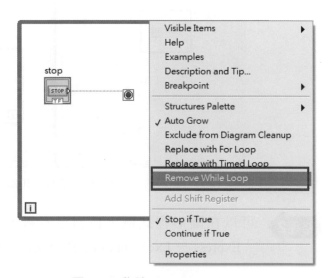

圖 8-5　移除 While Loop

2.　移除迴圈

當想要移除迴圈時，只要在迴圈框架上按滑鼠右鍵，在跳出的選單中點選 Remove While Loop，如圖 8-5 所示。那樣一來，就可以移除掉迴圈，只剩下 "STOP" 鍵還在圖形程式區上。

3.　轉換迴圈

接下來，教導如何將 While Loop 轉換成 For Loop。首先，在呼叫出來的 While Loop 迴圈框架上按滑鼠右鍵，在跳出的選單中點選 Replace with For Loop，如圖 8-6 所示。如此一來，While Loop 就會變成 For Loop 架構，在下一節將會探討 For Loop 的使用方法。

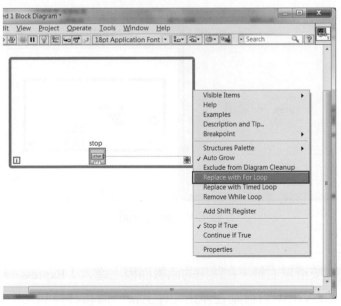

圖 8-6　使用 For Loop 取代

8-1.3　使用

1.　迴圈計次

  While Loop 是一個無限重複執行的迴圈架構。當呼叫出來時，在 While Loop 架構裡面有兩個特殊元件，一個在框架中的左下角，如圖 8-7 所示。可以將它連接至一個數值顯示元件名叫"執行次數"，如圖 8-8 所示。當點選執行鍵時，數值顯示元件將會顯示出 While Loop 執行的次數。While Loop 的執行速度完全取決於 CPU 的速度，可說是相當之快；另外一個 While Loop 元件則在框架中的右下角，如圖 8-8 所示。當按下人機介面的"STOP"鍵時，則程式停止執行。後面會有例題說明之。

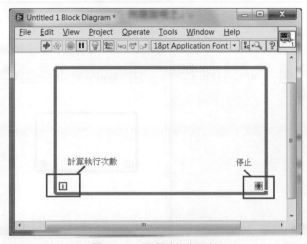

圖 8-7　兩個特殊元件

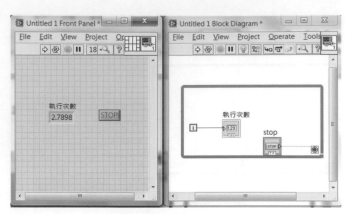

圖 8-8　程式畫面

2. 執行 & 停止

　　當在圖形程式區按滑鼠右鍵，在跳出的函數面板上進入「Express → ExecControl」裡取出 While Loop 時，LabVIEW 會自動在停止元件上接一個布林控制元件 " Stop Buttons"，如圖 8-9 所示。若 While Loop 的 "停止元件" 沒接上的話，則不能執行 While Loop 架構，如圖 8-10 所示。

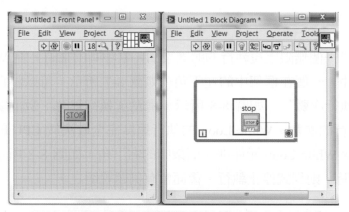

圖 8-9　加入 Stop Buttons

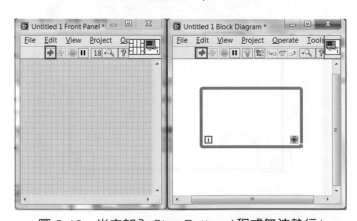

圖 8-10　尚未加入 Stop Buttons(程式無法執行)

也可以按照個人的習慣，用不同的布林控制元件來控制 While Loop 的執行與否。如圖 8-11 所示，可以用 Switch when pressed 類型的開關元件，來決定是否執行 While Loop。至於怎樣把停止的元件轉換成執行元件，請參考圖 8-12。在停止元件上按滑鼠右鍵，在跳出的選單中點選 Continue if True，則停止元件就會轉換成執行元件。

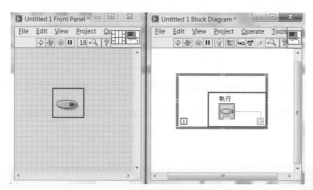 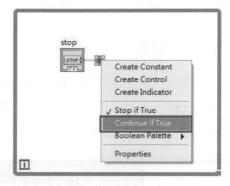

圖 8-11　更改為執行元件　　　　　　　　圖 8-12　更改設定

3. 無限執行

接下來這個例題會讓你明白架設一個無限執行的 While Loop 有多簡單。請如下步驟操作：

STEP 1 首先，在人機介面中取出一個數值控制元件，將其命名為 "自訂隨機輸入" 及一個數值顯示元件，將其命名為 "隨機輸出"，再取出一個圖表來顯示圖形。在圖形程式區中則取出亂數與乘函數，如圖 8-13 所示。

STEP 2 先將以上元件如圖 8-13 的圖形程式區所示那樣連接起來，再呼叫 While Loop 以拖曳的方式將程式包起來。如此一來，只要點選 "單次執行"，則此程式就會無限執行，直到按下布林控制元件 "Stop Buttons" 才停止。

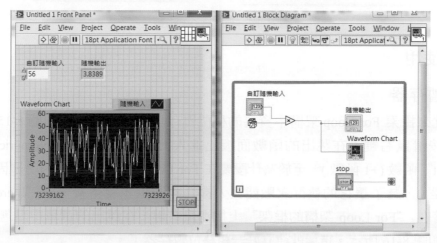

圖 8-13　程式畫面

8-2　For Loop

For Loop 與 While Loop 最大的差別在於執行次數。兩者都是重複性執行的程式迴圈架構。For Loop 可以限定迴圈每次執行的次數，但不能無限重複執行；While Loop 則可以無限重複執行。

8-2.1　路徑

在開始介紹如何使用 For Loop 前，先來拜訪 For Loop 的家吧！可以在圖形程式區上按滑鼠右鍵，在跳出的函數面板上進入「Programming → Structures」裡的裡面取得 For Loop 迴圈，如圖 8-14 所示。

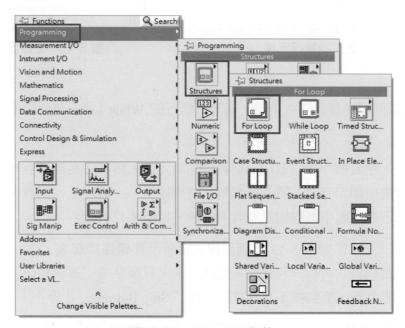

圖 8-14　For Loop 函數

8-2.2　使用

1. 移位暫存器

現在就來探索 For Loop 架構中資料的移位暫存功能。首先，依照圖 8-15。在圖形程式區上按滑鼠右鍵，在跳出的函數面板上進入「Programming → Numeric」中取得 "Increment" 函數 (+1 函數)。至於為什麼要在 For Loop 的 " i " 上加 1，原因是 " i " 的起始值是 0，為了讓它的執行次數能與人機介面同步才會串接一個 "Increment" 的函數。接著在 "For Loop 架構的框架" 上按滑鼠右鍵，在跳出的選單中點選 Add Shift Register，如圖 8-16 所示。這樣就建立好一組移位暫存器了。

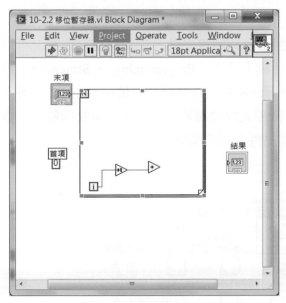

圖 8-15 程式畫面

圖 8-16 增加移位暫存器

　　移位暫存器包含了迴圈框架上左右兩邊的一對接點，如圖 8-17 所示。當一次遞迴即將完成之際，右邊的接點會將資料儲存下來，並且在下一次遞迴開始之前出現在左側接點上。

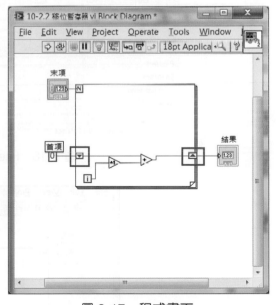

圖 8-17 程式畫面

　　剛建立的移位暫存器是黃底黑色的小框架。當以一個元件接上移位暫存器後，它便會自動調整成該元件的資料型態，同時改變成對應之資料的顏色，如圖 8-17 所示。移位暫存器的接點皆為數值的整數資料型態－藍色。移位暫存器可以包含任何型態的資料，如數值(藍色或橘色)、布林(綠色)、字串(粉紅色)…等。

　　可以在多個 For Loop 或 While Loop 中應用移位暫存器來處理資料的流程。請注意，當使用移位暫存器時，它在跑完指定執行的次數後，才會把資料輸出到迴圈架構外的元件。在後面的累加器例題中將會有更深的體驗。

2. 回授

回授，其功能與移位暫存器差不多。在開始介紹回授之前，先要拜訪它的家。可以在圖形程式區上按滑鼠右鍵，在跳出的函數面板上進入「Programming → Structures」裡找到回授 "Feedback Node" 元件，如圖 8-18 所示。回授元件會將資料傳送至左邊的節點，如圖 8-19 所示。當一次遞迴即將完成之際，回授元件會將資料再次輸入至加函數上。當將節點連接至一個物件後，它會自動調整成該物件的資料型態。

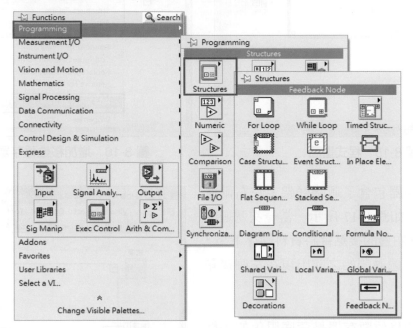

圖 8-18　Feedback Node 函數

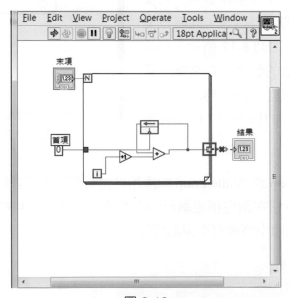

圖 8-19

　　當完成圖 8-19 後，會發現回授元件不能直接跨越迴圈架構傳送資料。不用擔心，只要在錯誤的節點按滑鼠右鍵，跳出的選單中點選 Disable Indexing，如圖 8-20 所示。如此一來，畫面就如圖 8-21 一樣。因為迴圈內的資料傳遞在迴圈執行時是無法向外傳輸，所以要改變節點的設定來讓它在迴圈結束時才向外輸出。

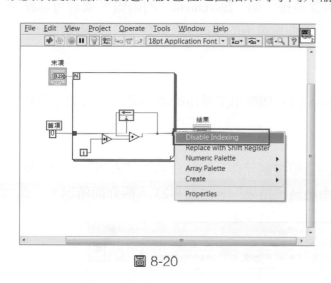
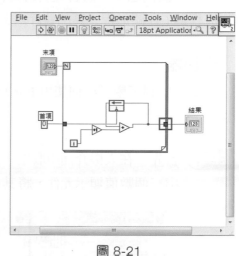

圖 8-20　　　　　　　　　　　　　圖 8-21

3.　自訂執行次數

　　還記得 For Loop 與 While Loop 的差別嗎？現在要來設定 For Loop 的執行次數，請如下步驟操作：

STEP 1 首先，在人機介面上取出一個數值控制元件，將其命名為"設定執行次數"，另外再取一個數值顯示元件，將其命名為"顯示次數"，如圖 8-22 人機介面所示。

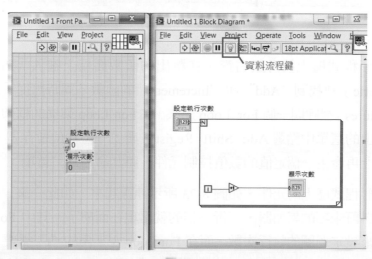

圖 8-22

STEP **2** 在圖形程式區上點滑鼠右鍵，在跳出的函數面板上進入「Programming → Numeric」裡找到 "Increment" 函數，將其依圖 8-22 圖形程式區所示連線。輸入 "設定執行次數" 的值後，就可以執行程式並察看結果。

在下一個例題中，將會更明白為何要串接一個 "Increment" 的函數。或者可以點選資料流程鍵 (在圖形程式區的執行列上，一個像燈泡的按鍵) 來觀察 "i" 的起始值。

4. 累加器

哇！終於到了學習如何使用 For Loop 做一個簡單又常用的累加器了。請如下步驟操作：

STEP **1** 首先，在人機介面中取出一個數值控制元件，將其命名為 "末項"，另外再取出一個數值顯示元件，將其命名為 "結果"，如圖 8-23 人機介面所示。

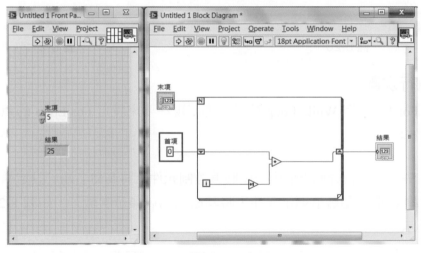

圖 8-23

STEP **2** 在圖形程式區上按滑鼠右鍵，在跳出的函數面板上進入「Programming → Numeric」裡找到 "Add" 與 "Increment" 的函數。同時再從「Programming → Structures」裡呼叫一個 For Loop 出來。在 For Loop 架構的框架上按滑鼠右鍵，在跳出的選單中點選 Add Shift Register 產生一組移位暫存器。另外於圖形程式區上再產生一個定值的數值控制元件，將其命名為 "首項"。

STEP **3** 將圖形程式區上的元件，如圖 8-23 所示連線起來。如此一來，一個首項為 0，且可自訂末項的累加器，不折不扣的就呈現在面前了。其中 For Loop 的 "N" 是用來設定迴圈的執行次數，而在 For Loop 左下角的 "i" 需要 +1 才可與 "N" 同，如此累加的結果才會正確。再點選 "單次執行" 來查看結果。

8-2.3　Formula Node

Formula Node(公式點) 是提供使用者在 LabVIEW 計算數學方程式的功能。例如要算出訊號 a=x2+2x+1 並且放大三倍，且 Formula Node 是可以輸入多個數學判斷式。

下面就來跑跑方程式吧！

STEP 1 首先，在人機介面中「Modren → Graph」取出一個 "Waveform Graph" 元件。

STEP 2 緊接著在圖形程式區的函數面板上選擇「Programming → Structure」的 "Formula Node" ，如圖 8-24 所示，並把所選擇的方程式填入。記得要在邊框的左右邊按滑鼠右鍵加入 Add Input 和 Add Output。另外每打一個方程式必須在句尾加上分號 (；)。

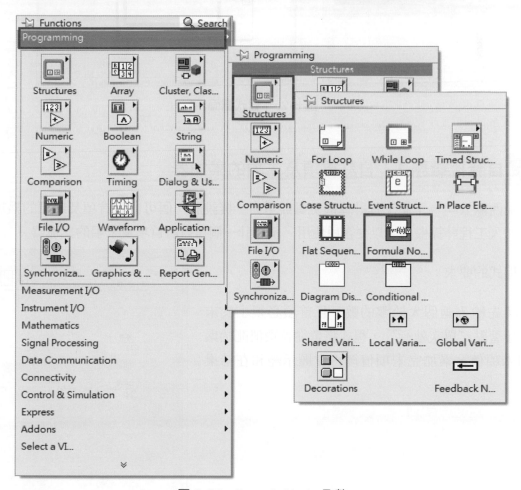

圖 8-24　Formula Node 函數

STEP **3** 最後,將目前迴圈執行次數除以 15 當作方程式 x 的輸入值,以方便波形的
觀察。再經過 "Formula Node" 中的程式計算每次回圈執行的值並輸出在
Waveform Graph 上,如圖 8-25 所示。點選 "單次執行" 來建立波形,也可改
變程式內的值並重新執行來觀察圖表中的變化。

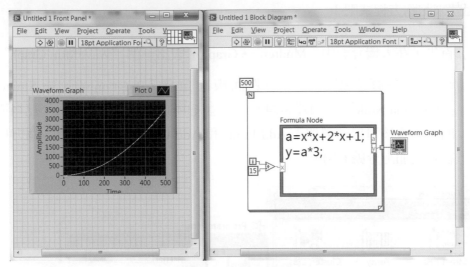

圖 8-25　程式畫面

自我挑戰題 1:自訂首項及末項的累加器

卡西歐公司為了使工程計算機更具競爭力,擬設計一個可自訂首項及末項的累加器
功能加入工程計算機內,以便客戶使用。請設計一個可自訂首項及末項的累加器。

程式的要求:

請先輸入兩個大於零的數,且首項必須小於末
項。接著點 "單次執行",程式將會從首項值開始累
加到末項值,累加完末項值後將會顯示總和在結果
中。

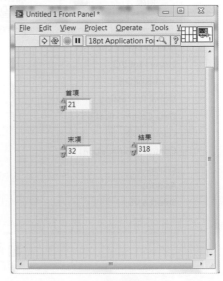

人機介面

自我挑戰題 2：移位暫存器 4BIT

請設計一個程式會將暫存器內的資料隨著 clock 觸發後移位到另一個數值顯示元件，如下表所示 (初始為 0，每單位時間加 1 且向右移位一個位置)。

狀態 1	0	0	0	0
狀態 2	1	0	0	0
狀態 3	2	1	0	0
狀態 4	3	2	1	0

以此類推…。

人機介面

(本書背後的光碟中有本章節的範例解答，請參照章節來選取資料夾)

第 9 章　圖表

在進行數值分析時，假如僅以單純的數字資料顯示往往不容易了解其中的變化關係，若是資料能以圖表的方式展示出來，就比較容易看出資料間的差異性。常見的手錶也是如此，有人喜歡帶電子錶，能夠一下子就知道時間，有些人則是喜歡帶指針式的手錶，雖然不一定能夠一下子知道幾分幾秒，但比較容易規劃時間。

9-1　元件路徑

現在要來拜訪圖表的家，LabVIEW 提供多種路徑可以找到圖表元件，如圖 9-1 至圖 9-2 所示等路徑：

STEP 1　綜合式圖表顯示元件：人機介面上按滑鼠右鍵，在跳出的 Controls 控制面板上進入「Modern → Graph」中取得綜合式的圖表顯示元件，如圖 9-1 所示。

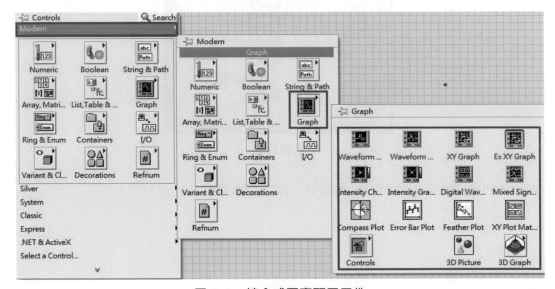

圖 9-1　綜合式圖表顯示元件

STEP 2　綜合復古式圖表顯示元件：人機介面上按滑鼠右鍵，在跳出的 Controls 控制面板上進入「Classic → Classic Graph」中取得圖表顯示元件，如圖 9-2 所示。

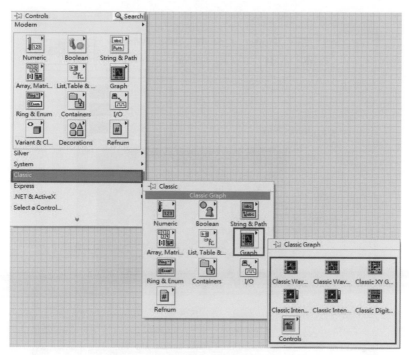

圖 9-2　綜合復古式圖表顯示元件

9-2　使用

9-2.1　設定

1.　線條多寡

首先，在人機介面上按滑鼠右鍵，在跳出的 Controls 控制面板上從圖表顯示元件家中取一個 Waveform Chart 成員 (參照圖 9-1 或 9-2 建立)。在圖表的右上角有一塊 Plot 0 的小區塊，如圖 9-3 所示。當點選它時，它會變成一個可拖曳式的形式，此時可以按照需求來增加顯示的線條 (資料數)。

當完成圖 9-3 的動作後，圖表會增加成為三種不同顏色且獨立的線條 (Plot0、Plot1 及 Plot2)，如圖 9-4 所示。

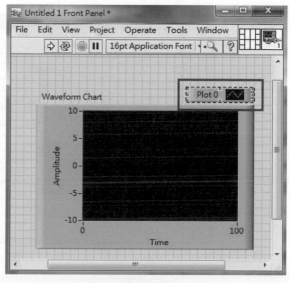

圖 9-3

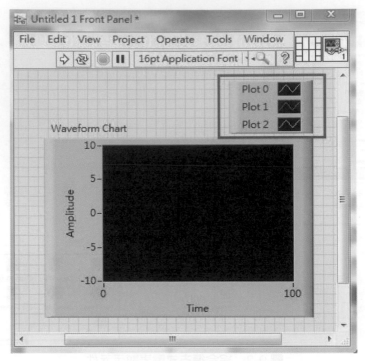

圖 9-4

2. 線條色彩

如果想改變線條的顏色使資料能夠區分，可以利用滑鼠在圖表右上角的區塊上按右鍵，在跳出的選單中點選 Color，它會出現一個顏色面板。可以在顏色面板中決定該線條的顏色，如圖 9-5 所示。

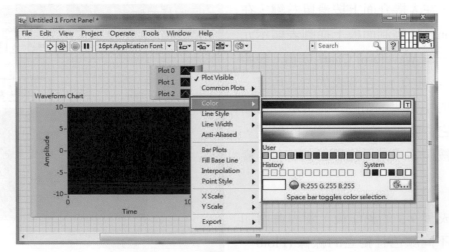

圖 9-5

3. 線條風格

如果想改變線條的風格,可以利用
滑鼠在圖表右上角的區塊上按右鍵,在
跳出的選單中點選 Line Style,它會出
現五種不同的線條風格供選擇,如圖
9-6 所示。

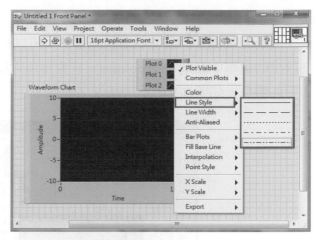

圖 9-6

4. 線條寬度

如果認為線條太細想要粗一點,可
以利用滑鼠在圖表右上角的區塊上按右
鍵,在跳出的選單中點選 Line Width,
它會出現六種不同粗細的線條供選擇。
可以按照需要來決定線條的粗細,如圖
9-7 所示。

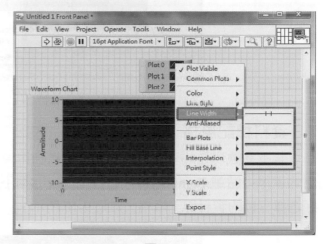

圖 9-7

5. 圖表類型

如果希望圖表以不同類型的方式顯
示,可以利用滑鼠在圖表右上角的區
塊上按右鍵,在跳出的選單中點選 Bar
Plots,它會出現十一種不同的圖表類
型供選擇。可以按需要來決定圖表的類
型,如圖 9-8 所示。

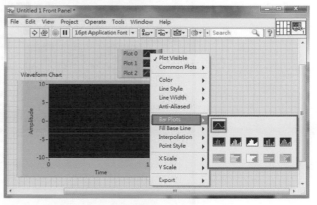

圖 9-8

6. 線條類型

如果希望圖表的線條有資料的標記，可以利用滑鼠在圖表右上角的區塊上按右鍵，在跳出的選單中點選 Interpolation，它會出現六種類型供選擇。可以按照需要來選擇你所想要的類型，如圖 9-9 所示。

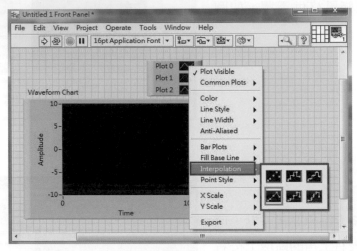

圖 9-9

7. 資料標記風格

若不喜歡現在的資料標記符號，可以利用滑鼠在圖表右上角的區塊上按右鍵，在跳出的選單中點選 Point Style，它會出現十七種不同的資料標記風格供選擇。可以按照喜好選擇喜歡的資料標記風格，如圖 9-10 所示。

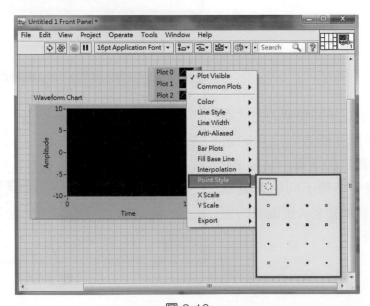

圖 9-10

8. 圖表刻度

　　當取出圖表時，它的最大刻度預設值為 100 且只顯示頭尾 0 和 100 兩個刻度。如果希望增加圖表 X 軸的刻度，可以利用滑鼠在圖表上按右鍵，在跳出的選單中點選 X Scale 裡面的 Style，它會出現九種不同類型的刻度。可以按照需要選擇適當的刻度類型，如圖 9-11 所示。若希望增加 X 軸上的刻度，也可以利用滑鼠在圖表上按右鍵，在跳出的選單中點選 X Scale 裡面的 Style 來選擇適當的刻度類型。

　　當完成圖 9-11 的動作後，圖表的 X 軸刻度就會如圖 9-12 所示一樣，在 0 與 100 中間增加了更多刻度。

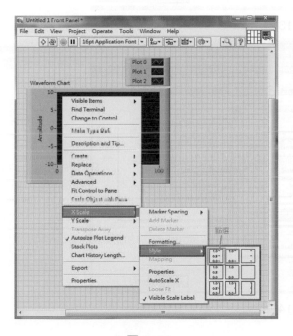

圖 9-11

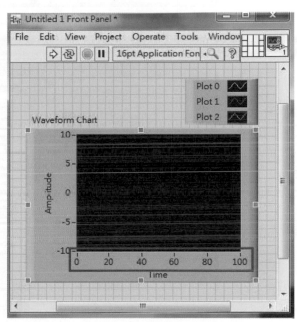

圖 9-12

　　圖表的 X 軸刻度除了以數值顯示外，也能以時間方式顯示；如果想以時間方式顯示刻度，可以利用滑鼠在圖表上按右鍵，在跳出的選單中點選 Properties，點選後視窗會出現圖表的設定面板，此面板共有六種表單，分別是 Appearance、Display Format、Plots、Scales、Documentation、Data Binding 及 Key Navigation，如圖 9-13 所示。在 Display Format 表單下面點選 Absolute time(顯示系統時間與日期) 或 Relative time(顯示相對時間) 之後，按 "OK" 鍵，即可將刻度顯示形式改為時間顯示形式，如圖 9-14 所示。

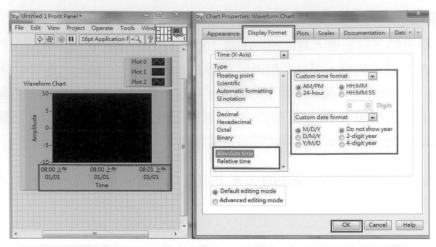

圖 9-13

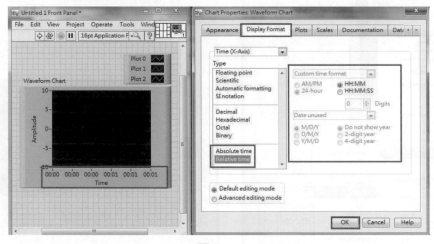

圖 9-14

9. 清除圖表資料

如果想清除圖表上的資料，可以利用滑鼠在圖表上按右鍵，在跳出的選單中點選 Data Operations 裡面的 Clear Chart，如圖 9-15 所示。當完成圖 9-15 的動作後，圖表會如圖 9-16 所示一樣不留痕跡。

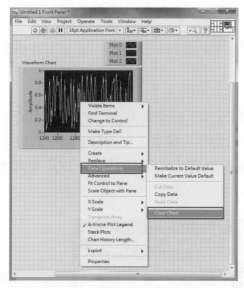

圖 9-15

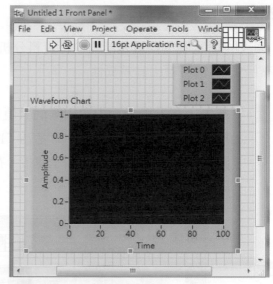

圖 9-16

9-2.2　顯示資料

現在，就來學習如何將數值資料顯示在圖表上，請如下步驟操作：

STEP 1　首先，在人機介面中取出一個數值控制元件，在該元件上按滑鼠左鍵兩下命名為 "隨機輸入" 即可修改名稱。接著，再取出一圖表顯示元件 "Wavefrom chart"，命名為 "隨機資料"，如圖 9-17 的人機介面所示。

STEP 2　在圖形程式區上利用滑鼠按右鍵，在跳出的函數面板上進入「Programming → Numeric」中取得 "乘函數" 及 "亂數"。

STEP 3　將所有元件如圖 9-17 的圖形程式區所示連線。點選 "重複執行" 後，圖表便會不斷的顯示 0~516 的資料 (看 "隨機輸入" 的值決定範圍)。

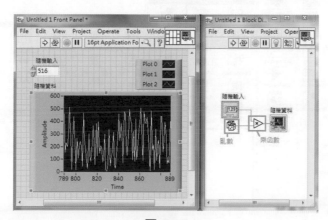

圖 9-17

9-2.3 顯示多筆資料

圖表的功能最主要就是能夠進行資料分析。以下的例題可以在同一圖表上看見多筆的資料，同時也可看出其差異性。

STEP 1 首先，在人機介面中取出兩個數值控制元件，分別命名為 "IQ" 及 "EQ"，再取出一個數值顯示元件命名為 "IQ + EQ"。接著，在人機介面中取出一個圖表元件，並如圖 9-18 所示連接，在圖形程式區上將 "IQ" 及 "EQ" 加起來，顯示在 "IQ + EQ" 上。

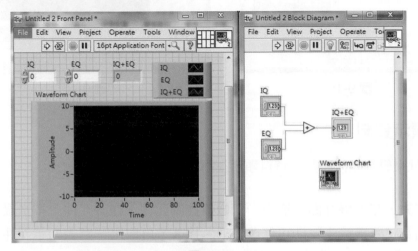

圖 9-18

STEP 2 在圖形程式區上利用滑鼠按右鍵，在跳出的函數面板上進入「Programming → Cluster, Class, & Variant」裡取得 Bundle 函數，如圖 9-19 所示。

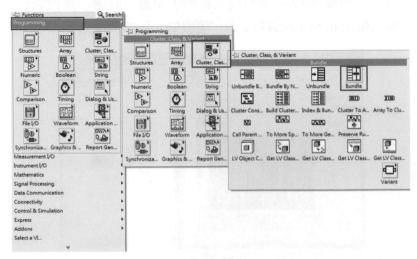

圖 9-19

STEP 3 將個別的資料輸出連接至 Bundle 函數，如圖 9-20 的圖形程式區所示，便完成一個能顯示多筆資料的圖表。再點擊 "重複執行" 來顯示多筆資料。可在程式執行中時改變其值來觀察變化。

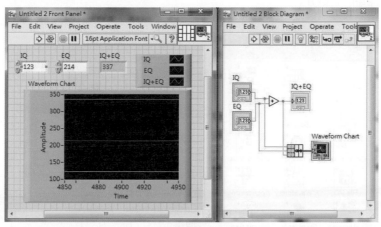

圖 9-20

9-2.4　多重波形圖表

在某些時候必須做到多筆資料的輸出顯示在同一個波形圖上，如同示波器要顯示多點輸出一樣。下面就示範如何產生多個波形，稱之多重波形圖表。

STEP 1 首先在人機介面中配置三個數值控制元件，分別以亂數的形式產生。

STEP 2 接著在圖形程式區中按滑鼠右鍵在跳出的函數面板上進入「Programming → Cluster Class &Variant」點選 Bundle。 目的是要把輸出的資料以類別 (Bundle) 的功能加以集中，如圖 9-21 所示。在往後的 LabVIEW 撰寫中會時常用到。

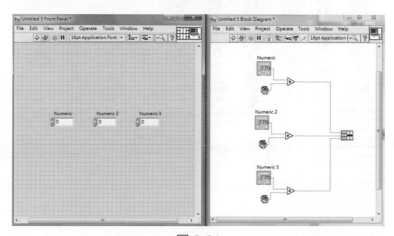

圖 9-21

STEP 3 在圖形程式區利用滑鼠按右鍵，在跳出的函數面板上進入「Programming → Structrues」取出 While Loop 迴圈，如圖 9-22 所示，以及由「Programming → Boolean」中取出 True Constant 元件，如圖 9-23 所示 (布林的使用會在第 10 章做詳細的介紹)。

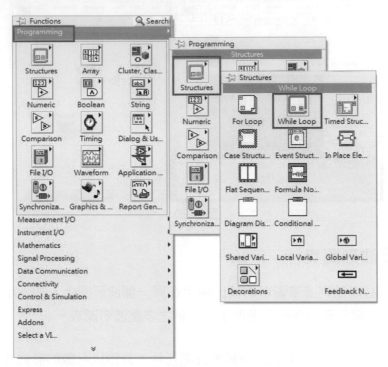

圖 9-22

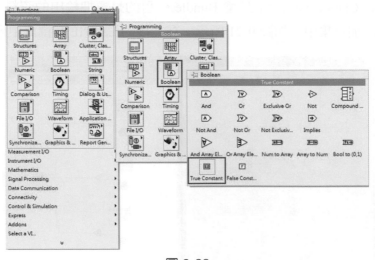

圖 9-23

STEP 4　並以 "重複執行" 去執行，如圖 9-24 所示連接即可完成。

圖 9-24

自我挑戰題：上下限顯示

曾文水庫管理局為了判斷水庫的水位高低是否於安全警戒值內，擬設計一圖表以便觀察。

 請設計一個能顯示水位上、下限及水位變化的圖表

水位上、下限可自訂，水位資料以隨機方式產生。

填入隨機資料、上限與下限後，執行程式來顯示資料。

 請參考章節 9-2.3

(本書背後的光碟中有本章節的範例解答，請參照章節來選取資料夾)

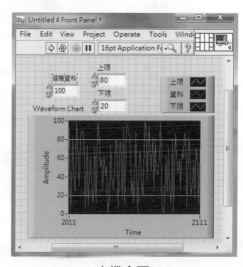

人機介面

第 10 章　布林

　　布林代數名稱取自於英國數學家喬治布林 (George Boolean)，他致力於尋找可做邏輯計算 (logical calculation) 之工具。由於他的貢獻，羅素 (Bertrand Russell) 尊稱他為純數學的發明者。而布林代數的迷人之處除了應用邏輯之外，還包括許多純數學之領域。如今布林代數更廣泛的使用在布林時代未有的領域，例如邏輯電路之設計。LabVIEW 中也提供了許多不同類型的開關，像 LED 與按鈕皆可當作邏輯閘所需的控制元件及顯示元件。

10-1　路徑

　　現在要拜訪布林元件的家，LabVIEW 提供多種路徑可以找到布林元件，如圖 10-1 至圖 10-4 所示等路徑。

10-1.1　元件路徑

　布林控制元件：可以在人機介面上按滑鼠右鍵，在跳出的 Controls 控制面板上進入「Modern → Boolean」中取得布林控制元件，如圖 10-1 所示，裡面有各類型的開關供使用。

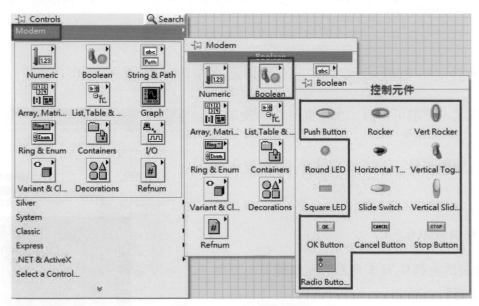

圖 10-1　布林控制元件

布林顯示元件：可以在人機介面上按滑鼠右鍵，在跳出的 Controls 控制面板上進入「Modern → Boolean」中取得布林顯示元件，如圖 10-2 所示，裡面有圓形、方形兩種 LED 燈號供使用。

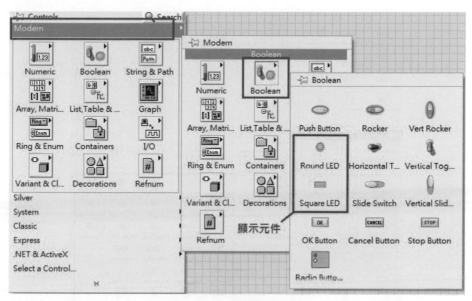

圖 10-2　布林顯示元件

 分類式布林元件：可以在人機介面上按滑鼠右鍵，在跳出的 Controls 控制面板上進入「Express → Bottons 與 LEDs」中取得布林的控制元件 (Buttons) 與顯示元件 (LED)，如圖 10-3 所示。

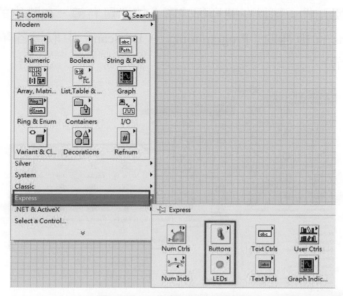

圖 10-3　分類式布林元件

路徑4 復古式布林元件：可以在人機介面上按滑鼠右鍵，在跳出的 Controls 控制面板上進入「Classic → Boolean」中取得古色古香的布林控制元件 (開關) 與顯示元件 (LED)，如圖 10-4 所示。

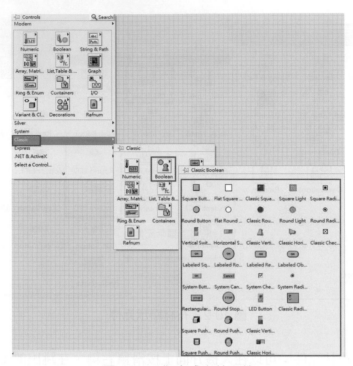

圖 10-4　復古式布林元件

10-1.2 函數路徑

路徑1 各類邏輯元件：可以在圖形程式區上按滑鼠右鍵，在跳出的函數面板上進入 Functions 面板裡的「Programming → Boolean」中取得各類邏輯元件，如圖 10-5 所示。

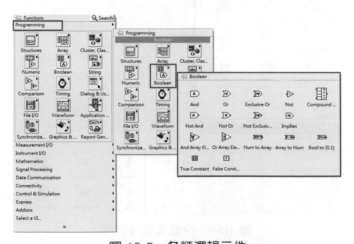

圖 10-5　各類邏輯元件

10-2　使用

10-2.1　設定 (開關的動作類型)

　　首先，在人機介面上按滑鼠右鍵，在跳出的 Controls 控制面板上進入布林元件家中取一個開關，在這裡用 "Push Button" 元件來做說明。接著在人機介面的開關元件上按滑鼠右鍵，在跳出的選單中點選 Properties 來設定此布林開關的動作類型，如圖 10-6 所示。

　　當完成圖 10-6 的動作後，視窗會出現如圖 10-7 布林開關元件的設定面板，此面板共有五個表單，分別是 Appearance、Operation、Documentation、Data Binding 及 Key Navigation。點選 Operation 表單，可設定其開關的動作類型。Operation 表單中的 Button behavior 區塊中，總共有六種開關類型供選擇，當選擇其中一種類型時，在右邊的 Behavior Explanation 區塊會顯示選擇的開關示意圖及說明。

　　可以在 Operation 表單中的 Preview Selected Behavior 區塊中測試該開關之功能。當測試完畢且選擇好適當的開關類型後，只要點選 "OK" 即可完成開關類型的設定，如圖 10-7 所示。

圖 10-6　屬性設定

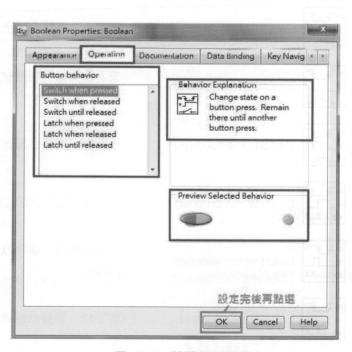

圖 10-7　開關類型選擇

　　當熟悉各種不同的開關類型後也可以在布林開關元件上按滑鼠右鍵，在跳出的選單中點選 Mechanical Action，也會出現六種不同的開關類型供選擇，如圖 10-8 所示。

圖 10-8　開關類型選擇

⬇ 各類型開關特性如下：

	Switch when pressed	按下後，開關狀態便改變，直到下次按下才回復。
	Switch when released	按下放開後，開關狀態才改變，直到下次按下放開才回復。
	Switch until released	按下時，開關狀態改變，直到放開才回復。
	Latch when pressed	按下後，開關狀態立即改變一下子後又回復原來的樣子。
	Latch when released	按下放開後，開關狀態立即改變一下子後，又回復原來的樣子。
	Latch until released	按下時，開關狀態改變，放開後會延遲一下子才回復。

10-2.2　各類邏輯閘 (真值表)

以下就來了解各邏輯閘在 LabVIEW 中的呈現情況：

1.　AND 閘

當 "A" 和 "B" 兩個輸入端皆為 High 時，則 "A AND B" 輸出端才會為 High，反之若其中一個輸入端為 Low 或是全部為 Low，則輸出端為 Low，如圖 10-9 所示。

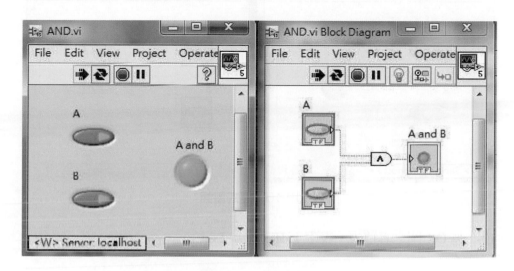

圖 10-9　程式畫面

表 10-1 為 AND 閘之真值表，表中 1=High，0=Low。

表 10-1

A	B	A AND B
0	0	0
0	1	0
1	0	0
1	1	1

2. OR 閘

當 "A" 和 "B" 兩個輸入端只要其中一個或全部為 High 時,則 "A OR B" 輸出端就會 High,反之若兩個輸入端皆為 Low 時,則輸出端為 Low,如圖 10-10 所示。

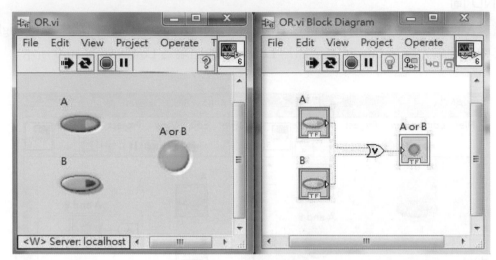

圖 10-10　程式畫面

表 10-2 為 OR 閘之真值表,表中 1=High,0=Low

表 10-2

A	B	A OR B
0	0	0
0	1	1
1	0	1
1	1	1

3.　XOR 閘

　　當 "A" 和 "B" 兩個輸入端一個為 High，一個為 Low 時，則 "A XOR B" 輸出端才會 High，若兩個輸出端同時為 High 或同時為 Low 時，則輸出端為 Low，如圖 10-11 所示。

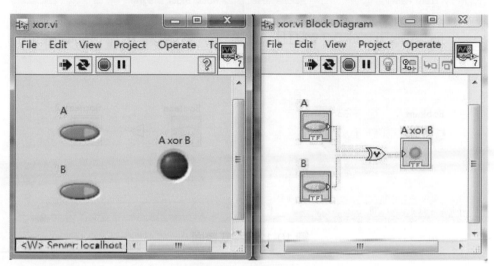

圖 10-11　程式畫面

　　表 10-3 為 XOR 閘之真值表，表中 1=High，0=Low。

表 10-3

A	B	A XOR B
0	0	0
0	1	1
1	0	1
1	1	0

4. NOT 閘

當 "A" 輸入端為 Low 時,則 "NOT A" 輸出端為 High,反之,若輸入端為 High,則輸出端為 Low,如圖 10-12 所示。

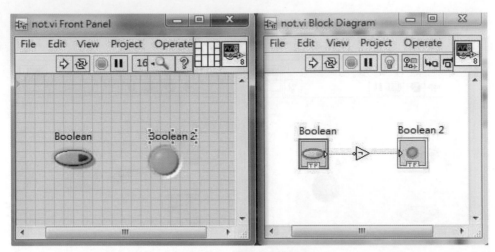

圖 10-12　程式畫面

表 10-4 為 NOT 閘之真值表,表中 1=High,0=Low。

表 10-4

X	NOT X
0	1
1	0

5. NAND 閘

就是在 AND 閘的輸出端再串接一個 NOT 閘，當 "A" 和 " B " 兩個輸入端，只要其中一個為 Low 或全部為 Low 時，則 "A NAND B" 輸出端為 High，若兩個輸入端皆為 High，則輸出端為 Low，如圖 10-13 所示。

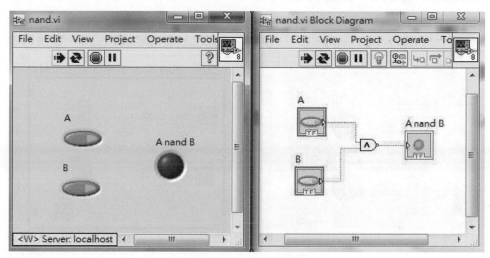

圖 10-13　程式畫面

表 10-5 為 NAND 閘之真值表，表中 1=High，0=Low。

表 10-5

A	B	A NAND B
0	0	1
0	1	1
1	0	1
1	1	0

6. 半加器

學會各式基本布林運算後，可以嘗試更進一步的製作半加器，半加器主要有 A、B 兩個輸入端，以及 S(和)、C_A(進位) 兩個輸出端，當 A、B 兩輸入其中之一的值為 "1" 時，其 S(和) 的輸出端為 High，若 A、B 兩輸入皆為 "1"，C_A(進位) 的輸出端為 High，而 S(和) 的輸出端則為 Low，如圖 10-14 所示。

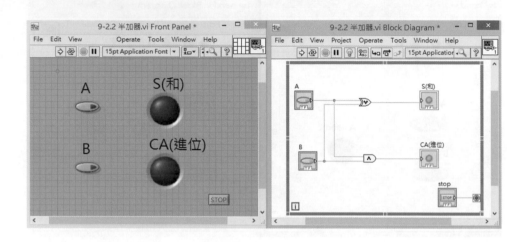

圖 10-14　程式畫面

表 10-6 為半加器的真值表，表中 1=High，0=Low。

表 10-6

A	B	S (和)	C_A (進位)
0	0	0	0
0	1	1	0
1	0	1	0
1	1	0	1

10-2.3 控制 LED

現在要來做一個簡單的 LED 燈號控制，如圖 10-15 所示。請如下步驟操作：

STEP 1 首先，在人機介面中取出一個布林控制元件 "Vertical Toggle Switch"，將其命名為 "開關"，再取出一個布林顯示元件 "Round LED"，在該元件上方顯示名稱的地方按滑鼠左鍵兩下，將其命名為 "LED"。

STEP 2 在圖形程式區將控制元件 "開關" 連線至顯示元件 "LED"。點選 "重複執行" 後，將開關打開，則 LED 燈亮，如圖 10-15 所示。此時，一個簡單的 LED 控制程式已呈現在面前了。當然，這只是牛刀小試，精采的還在後頭，一起前往下題吧！

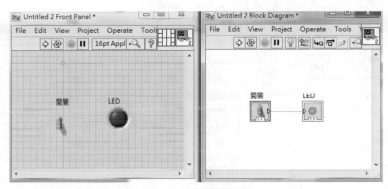

圖 10-15 程式畫面

10-2.4 選擇函數

你是否常常聽到人家對你說：「Which do you want？你要選擇哪一個呢？」。在日常生活中，常常會面臨許多的選擇，而這些選擇往往會影響命運及結果。選擇正確，則一帆風順；選擇不當，則勞民傷財。現在要來做一個選擇函數，如圖 10-16 所示。請如下步驟操作：

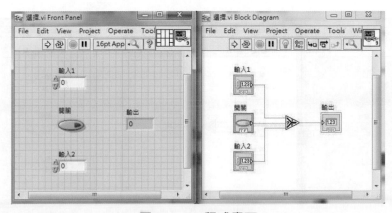

圖 10-16 程式畫面

STEP 1 首先，在人機介面中取出兩個數值控制元件，分別命名為 "輸入 1" 和 "輸入 2"。接著取出一個數值顯示元件，將其命名為 "輸出"，再取出一個布林控制元件 "Push Button"，將其命名為 "開關"。

STEP 2 在圖形程式區上按滑鼠右鍵，在跳出的函數面板上進入「Programming → Comparison」裡的取得 "Select" 元件，如圖 10-17 所示。

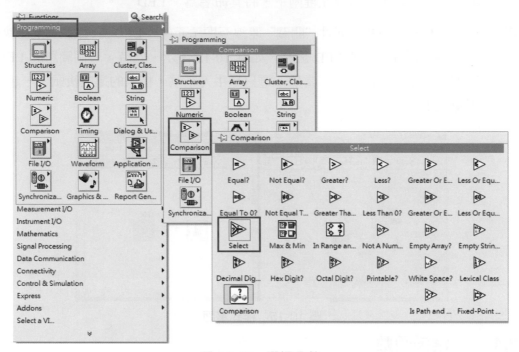

圖 10-17　選擇函數

STEP 3 將選擇函數依圖 10-18 的圖形程式區所示連線起來。當選擇的開關未按下時，則輸出會顯示與輸入 2 一樣的數值 37。反之，則如圖 10-19 的人機介面所示，輸出會顯示與輸入 1 一樣的數值 21。

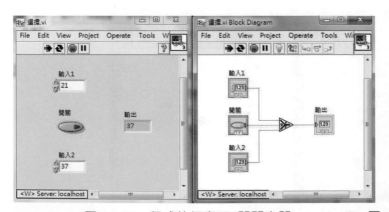

圖 10-18　程式執行畫面(開關未開)　　　圖 10-19　程式執行畫面(開關開啟)

10-2.5　轉換

1. 布林轉數值

還記得前面各類邏輯閘的真值表嗎？ 1=High，0=Low。現在要來做一個布林轉數值的應用函數，請如下步驟操作：

STEP 1 首先，在人機介面上取一個數值顯示元件，再取出一個布林控制元件 "Vertical Toggle Switch" ，如圖 10-20 所示。

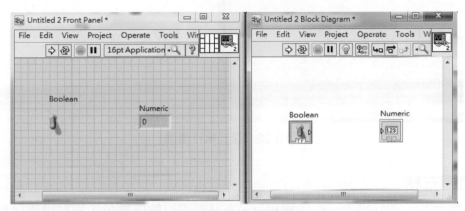

圖 10-20　程式畫面

STEP 2 在圖形程式區上按滑鼠右鍵，在跳出的函數面板上進入「Programming → Boolean」裡取得 "Boolean To(0,1)" 的函數，如圖 10-21 所示。

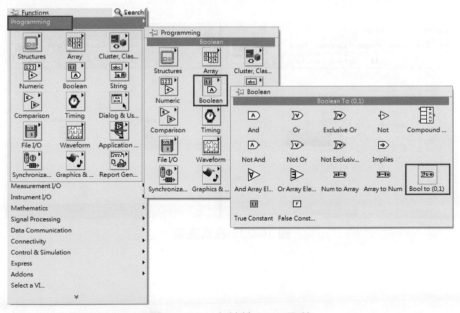

圖 10-21　布林轉 (0,1) 函數

STEP **3** 將 "Boolean To(0,1)" 的函數串接至布林控制元件與數值顯示元件中間，用線連接起來，就完成了布林轉數值的應用函數。點選 "重複執行" 執行程式，當打開開關時，則輸出為 1，反之，則為 0，如圖 10-22 所示。此應用函數在後面的時間函數上是個重要的角色。

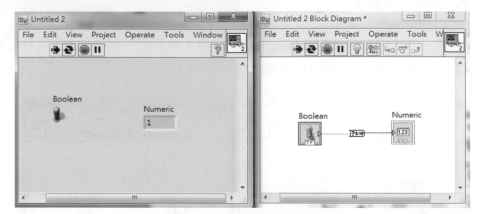

圖 10-22　程式執行畫面

2. 數值轉布林

現在要做的，正好與上一個例題相反。布林都可以轉成數值，那數值應該也可以轉成布林吧？當完成這題後就會明白了，請如下步驟操作：

STEP **1** 首先，在人機介面中，取一個數值控制元件，再取一個布林顯示元件，如圖 10-23 所示。

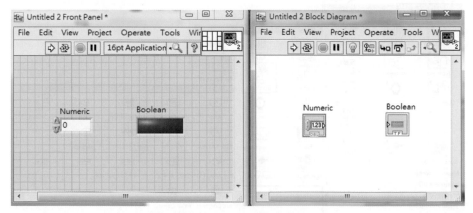

圖 10-23　程式畫面

STEP 2 接著，在圖形程式區上按滑鼠右鍵，在跳出的函數面板上進入「Programming→ Boolean」裡取得〝Num To Array〞的函數，如圖 10-24 所示。因為此函數是將數值轉成布林陣列，所以無法直接串接至 Boolean 顯示元件 (LED) 上。這時，在 Boolean 中取一個〝Or Array Elements〞的函數，如圖 10-25 所示，它可將陣列轉成純量。

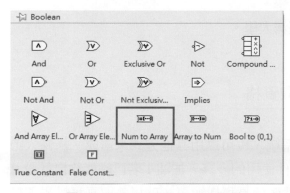

圖 10-24　Num To Array 函數

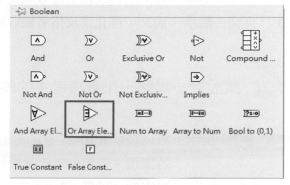

圖 10-25　Or Array Elements 函數

STEP 3 將〝Num To Array〞函數與〝Or Array Elem〞函數串接至數值控制元件與布林顯示元件之間。點選〝重複執行〞執行程式，當數值輸入為 0 時，則布林輸出為 Low。反之，只要輸入大於或等於 1 時，則輸出為 High，如圖 10-26 所示。

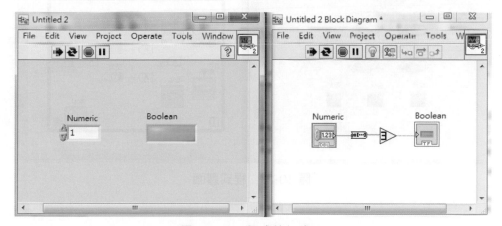

圖 10-26　程式執行畫面

10-2.6 考生錄取系統

現在才真正要進入布林函數的精華。必須要熟知各類型的邏輯元件，應用它們做出一個強而有力的系統。題目是這樣的：

1. 英文、數學、理化三科及格者錄取交通大學。
2. 英文、數學、國文三科及格者錄取成功大學。
3. 英文、數學、國文、理化皆及格者錄取臺灣大學。

 請設計一電路，來審核考生的錄取資格

提示：可以按照圖10-27，完成此系統，也可以用其他方式來達成。條條大道通羅馬，差別只在於邏輯元件使用的多寡。加油！若已經能夠自行設計電路達成的話，LabVIEW就像玩具那樣簡單，就只差與真實世界連結而已了！在 Part 3 將會教導如何用 LabVIEW 與真實世界相通。

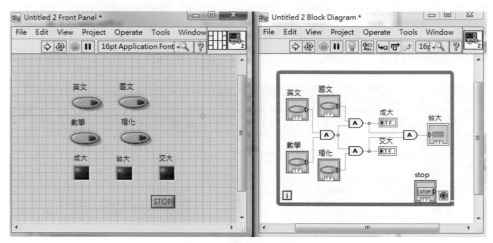

圖 10-27　程式畫面

自我挑戰題 1：員工錄取系統

1. 員工錄取系統

惠普公司擬徵聘工程師，除了涵蓋基本條件外，尚須考英文和電腦兩科。各單位選用條件為：(每組條件只能對應一個部門，當條件達成時不可有複數部門的燈號發亮)

(1) 大學畢業，年齡 28 歲以下，英文和電腦及格者錄取至研發部。

(2) 大學畢業，年齡 28 歲以上，英文和電腦及格者錄取至財務部。

(3) 年齡 28 歲以下，只有電腦及格者錄取至物料部。

(4) 大學畢業，年齡 28 歲以上，只有英文及格者錄取至秘書部。

請設計一電路以審核應徵人員的資格

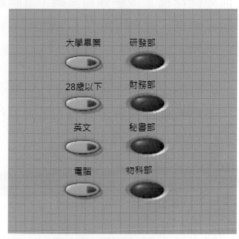

人機介面

 自我挑戰題 2：全加器

2. 在 10-2.2 中，已經學會半加器的設計，請加以延伸加入變數 "C"，設計出全加器的控制程式。

(本書背後的光碟中有本章節的範例解答，請參照章節來選取資料夾)

請設計一全加器的電路

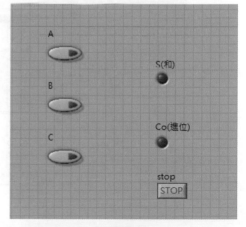

人機介面

第 11 章　對話框

有使用過電腦的人對於對話框一定不陌生，在使用電腦時常常會遇到。舉例來說，當你要儲存檔案或刪除檔案時，電腦就會出現一個對話框讓你決定檔案的命運。告訴你一個好消息，你也可以在 LabVIEW 中建立屬於自己的對話框，並且可以透過對話框控制其它元件。

在開始前，請注意程式建立好後不要點選重複執行或是使用到 While Loop 來執行程式，不然整個電腦會因為程式重複執行而被限制住。要是不小心使用的話，請使用電腦的工作管理員來關閉。

11-1　路徑

現在就來拜訪對話框的家吧！可以在圖形程式區上按滑鼠右鍵，在跳出的函數面板上進入「Programming → Dialog & User Interface」裡取得 One、Two、Three 三種不同的 Button Dialog 函數，如圖 11-1 所示。以下的例題，將以 One ButtonDialog 及 Two Button Dialog 函數作介紹，以及 Three Button Dialog 的應用。

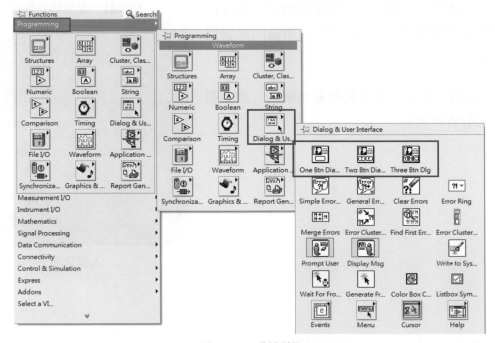

圖 11-1　對話框

　　圖 11-2 為 "One Button Dialog" 之接腳說明。可以在元件上點選滑鼠右鍵的 Help 或是在元件上點滑鼠左鍵並一起按下鍵盤的 Ctrl+H 即可取得。 "One Button Dialog" 函數的 message 為對話框內容之接腳，button name ["OK"] 是按鈕的接腳，True 則是布林輸出 (高或低)。

圖 11-2　One Button Dialog

　　圖 11-3 為 Two Button Dialog 之接腳說明。 "Two Button Dialog" 函數的 message 為對話框內容之接腳，button name ["OK"] / ["Cancel"] 是按鈕的接腳，T button '? 則是布林輸出 (按下 OK 為高位準，Cancel 則為低位準)。

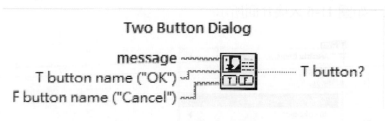

圖 11-3　Two Button Dialog

　　圖 11-4 為 "Three Button Dialog" 之接腳說明。 "Three Button Dialog" 函數的 message 為對話框內容之接腳，Button Text ["YES"] / ["No"] / ["Cancel"] 是按鈕的接腳，Which Button 則是選擇（YES 為 0，NO 為 1，Cancel 為 2，視窗關閉為 3）。

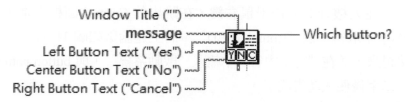

圖 11-4　Three Button Dialog

11-2 使用

11-2.1 提醒式

提醒式的對話框，意思就是強制執行沒有選擇的空間。現在來做一個提醒式的對話框程式，請如下步驟操作：

STEP 1 首先，在圖形程式區上按滑鼠右鍵，在跳出的函數面板上進入「Programming → Dialog & User Interface」裡取得"One button Dialog"函數 (參照圖 11-1)，接著將滑鼠移至函數左上角的粉紅色 Message 接點上按滑鼠右鍵 (參照圖 11-2)，在跳出的選單中點選「Create → Control」，如圖 11-5 所示。會看到在人機介面上出現一個名叫"Message"的字串方塊，在人機介面上將其改名為"對話內容"。接著，按照相同的方法，再產生 button name 的字串方塊來並連接起來，如圖 11-6 人機介面所示。

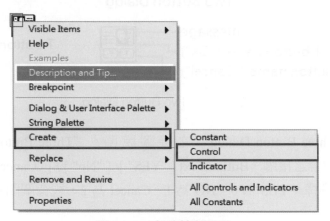

圖 11-5　創造控制元件

STEP 2 接著，在人機介面上按滑鼠右鍵，在跳出的 Control 面板上進入「Express → LEDs」中取得一個"Round LED"。將上述函數如圖 11-6 的圖形程式區所示連接起來，並在"對話內容"中輸入"啟動系統"，與 button name 中輸入"確定"二字後便大功告成了。

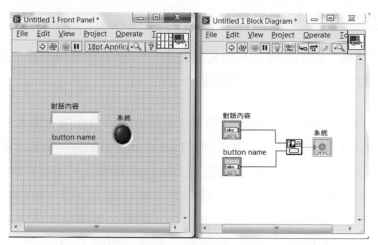

圖 11-6 程式畫面

STEP 3 當按下 "單次執行" 後，人機介面會出現如圖 11-7 所示的對話框，點選 "確定" 後，就會呈現圖 11-8 人機介面上 "系統" 的 LED 亮起的樣子。當然不一定要 LED，也可驅動一個系統或電路。在第 14 章的程式架構中將會介紹 Case 的使 用，到時能應用的空間就更廣了。

圖 11-7 程式執行畫面

圖 11-8 LED 亮燈

11-2.2　決定式

決定式的對話框，顧名思義就是此對話框至少有兩個的選項按鍵供點選。現在就來做一個決定式的對話框程式，請如下步驟操作：

STEP 1 首先，在圖形程式區上按滑鼠右鍵，在跳出的函數面板上進入「Programming →
Dialog & User Interface」裡取得 "Two Button Dialog" 函數 (參照圖 11-1)，接著將滑鼠移至函數左上角的粉紅色 Message 接點上按滑鼠右鍵，在跳出的選單中點選「Create → Control」，會看到人機介面上出現一個名叫 "Message" 的字串方塊，將其改名成 "對話內容"。接著，按照相同的方法產生 "T button name" 與 "F button name" 的字串方塊來，如圖 11-9 所示。再將上述函數如圖 11-9 圖形程式區所示連接起來，便大功告成。

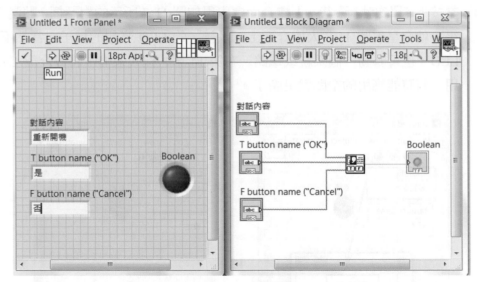

圖 11-9　程式畫面

STEP 2 當按下 "單次執行" 後，會出現如圖 11-10 所示的對話框。若點選 "是" 就會呈現圖 11-11 所示的樣子，重新開機的 LED 亮起，反之，則不亮。也可以再增加一個 LED 命名為 "取消"，只須在重新開機 LED 後面加一個 NOT 閘，將其命名為 "取消" 的 LED 元件串接至 NOT 閘的輸出端，即可達成。按 "否"，則 "取消" 的 LED 亮起。

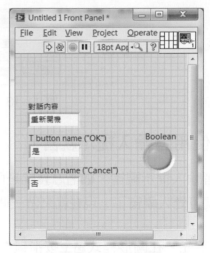

圖 11-10　程式執行畫面　　　　圖 11-11　LED 亮

11-2.3 多重決定式

多重決定式的的對話框，顧名思義就是此對話框至少有兩個以上的選項按鍵供點選。現在就來做一個多重決定式的對話框程式，請如下步驟操作：

STEP 1 首先，在圖形程式區上按滑鼠右鍵，在跳出的函數面板上進入「Programming → Dialog & User Interface」裡取得 "Three Button Dialog" 函數 (參照圖 11-1)。接著將滑鼠移至函數左上角的粉紅色 Message 接點上按滑鼠右鍵，在跳出的選單中點選「Create → Control」，會看到人機介面上出現一個名叫 "Message" 的字串方塊，將其改名成 "對話內容"。接著按照相同的方法產生 "Left button Text" 與 "Center button Text" 與 "Right button Text" 的字串方塊來，如圖 11-12 所示。完成後按 "單次執行" 的結果如圖 11-13 所示。

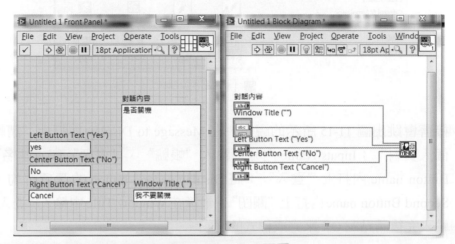

圖 11-12　程式畫面

1-121

圖 11-13　程式執行後

11-2.4 使用者輸入提示視窗

使用者輸入提示視窗，顧名思義就是此視窗可以作為輸入資料的提示框，只要把資料做判定就可登入視窗了。現在就來做一個系統登入視窗，請如下步驟操作：

STEP 1 首先，在圖形程式區上按滑鼠右鍵，在跳出的函數面板上進入「Programming → Dialog & User Interface」裡取得 "Prompt User For Input" 函數 (圖 11-14)。

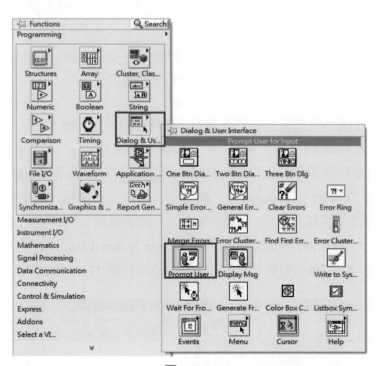

圖 11-14

接著會跳出圖 11-15 所示的視窗，在 Message to Display 內打上 "請輸入您的個人資料"；Inputs Name 內分別輸入 "帳號"、"密碼" 與 "姓名"；First Button name 內打上 "登入"；將 Display second button 的選項打勾，再來在 Second Button name 內打上 "關閉"，最後在 Window Title 中輸入 "登入視窗"。輸入完後請點選 OK 來完成程式的建立。

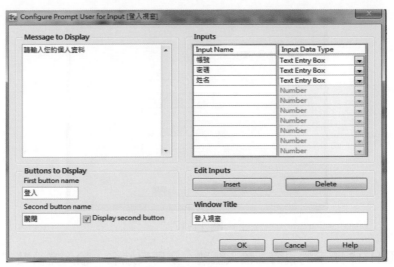

圖 11-15

STEP 2 接著從圖形程式區的函數面板「Programming → Comparison」裡取得 "Equal?"，再來從「Programming → String」裡取得 String Constant，並且從「Programming → Bolean」裡取得 And。再從人機介面的函數面板「Modern → Bolean」取得 "Round LED"，再依如圖 11-16 所示接線並輸入用來比對的帳號 (Adam)、密碼 (33183327) 與姓名 (海科林俊傑)。完成後點選 "單次執行"，執行畫面如圖 11-17 所示。

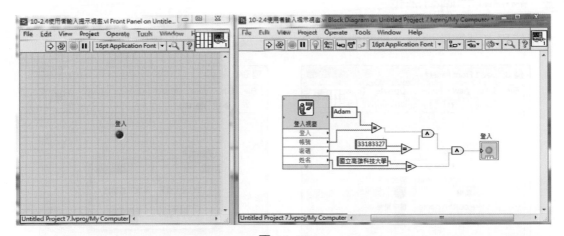

圖 11-16

圖 11-17

STEP ③ 在圖 11-17 所示的視窗上輸入帳號、密碼與姓名,輸入完後點 "登入" 。要是比對成功的話,人機介面中的登入燈將會發亮,比對失敗的話將會保持滅燈。

自我挑戰題:溫度過高預警

AMD 公司為了防止 CPU 燒毀,擬設計一個緊急處理對話框。當溫度過高時,電腦會出現一個對話框讓使用者選擇關機或重新開機。

請設計一個對話框

當使用者選擇關機時,則關機的 LED 燈亮,反之則重新開機的 LED 亮。

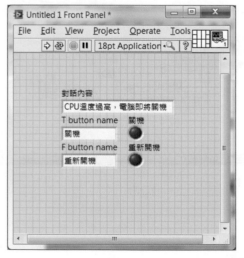 

人機介面

(本書背後的光碟中有本章節的範例解答,請參照章節來選取資料夾)

第 12 章　表單與字串

12-1 字串

　　字串是一種 ASCII 的字元組合，在程式撰寫中，是一個十分常用的物件，像前面第 11 章的對話框函數的使用。字串在 LabVIEW 中不但能傳輸 ASCII 字元，也可轉換成為數值，當讀完本章節後，將對字串會有更深的認識。

12-1.1 元件路徑

　　在開始介紹字串的使用前，先要拜訪字串元件的家，這是一定要的啦！ LabVIEW 提供多種路徑可以找到字串元件，如圖 12-1 至圖 12-3 所示等路徑。

 字串控制元件：可以在人機介面上按滑鼠右鍵，在跳出的 Controls 控制面板上進入「Modern → String & Path」裡面找到字串控制元件及 "String Control" 及字串顯示元件 "String Indicator" ，如圖 12-1 所示。

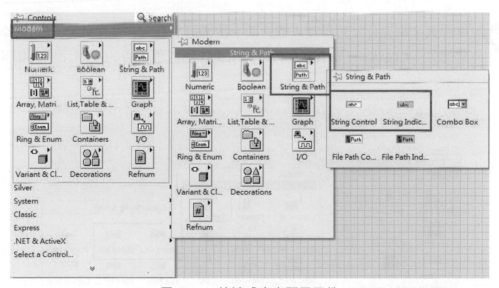

圖 12-1　快速式字串顯示元件

路徑2 綜合式字串控制元件：可以在人機介面上按滑鼠右鍵，在跳出的 Controls 控制面板上進入「Express → String Ctrl」裡面找到字串控制元件，如圖 12-2 所示。

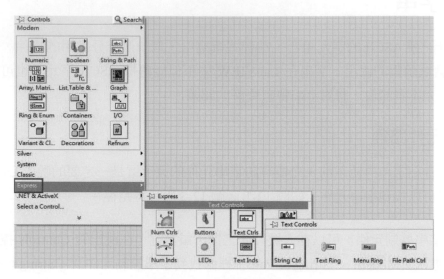

圖 12-2　綜合式字串元件

路徑3 復古式字串元件：可以在人機介面上按滑鼠右鍵，在跳出的 Control 控制面板上進入「Classic → String & Path」裡面找到古色古香的字串元件，如圖 12-3 所示。

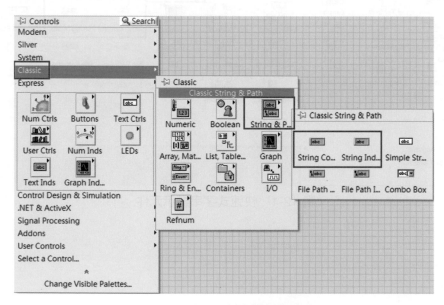

圖 12-3　綜合式復古字串元件

12-1.2 使用

1. 簡單的輸入／輸出

接下來要使用字串元件做一個簡單的字串輸入／輸出程式，這一點也不困難，請如下步驟操作：

STEP 1 首先，在人機介面中取出一個字串控制元件，將其命名為"輸入"，另外再取出一個字串顯示元件，將其命名為"輸出"。

STEP 2 將字串元件依圖 12-4 所示串接起來，接著在輸入的字串中打入"我要歐啪"四個字，點選"單次執行"後，在輸出的字串元件中會顯示"我要 歐啪"，如圖 12-5 所示。

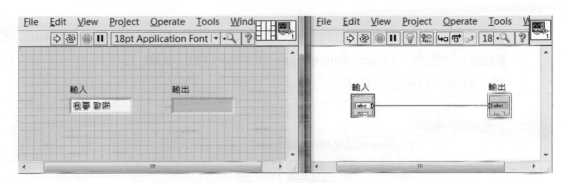

圖 12-4　程式畫面

圖 12-5　程式執行畫面

2. 字串相加

以前，還不認識程式語言時，往往會認為相加的動作是數值的特權，但當接觸程式語言後，無論是 VB 或是 C 語言，會發現字串也是可以相加的。接著，即將學習 LabVIEW 中字串的相加，當完成此例題後，就會發現字串的相加與數值的相加其差別在哪？

STEP 1 首先，在人機介面中取出兩個字串控制元件，分別命名為 "字串 1" 與 "字串 2"，接著再從人機介面中取出一個字串顯示元件，將其命名為 "字串 1+ 字串 2"，如圖 12-6 所示。

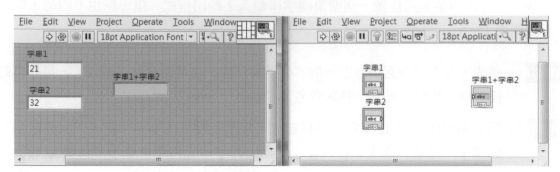

圖 12-6 程式畫面

STEP 2 在圖形程式區上按滑鼠右鍵，在跳出的函數面板上進入「Programming → String」裡找到 "Concatenate Strings" 的字串函數，如圖 12-7 所示，其函數功能是將字串做相加的動作。

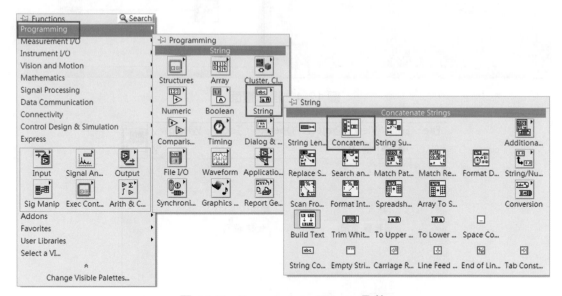

圖 12-7 Concatenate Strings 函數

STEP 3 最後，將字串元件與 "Concatenate Strings" 函數，如圖 12-8 所示連接。點選 "單次執行" 後，輸入的字串 "21" 和字串 "32" 經相加後，其輸出則為 "2132" 與數值相加的結果 53 大不相同。字串的 "21" 加 "32" 之所以會變成 "2132" 是因為在字串元件中，它會將輸入的符號轉換成 ASCII 碼，之後再透過 "Concatenate Strings" 函數，才會輸出 "2132" 的字串出來。

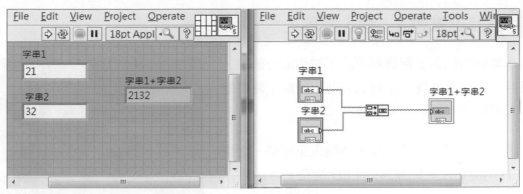

圖 12-8　程式畫面

3. 判斷字串

接下來要練習建立一個判斷字串的程式。當"輸入 1"與"輸入 2"的字串相同時，則"相同"的 LED 燈亮，反之"不同"的 LED 燈亮。請如下步驟操作：

STEP 1 首先，在人機介面中取出兩個字串控制元件，分別命名為"輸入 1"與"輸入 2"，接著再取兩個布林顯示元件 (LED)，如圖 12-9 的人機介面所示。

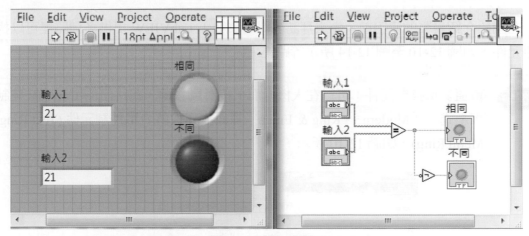

圖 12-9　程式畫面

STEP 2 在圖形程式區上按滑鼠右鍵，在跳出的函數面板上進入「Programming → Comparison」裡找到"Equal?"的函數，接著從「Programming → Boolean」裡取出一個 NOT 閘。

STEP 3 將上述的字串與布林元件如圖 12-9 所示連接，即完成一個判斷字串之程式。在輸入 1 與輸入 2 中鍵入 21 後，點選"單次執行"，就會看到"相同"的布林元件會發亮。可以運用此例題的觀念去完成自我挑戰題 1　輸入密碼。

自我挑戰題 1：輸入密碼

人機介面

奇美博物館為了保護藝術品不被盜取及破壞，擬設計一個保全系統，當有人要進出收藏室時要輸入許可密碼才可通過保全系統。

請設計一保全系統，當密碼輸入正確時，正確的 LED 燈亮，反之則錯誤的 LED 燈亮。

12-2 表單

表單就像一個下拉式選單一樣。有上網填過資料的人都知道，當系統要求填選你的生日時，它在生日的年、月、日上皆有一個下拉式選單供選擇適當的年、月、日，此下拉式選單也可以稱它為表單。在這一章節，將會談到如何使用 LabVIEW 建立一個屬於自己所需的表單。

12-2.1 元件路徑

在開始介紹表單的使用前，先去拜訪表單的家吧！LabVIEW 提供多種路徑可以找到表單元件，如圖 12-10 至圖 12-14 所示等路徑。

數值表單控制元件：可以在人機介面上按滑鼠右鍵，在跳出的 Controls 控制面板上進入「Modern → Ring & Enum」裡面找到數值表單控制元件 (Text Ring 與 Menu Ring)，如圖 12-10 所示。

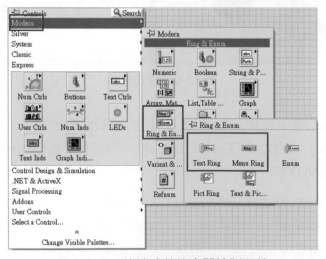

圖 12-10　快速式數值表單控制元件

綜合式數值表單控制元件：可以在人機介面上按滑鼠右鍵，在跳出的 Controls 控制面板上進入「Express → Text Controls」裡面找到數值表單控制元件，如圖 12-11 所示。

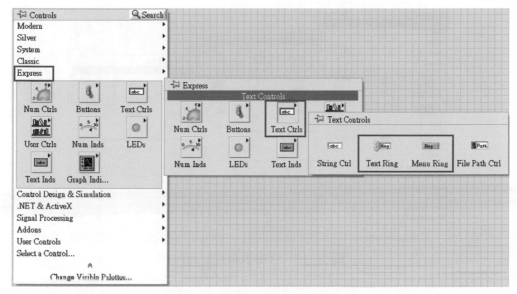

圖 12-11　數值表單控制元件

 復古式數值表單控制元件：可以在人機介面上按滑鼠右鍵，在跳出的 Controls 控制面板上進入「Classic → Classic Ring & Enum」裡面找到古色古香的數值表單控制元件，如圖 12-12 所示。

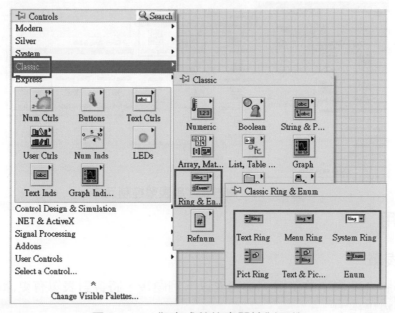

圖 12-12　復古式數值表單控制元件

路徑**4** 字串表單控制元件：可以在人機介面上按滑鼠右鍵，在跳出的 Controls 控制面板上進入「Modern → String & Path」裡面找到 "Combo Box" ，如圖 12-13 所示。

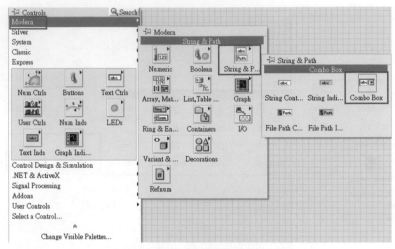

圖 12-13　字串表單控制元件

路徑**5** 復古式字串表單控制元件：可以在人機介面上按滑鼠右鍵，在跳出的 Controls 控制面板上進入「Classic → Classic String & Path」裡面找到古色古香的字串表單控制元件，如圖 12-14 所示。

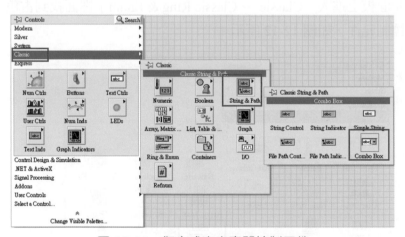

圖 12-14　復古式字串表單控制元件

12-2.2　使用

1. 簡單的表單

現在，即將介紹表單的使用。當完成以下例題後，將會對表單有更深的認識。開始囉！請如下步驟操作：

STEP 1 首先，在人機介面中的數值表單控制元件裡面取出一個 "Text Ring" 元件來，接著，再從字串元件裡面取出一個顯示元件 "String"，如圖 12-15 所示。

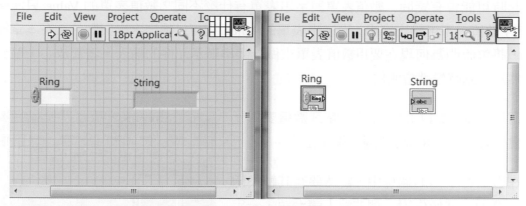

圖 12-15　程式畫面

STEP 2 接著，先設定表單的內容，如圖 12-16 所示。在表單控制元件 "Text Ring" 上按滑鼠右鍵，在跳出的選單中按滑鼠右鍵選擇 Properties 之後，視窗會出現表單元件 Ring 的設定面板，此面板共有八個表單，分別是 Appearance、Data Type、Data Entry、Display Format、Edit Items、Documentation、Data Binding 與 Key Navigation。

STEP 3 接著點選 Edit Items 可設定編輯表單 "Text Ring" 的內容，先勾除 Sequential Values，接下來只要在想編輯的 Items 上按滑鼠左鍵兩下，即可自由編輯，若想增加 Items，按下 Insert 即可，如圖 12-17 所示。

圖 12-16　屬性設定

圖 12-17　表單編輯

在此數值表單設定面板中，Items 是指在表單上顯示的名稱，而 Value 則是數值表單輸出的內容，只要不勾選 Sequential Values 這一個選項，便可以設定其對應名稱的輸出內容。此時可能會有疑問，數值表單與字串表單有什麼不同？數值表單的 Value 只能輸出（設定）數值，不可輸出字串；而字串表單的 Value 則可以輸出字串與數值。在本章節的最後，將會說明為何現在要用數值表單來做為字串顯示元件的輸入。儘管放心，船到橋頭自然直，到時候就會明白。

當完成圖 12-17 的動作後，點選數值表單元件時會有如圖 12-18 所示的選項顯示出來。

在數值轉字串的過程中，當然要有其轉換函數才可互通。就像你對一個非洲人講台語，一定要有一個翻譯的人，將你所說的台語翻譯成非洲話，那非洲人才知道你在說什麼，才能回應你。同理，要將數值資料轉成 ASCII 碼的字串資料，轉換函數是不可缺少的一項工具。

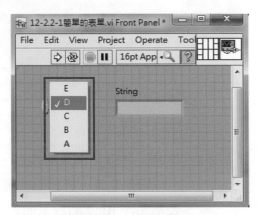

圖 12-18　表單選擇

可以在圖形程式區上按滑鼠右鍵，在跳出的函數面板上進入「String → String / Number Conversion」裡面找到 "Number To Decimal String" 函數，如圖 12-19 所示。最後，將此轉換函數串接至數值表單與字串顯示元件之間，如圖 12-20 所示。點選 "重複執行"，當在數值表單上選 "D" 名稱，它會將輸出的數值 "4" 轉換成字串 "4" 並顯示在字串元件上。

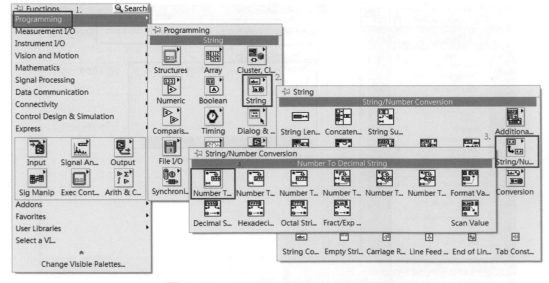

圖 12-19　Number To Decimal String

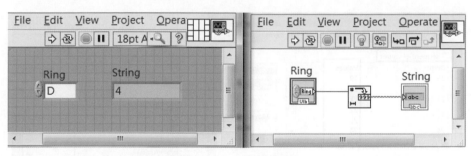

圖 12-20　程式畫面

2. 萬年曆

接下來，這個例題要使用表單元件建立一個萬年曆，準備好了嗎？開始囉！請如下步驟操作：

STEP ① 首先，在人機介面中的從數值表單控制元件裡面取出三個 Ring 元件，分別命名為"年"、"月"、"日"，接著從字串元件裡面取出三個顯示元件，分別命名為"年"、"月"、"日"，最後再呼叫 While Loop 以拖曳的方式將其包起來，如圖 12-21 所示。

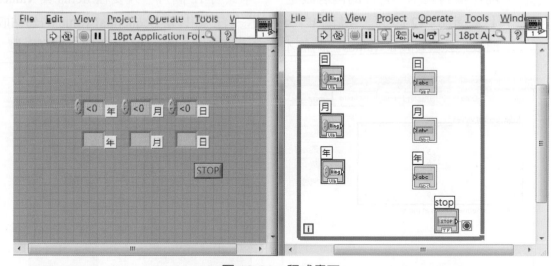

圖 12-21　程式畫面

STEP ② 接著，來設定表單"日"的內容。一個月最多有 31 天，只要在 Items 與 Values 上設定到 31 即可，如圖 12-22 所示。注意！當 Sequential value 的勾點取消後，必須要設定 Values 上的值，才可完成設定。此時，OK 鍵才會浮現供點選。

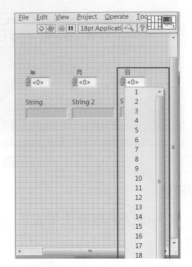

圖 12-22　日期編輯　　　　　　　　　圖 12-23　日期選擇

當完成圖 12-22 的動作後，點選表單 "日" 時，就會有 1 到 31 的日子供選擇，如圖 12-23 所示。

STEP 3 現在輪到表單 "月" 的內容設定。一年共有 12 個月，只要在 Items 與 Values 上設定到 12 即可，如圖 12-24 所示。注意！當 Sequential value 的勾點取消後，必須要設定 Values 上的值才可完成設定。此時，OK 鍵才會浮現供點選。

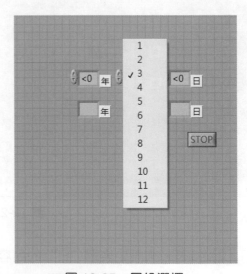

圖 12-24　月份編輯　　　　　　　　　圖 12-25　月份選擇

當完成圖 12-24 的動作後，點選表單 "月" 時，就會有 1 到 12 的月份供選擇，如圖 12-25 所示。

STEP ④ 再來就只剩下表單 "年" 的內容設定了。只要在 Labels 與 Values 上設定到適當的數值即可,如最小設為 81、最大設為 100,如圖 12-26 所示。注意!當 Sequential value 的勾點取消後,必須要設定 Values 上的值才可完成設定。此時,OK 鍵才會浮現供你點選。

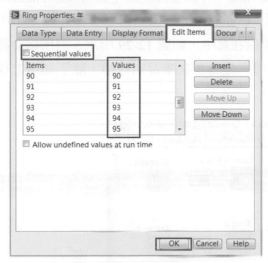

圖 12-26　年份編輯

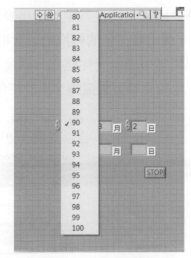

圖 12-27　年份選擇

當完成圖 12-26 的動作後,點選表單 "年" 時,就會有 81 到 100 的年份供選擇,如圖 12-27 所示。

STEP ⑤ 當完成表單 "年" 、 "月" 、 "日" 的內容設定後,只要在圖形程式區上按滑鼠右鍵,在跳出的函數面板上進入「String → String/Number Conversion」裡面取出 "Number To Decimal String" 函數,將其串接至對應的數值表單元件與字串顯示元件之間,點選 "重複執行" 後,選擇今天的日期,就完成了一個簡單的萬年曆程式,如圖 12-28 所示。

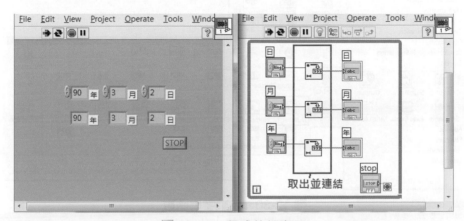

圖 12-28　程式執行畫面

當學會了使用數值表單與字串顯示元件建立一個萬年曆後，無形中已經學會兩件事：

第一：學會如何設定數值表單的內容。

第二：知道如何將數值資料轉成 ASCII 碼的字串資料。

最後，要說明的是，數值表單 "Text Ring" 可以直接連線至數值顯示 Numeric，而不需任何轉換函數串接在其中；字串表單 "Combo Box" 也是可以直接連線至字串顯示件 String 上，而不需任何的轉換函數就可串接在其中，如圖 12-29 所示。之所以會提及使用數值表單與字串顯示元件建立一個萬年曆，是為了在學習過程中，除了知道怎樣設定表單內容，也順便學習數值轉字串的使用。

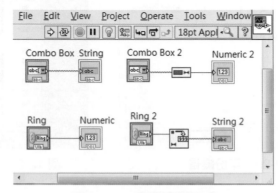

圖 12-29　各類資料形式

最後，只剩下字串轉數值的使用還沒學到。不過當參考圖 12-29 與圖 12-30 所示後，相信即可明白了。只要按照圖 12-29 所示再操作一次，一定會全面了解。不得不再次提醒：數值表單中的 Values 只能輸出 (設定) 數值，不能輸出字串，而字串表單中的 Values 則可輸出字串與數值字串。

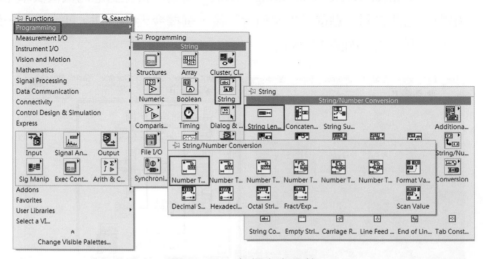

圖 12-30　各類字串函數

3. 擷取字串

接下來要介紹 "Scan From String"。它是一個可以掃描字串並依照指定格式輸出的函數，要結合 "String Subset" 去擷取在字串中所想要的資料，如圖 12-31 與圖 12-32 所示。

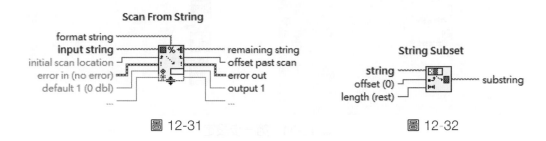

圖 12-31　　　　　　　　　　　圖 12-32

當元件腳位比較多時，可以透過 LabVIEW 的 Help 功能來了解元件各腳位功能。如本章節 Scan From String 可從 Help 內了解到 input string 腳位為字串輸入腳位，initial scan location 為初始掃描位置的腳位，可設定從第 0 位或第 1 位開始掃描，remaning string 則是用來保留字串用的腳位。如圖 12-33 所示，可看到 LabVIEW 的 Help 功能將元件腳位寫得相當清楚，如需了解更多建議直接從 LabVIEW 觀看詳細說明。Help 開啟方式：在圖形程式區右上角有一個黃色問號點一下，並點擊元件便可觀看到元件腳位，如需更清楚的解釋再點擊 Detailed help，便會如圖 12-33 顯示將元件所有腳位說明得相當清楚。

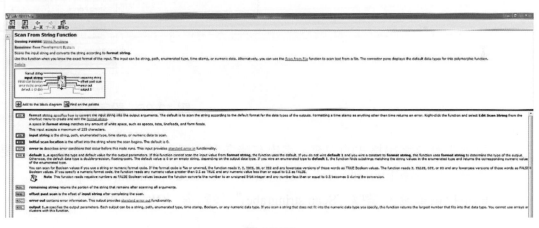

圖 12-33

STEP ① 首先，在人機介面中的從「Modern → String&Path」面板裡取出一個 "String Control" 字串控制元件，將其命名為 "輸入字串"，和從「Modern → Numeric」面板裡取出三個 "Numeric Control" 數值控制元件，將其分別命名為 "位移數"、"擷取長度"、"初始掃描位置"，結果如圖 12-34 所示。

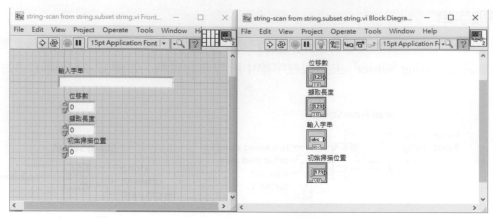

圖 12-34　第一步設定

STEP 2 再來，在圖形程式區中從「Programming → String」面板裡取出一個 "Scan From String" 和一個 "String Subset"，接著對 "Scan From String" 按下右鍵點選 "Edit Scan String"，如圖 12-35 所示。

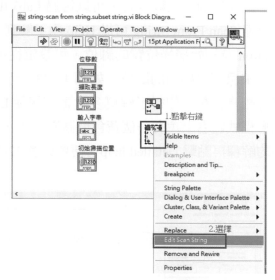

圖 12-35　設定畫面

STEP 3 接著來設定字串格式的內容。字串有諸多形式但不適用同一種掃描，所以要選擇適合自身需求的掃瞄方式。這裡點選 "Selected operation(example)" 的下拉選單後，選擇 "Scan string(abc)" 後點選 "OK"，如圖 12-36 所示。

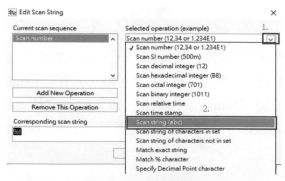

圖 12-36　設定編輯

STEP ④ 當完成圖 12-36 的動作後，開始在圖形程式區進行佈線吧。對 "String Subset" 元件的 "substring" 接腳按滑鼠右鍵點選 "Create → Indicator" ，並將其命名為 "子字串" ；接下來對 "Scan from String" 元件的 "remain string" 接腳按滑鼠右鍵點選 "Create → Indicator" ，並將其命名為 "保留字串" 如圖 12-37 和 12-38 所示。

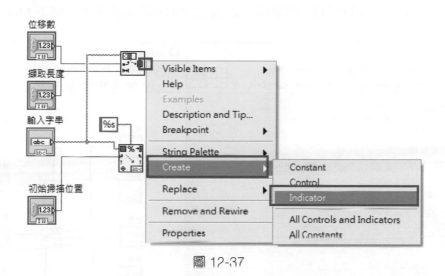

圖 12-37

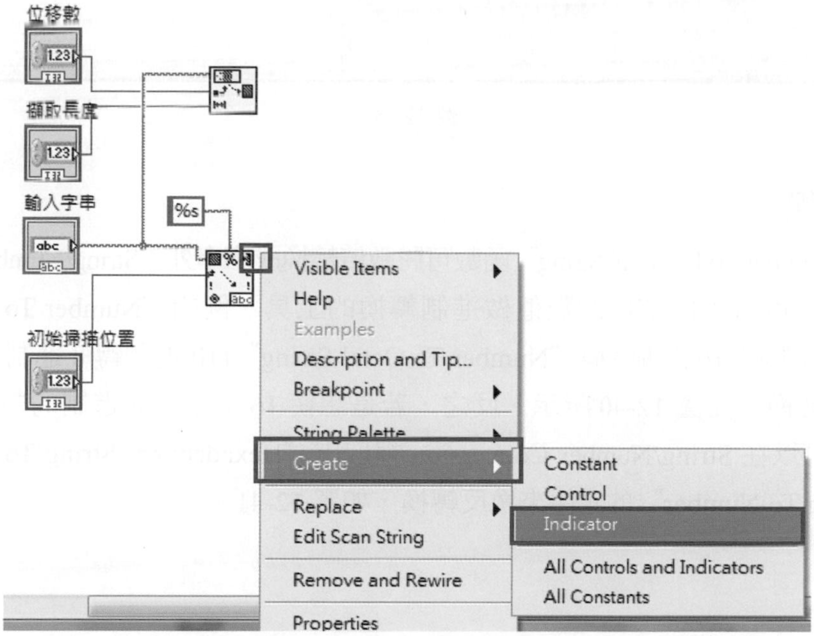

圖 12-38

STEP 5 請在人機介面中點擊滑鼠右鍵，從「Programming → String」中取出一個 String Indicator，並命名為字串掃描位置，並接在 Scan From String 元件 Output1 腳。最後，如圖 12-39 的圖形程式區接線後，即可大功告成。執行結果如圖 12-39 的人機介面所示。(字串掃描位置接在 Output1 的腳位是為了顯示初始掃描位置的字串，如圖 12-39 起始掃描位置在 0 時會顯示 Hello。保留字串則是當 Hello 被擷取時所剩下的字串，如圖 12-39 所示保留字串只剩下 Moto。)

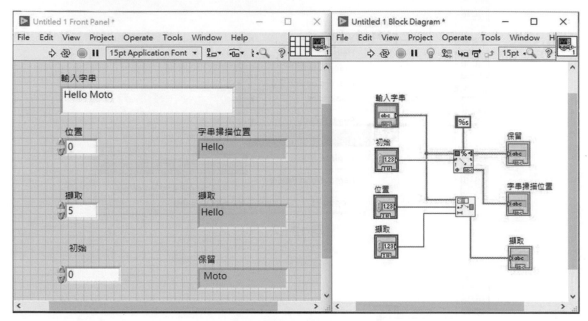

圖 12-39

4. 進制轉換

除了 "Number To Decimal String" 函數可將數值轉換成字串外，String/Number Conversion 裡還提供其他可將不同進制的數值做進制轉換的工具。例如 "Number To Hexadecimal String"（10 進制轉 16 進制) 與 "Number To Octal String"（10 進制轉 8 進制)，皆為基本的數值進制轉換，如圖 12-40 所示。反之，若是想使 16 進制或 8 進制的數值轉換成 10 進制，一樣可以在 String/Number Conversion 裡取出 "Hexadecimal String To Number" 與 "Octal String To Number" 的元件來做反轉換，如圖 12-41。

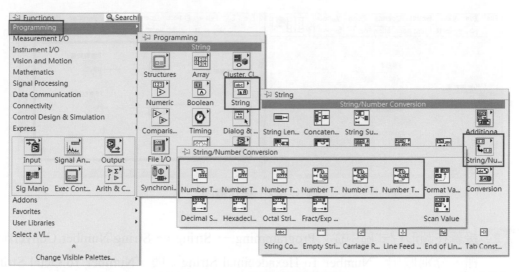

圖 12-40　　數值進制轉換函數

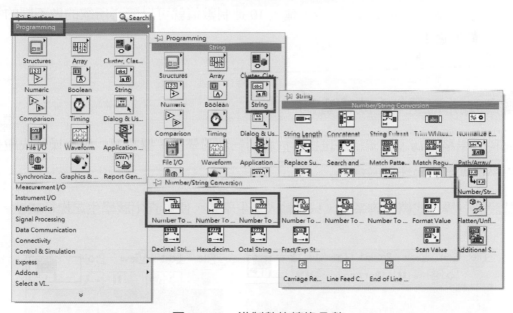

圖 12-41　　進制數值轉換函數

再來，可以利用這些轉換工具做一些基本的進制轉換，開始囉！請如下步驟操作：

STEP 1 首先，在人機介面取出一個數值的輸入元件，將其命名為 "10 進制數值"，
另外再取出兩個字串顯示元件，分別命名為 "8 進制數值" 與 "16 進制數值"，
如圖 12-42 的人機介面。

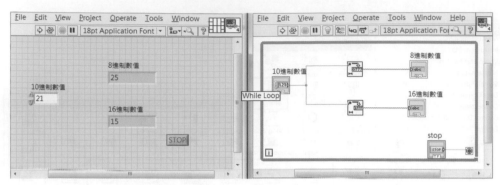

圖 12-42　程式畫面

STEP 2 接著在圖形程式區中從「Programming → String → String/Number Conversion」裡，分別取出 "Number To Hexadecimal String" 與 "Number To Octal String" 兩個轉換元件，完成接線後再套個 While Loop 迴圈，如圖 12-42 圖形程式區所示。點選 "重複執行" 後，輸入 10 進制數值就可以隨心所欲的做不同的進制轉換囉！

自我挑戰題 2：成績查詢

海科大學務處為了頒獎給每班操行成績前三名的學生，擬設計一學生操行成績查詢系統，以便查詢學生操行成績。

請設計一操行成績查詢系統，只要輸入學生學號，便可查出該學生之操行成績。

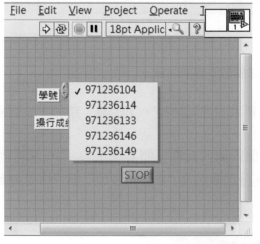

人機介面

自我挑戰題 3：數值進制轉換練習系統

設計一數值進制轉換練習系統，功能如下：

1. 使用亂數產生器乘以 100，按下"出題"的按鈕後，產生 0~100 的整數數值。

2. 加入兩個數值輸入元件，分別設為"8 進制"與"16 進制"，並設立 2 組"正確"與"錯誤"的 LED 元件。

3. 按下解答後，在"答案"的字串顯示元件中各別顯示進制轉換的運算結果，並比較輸入元件中所輸入的數值，判斷答案是否正確，顯示在 LED 上。

 請設計一電路以符合其功能

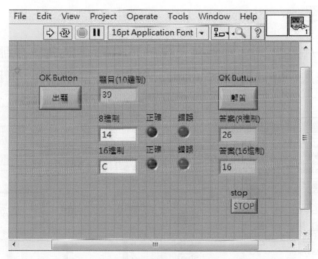

人機介面

(本書背後的光碟中有本章節的範例解答，請參照章節來選取資料夾)

第 13 章　時間

　　時間，跟日常生活息息相關，你手上戴的手錶、家裡牆上掛著的鐘、火車站、機場處處都有它的身影，就算你手上沒有錶、家裡沒有鐘、也沒有時間觀念…等，時間依然存在，一分一秒的把你帶向未來。本章節要帶你進入 LabVIEW 的時間函數，相信在學習後，LabVIEW 的功力就會更上一層樓。

13-1　路徑

　　現在，馬上來拜訪時間函數與時間元件的家吧！LabVIEW 提供多種路徑可以找到它們，如圖 13-1 至圖 13-2 所示…等路徑。

13-1.1　元件路徑

時間輸入 / 輸出元件：可以在人機介面上按滑鼠右鍵，在跳出的 Controls 控制面板上進入「Modern → Numeric」裡面找到它們，如圖 13-1 所示。

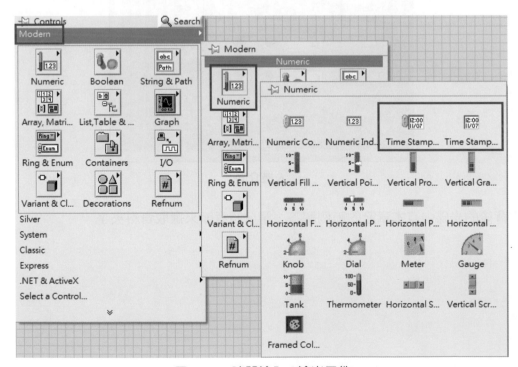

圖 13-1　時間輸入 / 輸出元件

復古式時間輸入 / 輸出元件：在人機介面上按滑鼠右鍵，在跳出的 Controls 控制面板上進入「Classic → Classic Numeric」裡面找到古色古香的時間輸入 / 輸出元件，如圖 13-2 所示。

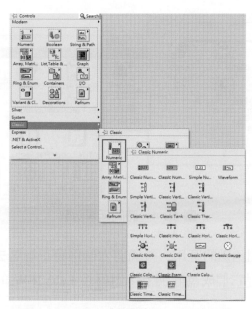

圖 13-2　復古式時間輸入 / 輸出元件

13-1.2　函數路徑

 時間延遲函數：在圖形程式區上按滑鼠右鍵，在跳出的函數面板上進入「Programming → Timing」裡找到所有有關時間的應用函數，如圖 13-3 所示，其中包含時間延遲函數。

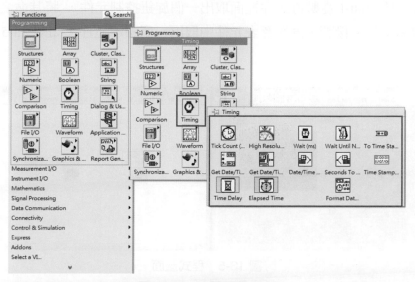

圖 13-3　時間延遲函數

路徑2 綜合式時間延遲函數：在圖形程式區上按滑鼠右鍵，在跳出的函數面板上進入「Express → Exec Control」中找到 "Time Delay" 與 "Elapsed Time" 兩種時間延遲函數，如圖 13-4 所示。

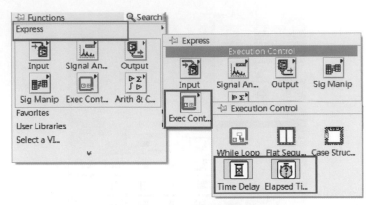

圖 13-4　時間延遲函數

　　接下來即將介紹時間函數的應用，後面有六個例題正等著去認識。不用擔心，它們是很好相處的。只要能跟它們成為好朋友，對爾後 LabVIEW 的程式設計上有極大的幫助。

13-2 使用

13-2.1 Wait

首先登場的是 Wait 函數的應用，當完成此例題後就會認識它了。請如下步驟操作：

STEP 1 在人機介面中從數值元件裡面取出一個旋鈕控制元件，將其命名為 "(sec) 擷取頻率"。接著，再從圖表元件中取出一個顯示元件，如圖 13-5 的人機介面所示。

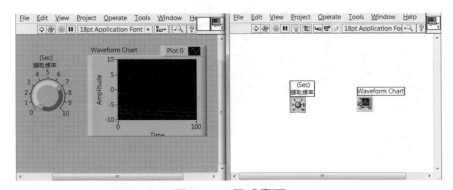

圖 13-5　程式畫面

STEP 2 在圖形程式區上按滑鼠右鍵，在跳出的函數面板上進入「Programming →
Numeric」裡取出亂數函數與乘函數來，在「Programming → Timing」裡取出
Wait(ms) 函數來，如圖 13-6 所示。

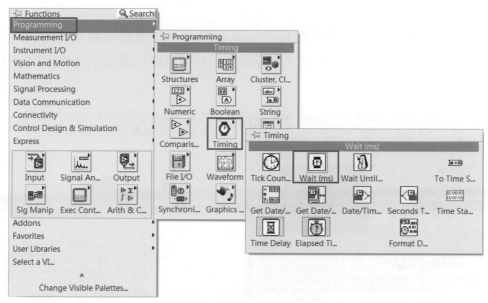

圖 13-6　Wait(ms) 函數

STEP 3 接著，在圖形程式區上按滑鼠右鍵，在跳出的函數 Functions 面板上進「Express
→ Exec Control」裡面找到 While Loop 以拖曳方式將它們包住。最後，再如圖
13-7 的圖形程式區所示連接各元件，再點選 "單次執行"。

　　在圖形程式區中的 "擷取頻率" 元件之所以會乘上 1000 倍，是因為 Wait 函數的基
準單位是毫秒，所以當 "擷取頻率" 元件設定為 1 時，迴圈架構中的執行速度則延遲
秒才執行一次。執行的速度是取決於 "擷取頻率" 的設定值。

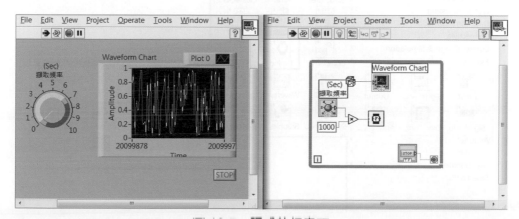

圖 13-7　程式執行畫面

13-2.2 Wait Until Next ms Multiple

接著登場的是 Wait Until Next ms Multiple 函數的應用。當完成此例題後，就會更認識它了。請如下步驟操作：

STEP 1 首先，在人機介面中從數值元件裡面取出一個旋鈕控制元件，將其命名為"(sec) 擷取頻率"。接著，再從圖表元件中取出一個顯示元件，如圖 13-8 的人機介面所示。

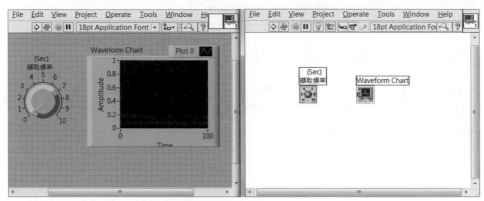

圖 13-8　程式畫面

STEP 2 在圖形程式區上按滑鼠右鍵，在跳出的函數面板上進入「Programming → Numeric」裡取出一個"亂數函數"與"乘函數"來，再從「Programming → Timing」裡取出"Wait Until Next ms Multiple"函數來，如圖 13-9 所示。

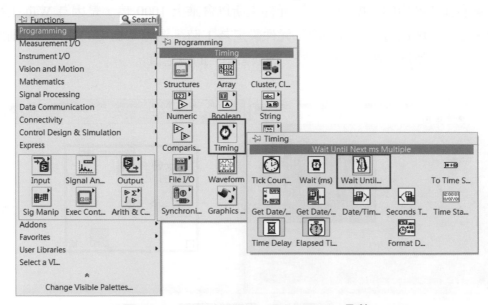

圖 13-9　Wait Until Next ms Multiple 函數

STEP 3 接著，再呼叫 While Loop，以拖曳方式將各元件包住，如圖 13-10 所示連線，再點選 "單次執行"。

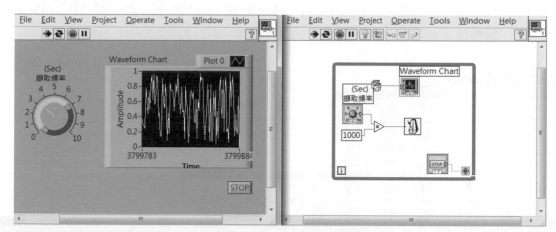

圖 13-10 程式執行畫面

13-2.3 Time Delay

再來，登場的是 Time Delay 函數的應用。當完成此例題後，就會認識它了。請如下步驟操作：

STEP 1 首先，在人機介面中從數值元件裡面取出一個旋鈕控制元件，將其命名為 "(sec) 擷取頻率"。接著，再從圖表元件中取一個顯示元件，如圖 13-11 的人機介面所示。

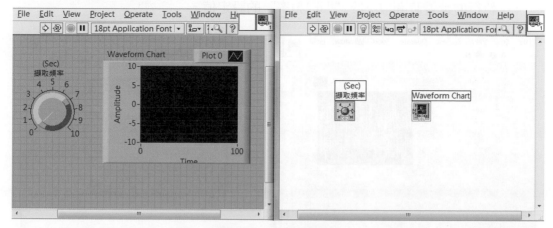

圖 13-11 程式畫面

STEP 2 在圖形程式區上按滑鼠右鍵，在跳出的函數面板上進入「Programming →
Numeric」裡取一個 "亂數函數" 與 "乘函數" 來，再從「Programming →
Timing」裡面取出 "Time Delay" 來，如圖 13-12 所示。當呼叫 "Time Delay"
函數後，視窗會出現如圖 13-13 的對話框，可以設定其函數延遲的秒數。

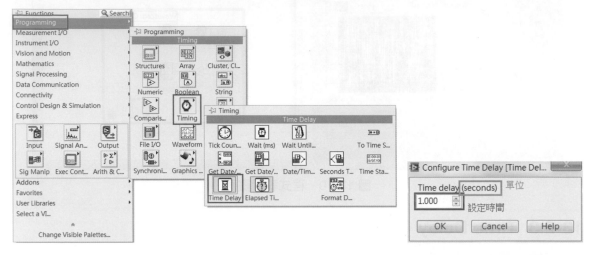

圖 13-12　Time Delay 函數　　　　　　圖 13-13　設定延遲時間

STEP 3 接著，再呼叫 While Loop，以拖曳方式將它們包住。最後，將圖形程式區裡
面的元件及函數，如圖 13-14 所示連線。圖形程式區中的 "擷取頻率" 元件與
Time Delay 連接的地方就是圖 13-13 的設定面板。點選 "單次執行" 後，當 "擷
取頻率" 元件設定為 1 時，迴圈架構中的執行速度會延遲一秒後才執行一次。
執行的延遲時間取決於 "擷取頻率" 的設定值。

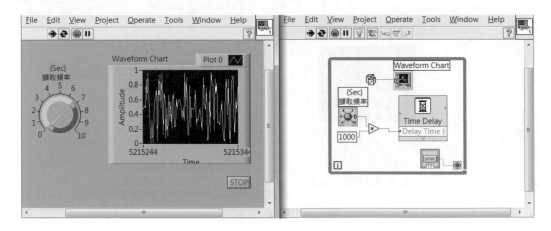

圖 13-14　程式執行畫面

　　另外，如果覺得旋鈕的數值控制元件無法精確的調至整數，可以在旋鈕上按滑鼠右鍵，在跳出的選單中，點選 Representation 後選擇整數的資料型態。那樣一來，旋鈕在轉動時，指標就會自己指向整數的地方。

　　可以在旋鈕式的數值控制元件後面再串接一個數值顯示元件，來觀察看看是否只出現整數。只要是數值的元件皆可按使用者需要自訂適當的資料型態。

13-2.4　顯示日期時間 (電腦本身)

　　現在即將要介紹的是擷取電腦系統本身的時間與日期函數 (Get Date/Time String)。當完成此例題後，就會了解它如何顯示電腦本身的時間與日期。請如下步驟操作：

STEP 1 首先，在人機介面中取出一個布林開關控制元件，將其命名為 "顯示秒數"，接著再取出兩個字串顯示元件，分別命名為 "今天日期" 與 "現在時間" 分別顯示日期與時間，如圖 13-15 的人機介面所示。

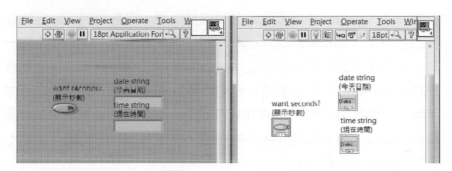

圖 13-15　程式畫面

STEP 2 在圖形程式區上按滑鼠右鍵，在跳出的函數面板上進入「Programming → Timing」裡取得 "Get Date/Time String" 函數，如圖 13-16 所示。

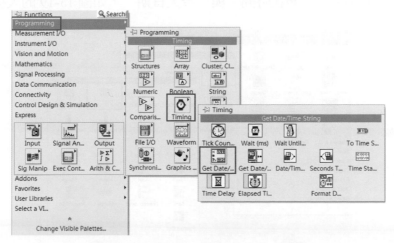

圖 13-16　Get Date/Time String 函數

STEP 3 接著，再呼叫 While Loop，以拖曳方式將它們包住。最後，如圖 13-17 所示連線。點選 "單次執行" 後，即能擷取來自電腦系統的日期和時間。在下一例題，會說明如何設定日期與時間的顯示方式及控制等。

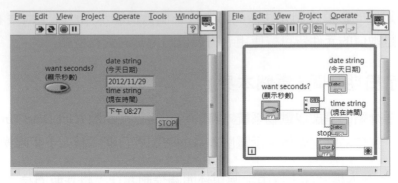

圖 13-17 程式執行畫面

13-2.5 控制輸出時間

一談到控制時間，你可能會想起你的老師或父母親，因為他們時常叮嚀你，要你愛惜光陰，不要浪費時間，要學會控制自己的時間…等。有人說：「一寸光陰一寸金，寸金難買寸光陰」，也有人說「時間就是生命，人若賺得了全世界，卻賠上生命，又有何益處呢？」現在，要告訴你的是：掌控自己的時間雖然不簡單，但好消息是你可以輕而易舉的在這例題中，學會如何使用 LabVIEW 中的控制輸出時間函數，來掌控系統的時間應用。當學會此例題後，將會對時間函數的應用，有更進一步的認識。加油！流淚撒種的，必歡呼收割。請如下步驟操作：

STEP 1 首先， 在人機介面中從數值元件裡面取一個時間控制元件 Time Stamp Control，如圖 13-18 所示。接著在人機介面中從字串元件裡面取出兩個顯示元件，分別命名為 "現在時間" 與 "今天日期"，如圖 13-19 的人機介面所示。

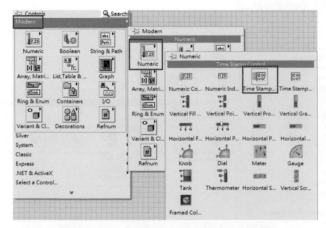

圖 13-18 Time Stamp Control 元件

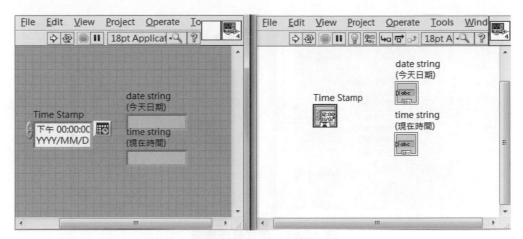

圖 13-19　程式畫面

STEP 2 在圖形程式區上按滑鼠右鍵，在跳出的函數面板上進入「Programming → Timing」裡取得 "Get Date/Time String" 函數，如圖 13-20 所示。

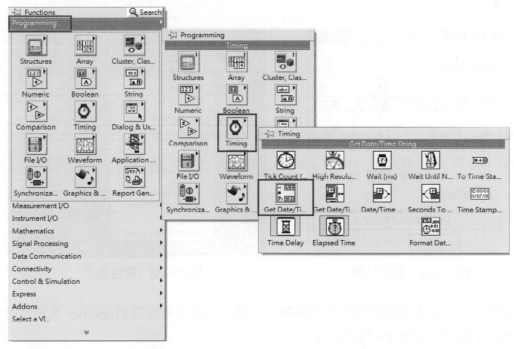

圖 13-20　Get Date/Time String 函數

STEP 3 接著，再呼叫 While Loop，以拖曳方式將它們包住。最後，將圖形程式區裡面的元件及函數連線，如圖 13-21 所示。點選執行鍵後，可以由時間控制元件 "Time Stamp Control"，來決定字串顯示元件中的時間與日期。

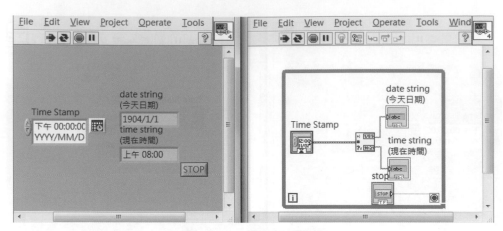

圖 13-21　程式執行畫面

　　一開始 Get Data/Time String 初始值設定是 1904 年 1 月 1 日星期五上午 12:00，所以要讓程式顯示目前的時間必須按進去，再點擊「Set Time and Date　→　SetTime to Now　→ OK」，如圖 13-22 所示。

圖 13-22　設定時間

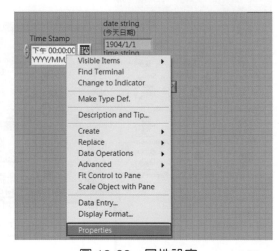

圖 13-23　屬性設定

　　當然，也可以在時間控制元件上按鍵，在跳出的選單中點選 Properties 來設定時間與日期之顯示格式，如圖 13-23 所示。

　　當完成圖 13-23 的動作後，視窗會出現時間控制元件的設定面板，此面板共有八個表單，分別是 Appearance、Data Type、Data Entry、Display Format、Edit Items、Documentation、Data Binding 與 Key Navigation。點選 Display Format，可設定日期與時間的顯示格式，如圖 13-24 所示。在圖中的右上部分之選單，可供設定時間的輸出格式，而右下角的 Digits 則預設為 3，表示顯示到毫秒，當然 Digits 可自由設定；在時間選單的下方就是日期選單，在時間與日期中，總共有三種模式供設定：

(1) System time/date format：直接顯示電腦系統本身的時間與日期格式。

(2) Custom time/date format – LabVIEW 訂製的時間與日期格式，可在 DisplayFormat 表單設定，如圖 13-25 所示。

(3) Time/Date unused：不顯示時間或日期。

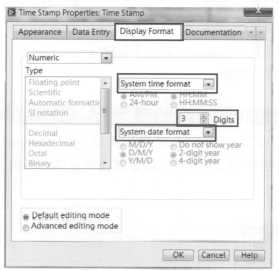
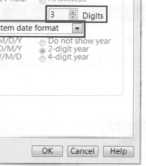

圖 13-24

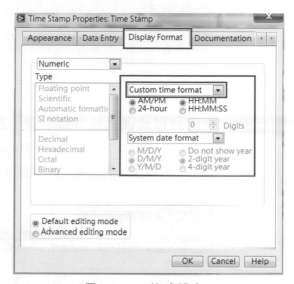

圖 13-25　格式設定

13-2.6 One Shot 延遲

　　有上過電子學或是電子電路實習的人，對於 NE555 這一顆 IC 相信一定不陌生。NE555 除了可拿來當振盪器使用之外，也可拿來做時間延遲。最常做的就是 One Shot(單擊)。只要將 NE555 的觸發接腳接地一下就會有一段時間的輸出，而輸出時間的長短則由搭配的電阻及電容所決定。

　　現在，也可以在 LabVIEW 中達到此功能，想到這裡就令人振奮。你是否也有同感呢？馬上開始吧！請如下步驟操作：

STEP ① 首先，在人機介面中從數值元件裡面取出一個數值控制元件，將其命名為 "分鐘"，與一個數值顯示元件 (將資料型態設為整數)，將其命名為 "目前秒數"。接著，在人機介面中從「Modern → Boolean」裡面取出兩個 "Push Button" 的開關元件，分別命名為 "開始" 與 "取消"，然後在從「Modern → Boolean」中取出一個 Round LED，如圖 13-26 所示。

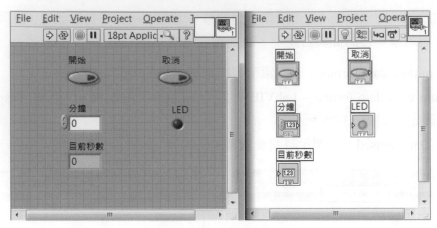

圖 13-26　程式畫面

STEP **2**　在圖形程式區上按滑鼠右鍵，在跳出的函數面板上進入「Programming →
Timing」裡面取出 "Elapsed Time" 函數，如圖 13-27 所示。當呼叫 "Elapsed
Time" 函數後，視窗會出現如圖 13-28 的對話框，可以設定其函數延遲的秒數。

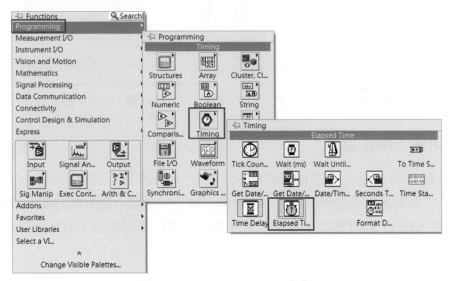

圖 13-27　Elapsed Time 函數

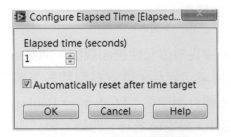

圖 13-28　設定延遲時間

接著，由「Programming → Boolean」取出一個 NOT 閘，再由「Programming → Numeric」取出一個乘函數。接下來用滑鼠按住 "Elapsed Time" 函數再向下拖曳，即可將其餘輸入拉出，如圖 13-29 所示設定與連接即可。

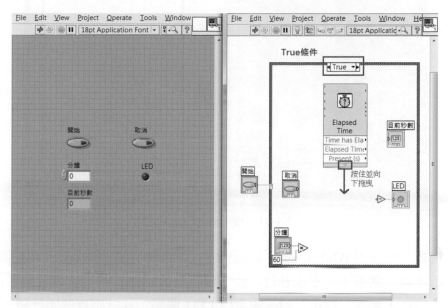

圖 13-29　拉出輸入

STEP 3 在 False Case 中，在圖形程式區按滑鼠右鍵，在跳出的函數面板上進入「Programming → Structures」取出 "Local Variable" 函數，如圖 13-30 所示。接著，在 "Local Variable" 函數上按滑鼠左鍵並選擇 LED 並用一個 False Constant 相連接，如圖 13-31 所示。

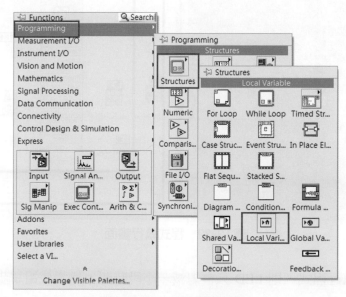

圖 13-30　區域變數函數

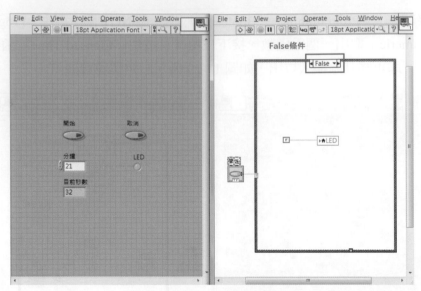

圖 13-31　接 False Constant

STEP 4　接著，再呼叫 While Loop，以拖曳方式將它們包住。將上述元件如圖 13-32 所示連線。當按下 "單次執行" 後，再將數值元件 "設定延遲分鐘" 設定為 21 分鐘後，點選 "開始" 鍵，會發現 LED 燈亮，且計時器開始計時，當計時到設定的時間 (1260 秒) 後，LED 就會熄滅。或者也可以在計時中按下 "取消" 鍵來重設 LED。相信此例題對你在 LabVIEW 的設計中有著極大的幫助。

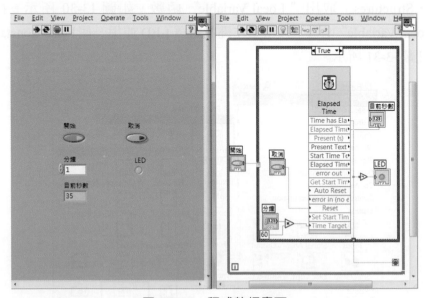

圖 13-32　程式執行畫面

註　若使用重覆執行程式，則 LED 只會熄滅一小段時間，建議使用單步執行較能看出此程式的功效。

自我挑戰題

One Shot & 倒數、定時打水系統、時脈信號 clock、顯示多國時間、掃描。

 請設計一電路以符合左述功能

1. One Shot & 倒數

聲寶公司擬設計一智慧型烘乾機，功能如下：

(1) 使用者可自訂烘乾時間，按下 "OK" 鍵開始動作。

(2) 具備倒數計時功能，倒數至 0 時，則切斷烘乾機電源。

(3) 以 LED 代表烘乾機電源。

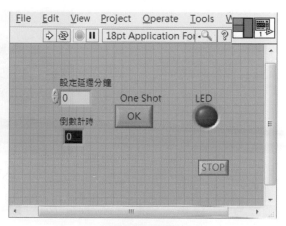

人機介面

2. 定時打水系統

太平洋水產養殖公司擬設計一自動打水系統，功能如下：

(1) 使用者可設定每天開始打水的時間。

(2) 可自訂打水的時間長短。

(3) 顯示現在時間、起始時間及終止時間。

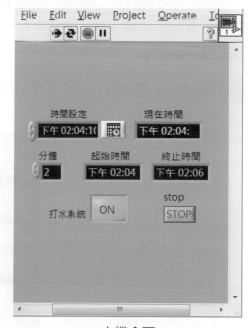

人機介面

 提示：可能會用到 "=" 函數，"+" 函數，≧、≦、＞、＜函數，因為時間控制元件可做四則運算。

3. 時脈信號 clock

樂育音樂班為了訓練班上同學的節奏感，擬設計一個節拍訓練器；使用者可自訂其節拍數。

 請設計一個節拍器以訓練同學節奏感

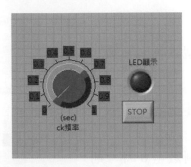

人機介面

 提示：可能需要用到商數與餘數函數及While Loop 中的特殊元件 "i"。

4. 顯示多國時間

國際旅行社擬設計一個顯示多國時間的系統，以便旅客查詢，使用者只要輸入台灣時間便可查詢出韓國漢城 (快台灣 1 小時) 的相對時間及美國夏威夷 (慢台灣 18 小時)的相對時間。

請設計一電路以符合上述功能

人機介面

 提示：可能會用到加函數與減函數。

5. 掃描

   製作一組 LED 矩陣，設定掃描時間為 1 秒鐘，每隔 1 秒 LED 右移一格。

 請設計一電路符合上述功能

(由於程式設計的關係，所以陣列開始的位置調整為 1)

人機介面

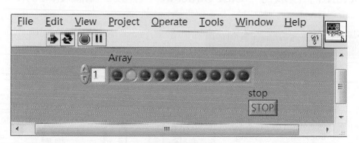

人機介面

人機介面

提示：善用 For Loop 與 "+1" 函數。

(本書背後的光碟中有本章節的範例解答，請參照章節來選取資料夾)

第 14 章　程式架構

14-1　條件架構 (Case Structure)

　　條件架構與其它文字程式語言中的 "if、then else" 敘述類似。它在 LabVIEW 中是個功能強大的函數，可以使用數值控制元件與布林控制元件來決定執行條件架構中的哪一個程式。當做過後面的例題後，就會對條件架構有更深的認識。

14-1.1　函數路徑

　　在開始介紹如何使用條件架構之前，先去拜訪條件架構的家吧！ LabVIEW 提供多種路徑可以找到條件架構，如圖 14-1 和圖 14-2 所示等路徑。

 路徑1　　在圖形程式區上按滑鼠右鍵，在跳出的函數面板上進入「Programming → Structures」裡取得 "Case Structure" 函數，如圖 14-1 所示。

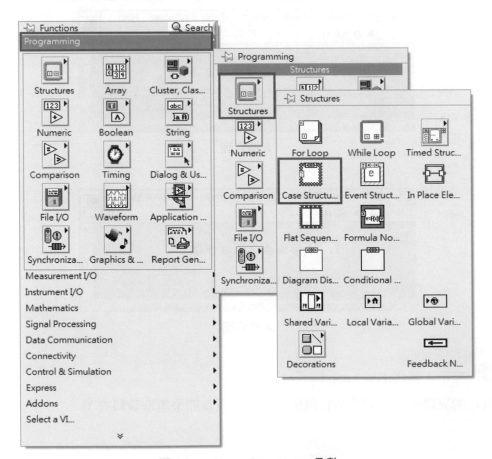

圖 14-1　Case Structurec 函數

在圖形程式區上按滑鼠右鍵，在跳出的函數面板上進入「Express → Exec Control」中取得 "Case Structure" 函數，如圖 14-2 所示。

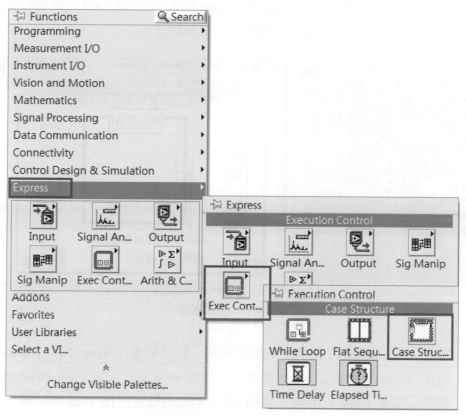

圖 14-2　Case Structurec 函數

接下來，即將學習如何使用 Case Structure 來撰寫程式，其模式有兩種：

(1) 以布林元件開關來控制 Case(T or F)。

(2) 以數值表單元件來控制 Case(0.1.2.3...n)。

14-1.2 使用 Case(T or F)

首先，先來認識布林元件開關如何來控制 Case Structure。不要害怕，這跟呼吸一樣簡單。多說無益，當完成這例題後，就會知道它有多簡單，準備好了嗎？深呼吸後，請如下步驟操作，將會帶領一步一步向前走。

STEP 1　首先，在人機介面中取出兩個數值控制元件與兩個數值顯示元件，分別命名為 "X"、"Y"、"X+Y" 及 "X-Y"。接著再從布林元件中取出一個 Switch when Pressed 類型的開關，將其命名為 "選擇"，如圖 14-3 的人機介面所示。

STEP 2 接著，在圖形程式區上按滑鼠右鍵，在跳出的函數面板上進入「Programming→Structures」裡取出 Case Structure 函數。接著再從「Programming → Numeric」裡取出一個加函數放置在 Case Structure 架構中，如圖 14-3 的圖形程式區所示。最後再呼叫 While Loop 以拖曳的方式將其包住。

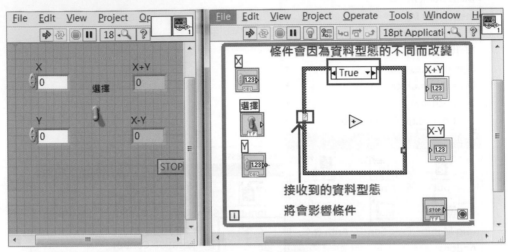

圖 14-3　程式畫面

STEP 3 點選 Case Structure 架構上的框架標籤，將其標籤從 True 切換至 False 框架，以便將減函數放置在 False 框架中，如圖 14-4 所示。當 Case Structure 從 True 框架切換至 False 框架後，則 True 中的加函數會留在 True 框架裡，並不會出現在標籤 False 的框架中。這時在 False 框架中放置一個減函數，如圖 14-5 所示。亦即 True 框架標籤中執行加函數，而 False 框架標籤中則執行減函數。

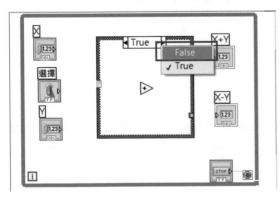

圖 14-4

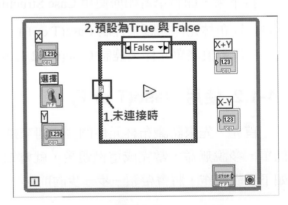

圖 14-5

STEP 4 將布林開關 "選擇" 連接至 Case Structure 的控制接點上。接著，回到 Case Structure 架構上的 True 框架中將數值控制元件 "X" 和 "Y" 從框架外連結至框架內的加函數，再將加函數的輸出端連接至數值顯示元件 "X+Y" 上。這時會發現加函數的輸出不能直接跨越 Case Structure 的框架。不用擔心，只要如圖 14-6 所示 (圖中的藍色部分為對照的接點)，在跨越的接點上按滑鼠右鍵，在跳出的選單中點選 Use Default If Unwired 後，程式就會如圖 14-7 所示。本來空白的接點便成了實心的接點，這樣才能將相加後的資料傳送至數值顯示元件 "X+Y" 上。

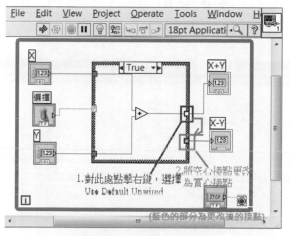

圖 14-6　設定實心接點

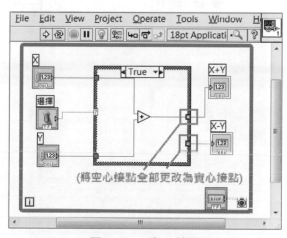

圖 14-7　實心接點

STEP 5 再來，將 True 框架切換到 False 框架中將數值控制元件 "X" 和 "Y" 從框架外連結至 False 框架內的減函數，再將減函數的輸出端連接至數值顯示元件 "X-Y" 上。這時，減函數的輸出也一樣不能直接跨越 Case Structure 的框架。必須跟上一個步驟一樣在跨越的接點上按右鍵，在跳出的選單中點選 Use Default If Unwired 後才會如圖 14-8 所示，完成了一個完整可執行的程式。

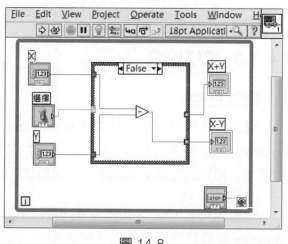

圖 14-8

最後，完成步驟 1 到 5 後，一個簡單的 Case Structure(T or F) 應用，便呈現在面前了。是不是跟呼吸一樣簡單呢？現在，先點選 "單次執行" 再將 "X" 設為 12，"Y" 設為 7 並將 "選擇" 的開關打開。這時程式會執行 Case Structure 中的 True 框架裡面之加函數，所以 "X+Y" 會顯示 19，"X-Y" 則顯示 0，如圖 14-9 所示。反之，若將 "選擇" 的開關關掉，此時程式會執行 Case Structure 中的 False 框架中之減函數，所以 "X-Y" 會顯示 5，"X+Y" 則顯示 0，如圖 14-10 所示。

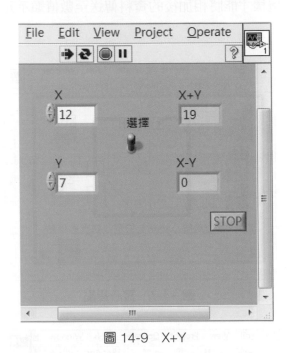

圖 14-9　X+Y　　　　　　　　圖 14-10　X-Y

14-1.3　架構設定

1.　刪除框架

現在，來學習有關條件架構 (Case Structure) 的一些設定。如圖 14-11 所示，在 Case Structure 的框架上按滑鼠右鍵，在跳出的選單中點選 Delete This Case，就可以刪除指定的框架。相對的該框架裡面的所有函數與元件，也會一併刪除。

或者也可在 Case Structure 的框架上按滑鼠右鍵，在跳出的選單中點選 Remove Case Structure 便能移除條件架構並保留內部的函數與元件，如圖 14-12 所示。

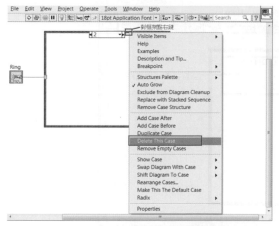

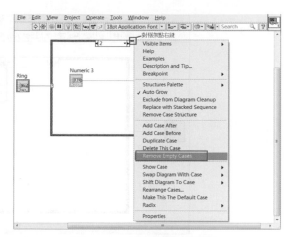

圖 14-11　刪除指定框架　　　　　　　　圖 14-12　移除整個框架

2. 增加框架

　　接著,來學習如何在條件架構中增加框架。首先,將一個已設定好的數值表單控制元件 Ring 連接至 Case Structure 的控制接點上,如圖 14-13 所示。Ring 元件位置在人機介面上點滑鼠右鍵「Controls → Modern → Ring & Enum」中。接著將 Case Structure 切換到框架 1 上,在框架上按滑鼠右鍵,在跳出的選單中點選 Add Case Before,如圖 14-14 所示。

　　當完成圖 14-14 的動作後,Case Structure 的框架排列就如圖 14-15 所示。新增的框架 (框架 2) 則會介於框架 0 與框架 1 之間。

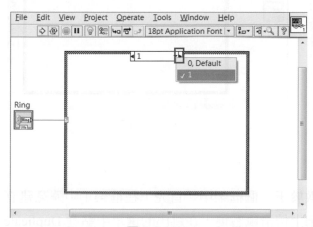

圖 14-13　　　　　　　　　　　　　　　圖 14-14　增加框架

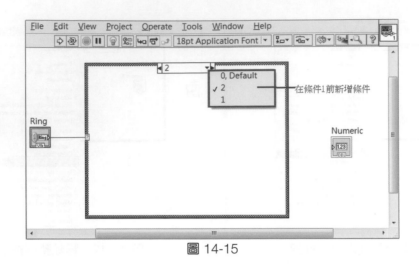

圖 14-15

如果，不想使新增的框架 2 介於框架 0 與框架 1 之間，而想將新增的框架 2 排在框架 1 的後面的話。可以在框架 1 的框架上按滑鼠右鍵，在跳出的選單中，點選 Add Case After，如圖 14-16 所示。如此一來，Case Structure 的框架排列就如圖 14-17 所示，新增的框架 2 則在框架 1 的後面。

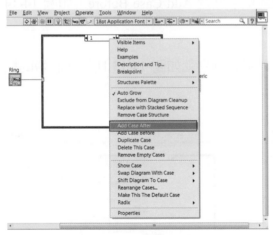

圖 14-16　增加框架

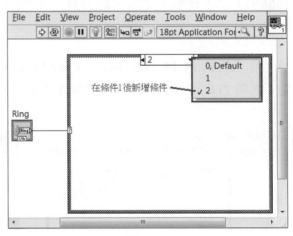

圖 14-17

3. 移動框架

最後，來學習如何複製框架中的函數於下一個框架中。首先，在框架 1 中隨意建立一個布林函數程式，接著在框架 1 的框架上按滑鼠右鍵，在跳出的選單中點選 Duplicate Case 後，在框架 1 上的函數便會複製在框架 2 上，如圖 14-18 與圖 14-19 所示。這些設定會幫助認識下面的例題。

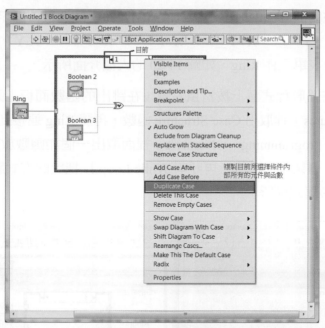

圖 14-18　移動框架

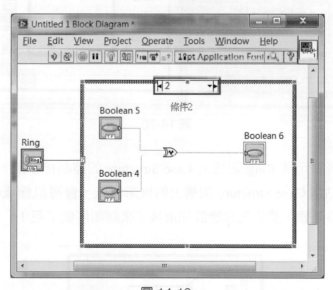

圖 14-19

14-1.4 使用 case(0.1.2.3…n)

　　接下來，將學習條件架構的第二個使用方法：以數值表單元件來控制 Case Structure。

　　經過了上一個例題洗禮後，相信會很容易就上手的。加油！以下將會一步一步帶領認識它，深呼吸後，請如下步驟操作：

STEP 1 首先,在人機介面中取出兩個數值控制元件與四個數值顯示元件,分別命名為 "X"、"Y"、"X+Y"、"X-Y"、"X*Y"、"X/Y"。接著再取出一個數值表單元件 Ring,如圖 14-20 的人機介面所示。

STEP 2 接著,在圖形程式區上按滑鼠右鍵,在跳出的函數面板上進入「Programming → Structures」裡取出 Case Structure 函數,再將 Ring 連接到 Case Structure 上。再來從「Programming → Numeric」裡面取出一個加函數放置在 Case Structure 架構的 0 框架中。最後,再呼叫 While Loop 以拖曳的方式將其包住,如圖 14-20 的圖形程式區所示。

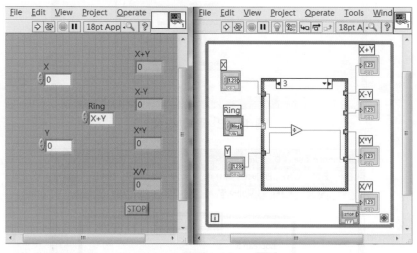

圖 14-20

STEP 3 將數值表單元件 Ring 連接至 Case Structure 的控制接點上,如圖 14-21 所示。接著再點選 Case Structure 架構上的框架標籤,會發現標籤轉成與數值表單一樣的資料型態,講到這裡應該知道接下來該如何做了吧!

圖 14-21

STEP 4 可以在 Case Structure 框架上的標籤 1 上按滑鼠右鍵，在跳出的選單中點選 Add Case After，如圖 14-22 所示。此動作會在框架 1 的後面再增加一個標籤為 2 的框架。

(為了說明如何增加框架，所以作者在這裡開啟一個新的 VI 來解說)

圖 14-22

STEP 5 重複上面的步驟，在 Case Structure 框架上的標籤 2 上按滑鼠右鍵，在跳出的選單中點選 Add Case After 後就可以在框架 2 的後面再增加一個標籤為 3 的框架。最後，在框架的標籤上按滑鼠左鍵，如圖 14-23 所示，就有 0~3 四個框架供使用。

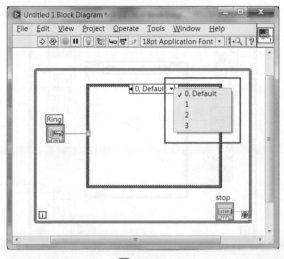

圖 14-23

STEP 6 請將步驟 4~5 使用在原先的程式中並在各個框架 (0~3) 中一續放入加函數、減函數、乘函數與除函數。將 Case Structure 切換到框架 0, Default 上,將數值控制元件 "X" 和 "Y" 從框架外連結至框架 0 內的加函數,再將加函數的輸出端連接至數值顯示元件 "X+Y" 上。這時會發現加函數的輸出不能直接跨越 Case Structure 的框架進行資料傳輸。還記得嗎?只要在跨越的接點上按滑鼠右鍵,在跳出的選單中點選 Use Default If Unwired 後,就可將相加的資料傳送至數值顯示元件 "X+Y" 上,如圖 14-24 所示。

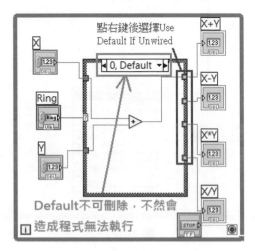

圖 14-24

STEP 7 將 Case Structure 切換到框架 1 上,將數值控制元件 "X" 、 "Y" 從框架外連接至框架內的減函數,再將減函數的輸出端連接至數值顯示元件 "X-Y" ,如圖 14-25 所示。至於接點跨越的問題,請參考步驟 6。

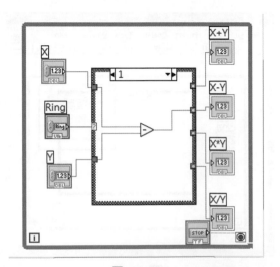

圖 14-25

STEP 8　將 Case Structure 切換到框架 2 上，將數值控制元件 "X" 和 "Y" 從框架外連
接至框架 2 內的乘函數，再將乘函數的輸出端連接至數值顯示元件 "X*Y" 上，
如圖 14-26 所示。

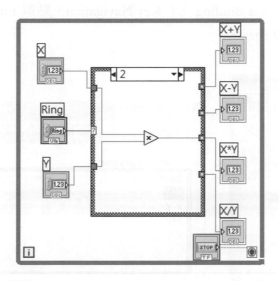

圖 14-26

STEP 9　將 Case Structure 切換到框架 3 上，將數值控制元件 "X" 和 "Y" 從框架外連
接至框架 3 內的除函數，再將除函數的輸出端連接至數值顯示元件 "X/Y" 上，
如圖 14-27 所示。至於接點跨越的問題，請參考步驟 6。

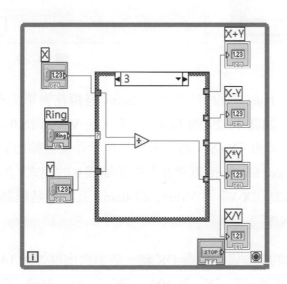

圖 14-27

最後，就只剩下數值表單元件的設定。可以在數值表單元件上按滑鼠右鍵，在跳出的選單中點選 Properties，如圖 14-28 所示。之後視窗會出現數值表單元件的設定面板，此面板共有八個表單，分別是 Appearance、Data Type、Data Entry、Display Format、Edit Items、Documentation、Data Binding 與 Key Navigation。點選 Edit Items 可設定及編輯表單的內容，如圖 14-29 所示。

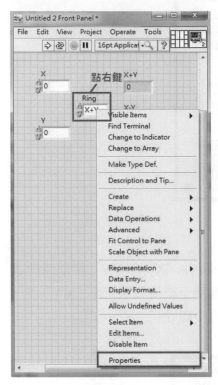

圖 14-28

圖 14-29

在此數值表單元件 Ring 的設定面板中，Items 是指在表單上顯示的名稱，而 Values 是指表單輸出的內容。如圖 14-29 的 Items 所示，在 Values 為 0 的 Itens 上設定名稱為 "X+Y"。因為當選擇表單 "X+Y" 時，數值表單元件便會輸出數值 0 至 Case Structure 的控制接點上，此時 Case Structure 就會執行框架標籤 0 的程式 (加函數)，接著在 Values 1 的 Items 上設定名稱為 "X-Y"、Value2 的 Items 上設定名稱為 "X*Y"、Values3 的 Items 則設定名稱為 "X/Y"。

完成圖 14-29 所示的動作後，點選 OK 鍵，表單會出現如圖 14-30 所示的內容。此時點選 "X+Y" 的選項，接著設定 "X" 為 100、 "Y" 為 50，點選 "單次執行" 後， "X+Y" 會顯示 150，其他的則顯示 0，如圖 14-31 所示。

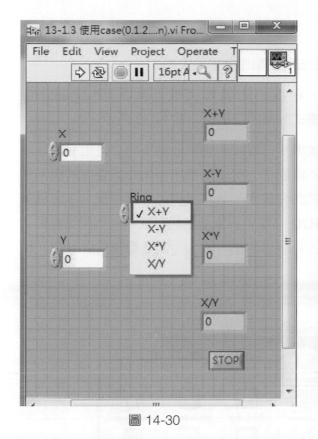

圖 14-30

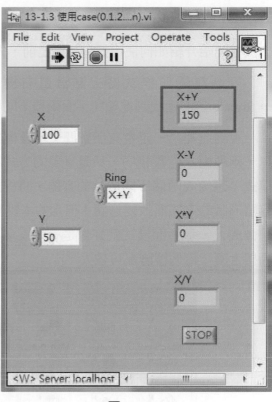

圖 14-31

呼！喝杯茶休息一下吧～接下來還有更精采的循序架構呢！到了這裡，有沒有吸收到什麼啊？其實 Case Structure 的應用還有很多，也可以在 Case Structure 裡面設計一個大系統。不過，當弄清楚上面兩個例題，條件架構可算是 OK 了。

提示：已經教會釣魚的方法了，至於想吃什麼魚，就要依靠自己去釣囉！

14-2　循序架構 (Sequence Structure)

循序架構 (Sequence Structure) 與條件架構的差別在於條件架構需要數值控制元件或布林控制元件，才能決定執行 Case Structure 中的指定框架中的程式。而循序架構雖然不能像條件架構那樣可自訂執行架構中的任何指定框架，但它就像它的名字 (循序) 一樣，它會先執行第一個框架後，再執行第二個框架中的程式，不需用數值或布林控制元件來指定它的執行。當做過後面的例題後，將會對循序架構有更深入的了解。

14-2.1 函數路徑

在開始介紹如何使用循序架構之前,先去拜訪循序架構的家吧!

可以在圖形程式區上點滑鼠右鍵,在跳出的函數面板上進入「Programming → Structures」裡找到堆疊與平面兩種不同模式的循序架構,如圖 14-32 所示。

說到這裡,一定會有所疑問:堆疊模式與平行模式到底有什麼不同?告知一個好消息,兩種模式性質相同,只是呈現的方式不同罷了。可以將循序架構的堆疊模式與平面模式,想像成兩個不同形狀的容器,將程式想像成水。當將水倒進容器中後,水會隨著容器形狀的不同而改變形狀!但水的本質 H_2O 不變,只是呈現的方式不同;假如將程式想像成人,那平面模式就好像是一列火車,每個車廂都可載人。而堆疊模式就好像一棟高樓大廈,每個樓層都可住人。

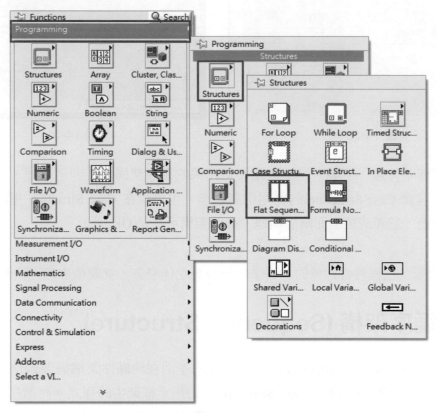

圖 14-32

若還是不清楚,可以在後面的例題中,體會循序架構中的平面與堆疊模式的差異。不用擔心,依然會帶領一步一步認識循序架構。放心,這跟呼吸一樣簡單。

14-2.2 平面模式

1. 增加框架

接著，要來學習如何增加平面模式的框架。可以在其框架上按滑鼠右鍵，在跳出的選單中點選 Add Frame Before，如圖 14-33 所示。之後便可在原有框架的左邊新增一個框架，如圖 14-34 所示。或者也可以在其框架上按滑鼠右鍵，在跳出的選單中點選 Add Frame After，如圖 14-35 所示。之後則在原有框架的右邊就會新增一個框架，如圖 14-36 所示。

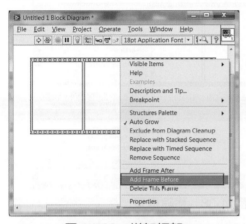

圖 14-33　增加框架

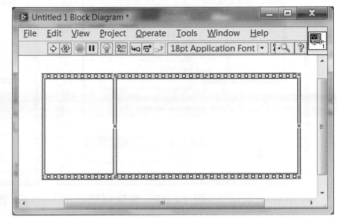

圖 14-34

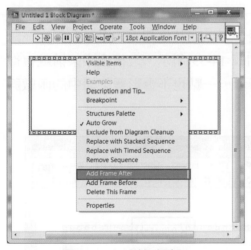

圖 14-35　增加框架

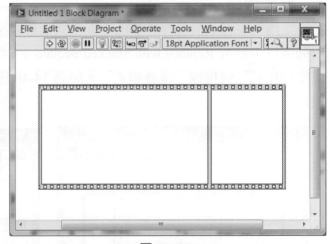

圖 14-36

請永遠記住，循序架構中的平面模式框架執行程式順序，皆是由左而右循序執行，這跟 Add Frame Before/After 沒有任何先後關係。還有就是，學會平面模式等於把堆疊模式給學起來了。後面馬上教導如何將平面模式的循序架構轉換成節省空間的堆疊模式。

2. 刪除框架

在開始將程式撰寫入循序架構前，先來了解平面模式的設定。首先，在圖形程式區上按滑鼠右鍵，在跳出的函數面板上進入「Programming → Structures」裡找到平面模式的循序架構。可以在 Sequence Structure 的平面模式框架上按右鍵，在跳出的選單中點選 Delete This Frame，如圖 14-37 所示。如此一來，便可以刪除指定的框架。同時，框架裡面的程式也會一併刪除，或者也可以在 Sequence Structure 的平面模式框架上按滑鼠右鍵，在跳出的選單中點選 Remove Sequence，如圖 14-38 所示，便可移除整個循序架構。

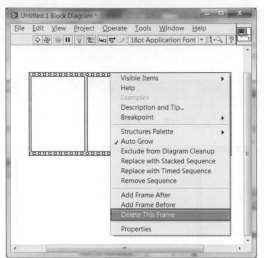

圖 14-37　刪除框架　　　　　圖 14-38　移除框架

3. 框架轉換

當撰寫完程式於循序架構的平面模式框架中後，可以在其框架上按滑鼠右鍵，在跳出的選單中點選 Replace with Stacked Sequence，如圖 14-39 所示。之後循序架構就會從"平面模式"轉換成"堆疊模式"，如圖 14-40 所示，一點也不會影響架構中的函數與接線。

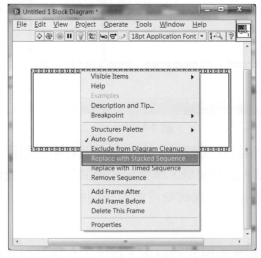

圖 14-39

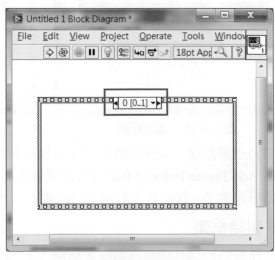

圖 14-40

4. 跑馬燈 (平面模式)

現在，就來使用平面模式的循序架構，設計一個跑馬燈吧！請如下步驟操作：

STEP 1 首先，從人機介面中的布林元件裡面取出一個 Switch when Pressed 類型開關與三個 LED 燈號顯示元件，如圖 14-41 的人機介面所示。

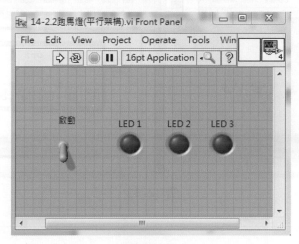

圖 14-41

STEP 2 在圖形程式區按滑鼠右鍵，在跳出的函數面板上進入「Programming → Structures」裡取得一個平面模式的循序架構，並將其增至三個框架。接著在「Programming → Time & Dialog」裡面取出三個 Wait Until Nextms Multiple 函數，分別放置於三個框架中且分別再加一個固定的數值控制元件，將其設定為 500 以便觀察程式的執行，最後再呼叫一個 WhileLoop 以拖曳方式將其包住，如圖 14-42 所示。

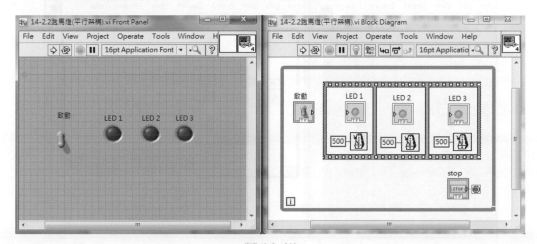

圖 14-42

STEP 3 將所有元件依圖 14-43 所示連接。當打開開關後，LED 會一個個的亮上去。反之，若將開關關掉，LED 則一個個的熄滅。也可以設定串接於 Wait Until Next ms Multiple 的固定數值元件，使框架中的執行時間改變，而使 LED 亮燈時間改變。

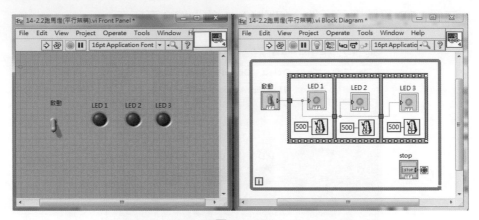

圖 14-43

14-2.3 堆疊模式

1. 跑馬燈 (堆疊模式)

接下來，就來驗證將程式由平面模式轉換成堆疊模式後，到底會不會影響程式原有的面貌。可以依圖 14-44 所示將跑馬燈由平面模式轉換成堆疊模式。之後程式部分將會如圖 14-45 所示，變成了堆疊模式，其中的程式一點也沒有破壞，可以執行看看，是否與平面模式一樣的結果。當開關打開時，LED 會一個個的亮上去，若將開關關閉後，則 LED 會一個個的熄滅與平面模式一模一樣。

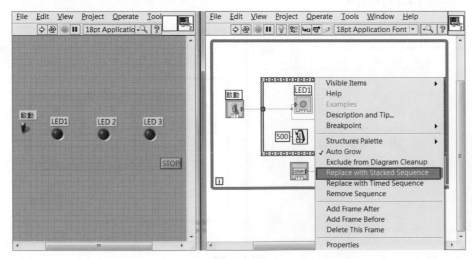

圖 14-44

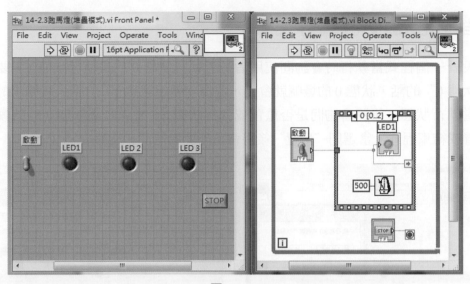

圖 14-45

自我挑戰題 1：無限循環跑馬燈 (強生計數器)

　　晨星廣告公司擬設計一個無限循環跑馬燈 (強生計數器) 作為廣告燈，以便幫助路邊攤老闆招攬生意。

 請設計一電路，當啟動跑馬燈時，其頻率可自訂

 提示：可能需要用到邏輯元件。

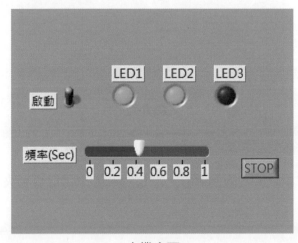

人機介面

自我挑戰題 2：類循序架構

請設計一個程式當執行時會詢問使用者是否執行狀態 0 或是執行狀態 1，要是選擇
"執行狀態 0" 的話，狀態 0 的燈號就會亮，選擇 "執行狀態 1" 的話，狀態 1 的燈號就
會亮。當執行狀態 1 後將會詢問是否重置或執行狀態 2。當執行到狀態 2 的時候會詢問
是否重置或結束程式，當選則 "重置" 後將會重新開始詢問。

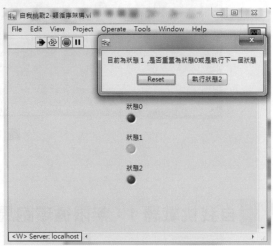

人機介面

提示：可能需要用到對話框元件和狀態架構元件。

(本書背後的光碟中有本章節的範例解答，請參照章節來選取資料夾)

第 15 章　區域變數

　　區域變數 (Local Variables) 在 LabVIEW 中也算是程式架構的一員，其功能與之前的條件架構 (Case Structure) 及循序架構 (Sequence Structure) 大不相同。可以將區域變數當作指定元件的分身。到目前為止，都是經由程式方塊上的端點將資料做傳輸的動作，但當需要在不同的地方更新或讀取它時，區域變數可以提供一個方法在無法 (或不願) 連線到某物件的端點上時，仍可以藉由區域變數對該物件進行控制。當完成下面兩個例題後，便會認識它。

15-1　路徑

 在開始介紹如何使用區域變數之前，先去拜訪區域變數的家吧！可以在圖形程式區上按滑鼠右鍵，在跳出的函數 Functions 面板上進入「Programming → Structures」裡面找到 "Local Variables" 區域變數，如圖 15-1 所示。

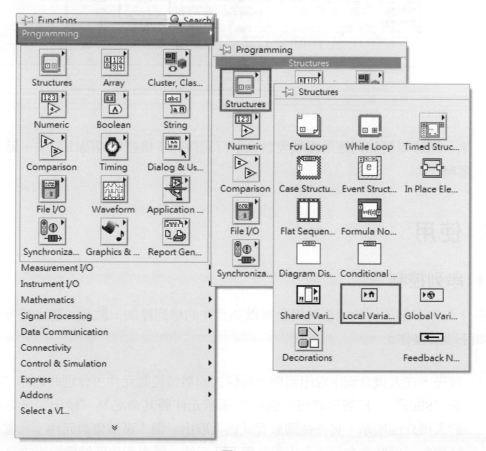

圖 15-1

路徑2 另外可至「Data Communication」裡面找到 "Local Variables" 區域變數，如圖
15-2 所示。

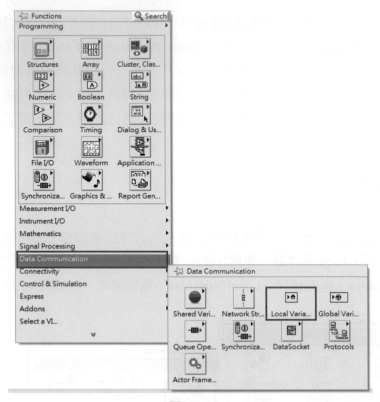

圖 15-2

接下來，即將學習如何應用區域變數來進行元件的串接控制與隔山打牛。聽起來真
是令人亢奮啊！

15-2 使用

15-2.1 串列控制

首先，先來了解如何使用區域變數來做為元件的串列控制。放心，這比呼吸還要簡
單，請如下步驟操作：

STEP 1 首先，在人機介面中取出兩種不同樣式的數值控制元件，分別命名為 "輸入"
與 "Slide"。接著再取出一個數值顯示元件將其命名為 "輸出"，如圖 15-3
的人機介面所示。另外在圖形程式區上取出一個「區域變數元件」。當取出區
域變數元件時會在元件上出現一個 ⯈⬛? 元件，這表示此區域變數尚未定義。

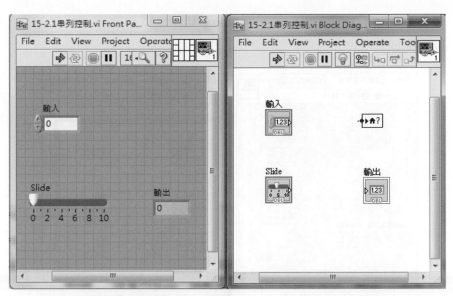

圖 15-3

STEP 2　可以在區域變數元件上按滑鼠右鍵 (按左鍵可直接做選擇) 在跳出的選單中，可以在「Select Item」裡面找到已設定標籤的控制元件及顯示元件(Slide、輸入、輸出)。點選 Slide 元件，如圖 15-4 的圖形程式區所示。此時區域變數就被設定為 Slide 的分身了。

圖 15-4

STEP **3** 最後再加入「While Loop」及「Stop」元件，以拖曳方式將其包住，如圖 15-5 即可完成。

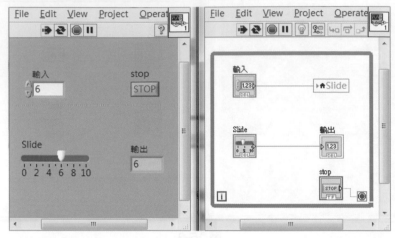

圖 15-5

當完成圖 15-5 的動作，點選 "單次執行"。如此一來，只要調整 "輸入" 的數值控制元件上的資料，則 "Slide" 控制元件與 "輸出" 顯示元件也會隨著 "輸入" 元件的資料而變化。

15-2.2 隔山打牛

接下來，來認識如何使用區域變數來控制兩個平行迴圈的執行與否，也正是所謂的「隔山打牛」之功能，請如下步驟操作：

STEP **1** 首先，從人機介面中取出一個「Toggle Switch」類型的開關。接著再取出兩個「Number Indicator」顯示元件，將其命名為 "輸出"，如圖 15-6 的人機介面所示。

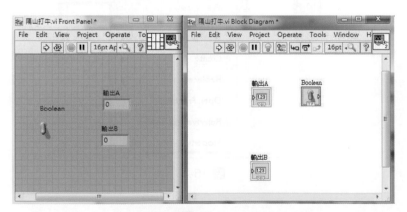

圖 15-6

STEP 2 在圖形程式區上取出兩組「Wait Until Next ms Multiple」與「Number Constant」元件來做延遲並分別連結設定為 100 與 500(為了區分 2 個迴圈執行的速度而設定為不同的值,此處的值能自訂)。接著再進入「Programming → Structures」裡面取出一個區域變數 "Local Variables",如圖 15-7 所示。

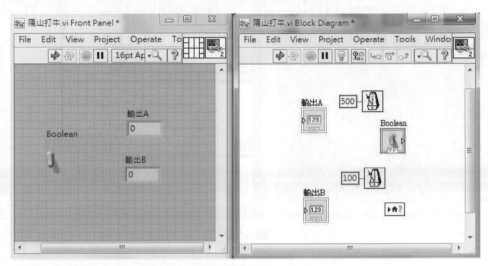

圖 15-7

STEP 3 加入「While Loop」將上下各自框起,接著用滑鼠左鍵點擊一下迴圈右下角的「Loop Condition」圖示 (⬤),或對「Loop Condition」圖示按滑鼠右鍵選擇「Continue if True」。這個選項是讓迴圈在 False 訊號時停止。再將「輸出」及「Boolean」的線如圖 15-8 連接起來。在 15-8 圖中,作者先將其中一個「Loop Condition」更改為「Continue if True」以方便參考。

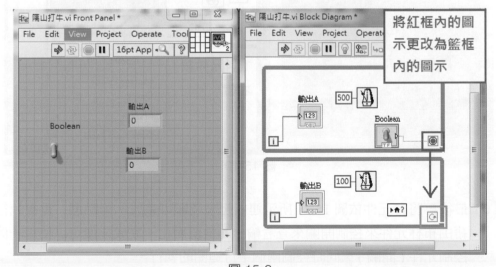

圖 15-8

STEP ④ 對區域變數 "Local Variables" 點選滑鼠左鍵設定成為「Boolean」，如圖 15-9 所示。

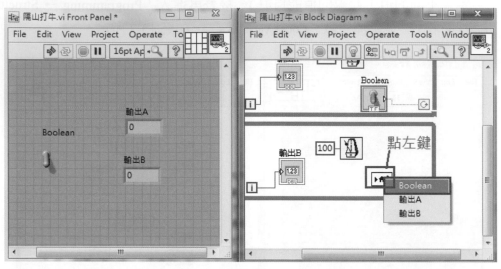

圖 15-9

STEP ⑤ 將區域變數 "Local Variables" 設定為布林開關的分身，並按滑鼠右鍵設定為 「Change To Read」，如圖 15-10 所示。

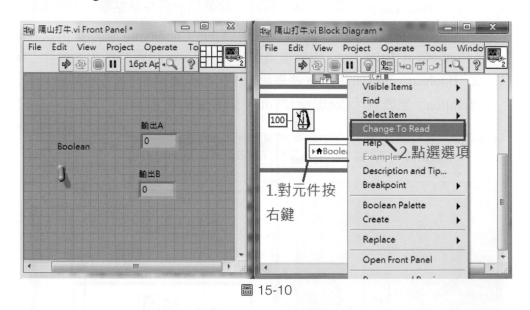

圖 15-10

STEP ⑥ 最後再將各元件依圖 15-11 所示連結起來後即可完成。再點選 "重複執行" 並 藉由布林元件來控制開關來查看輸出的數值變化。完成後便可以使用一個布林 控制元件 (開關) 來同時控制兩個平行迴圈的執行。

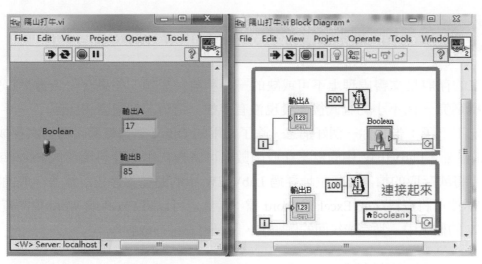

圖 15-11

當程式執行時改變開關的狀態後將會看到輸出 A 與輸出 B 會同時增加數值。由於設定的等待時間不同，所以增加的數值將會有差距。

 自我挑戰題：紅綠燈 (環型計數器)

高雄市交通局為了改善交通違規狀況，擬設計一個紅綠燈控制器，可分別設定紅、黃、綠三燈亮燈時間。

 請設計一電符合其功能

提示：可能需要用到循序架構及區域變數。

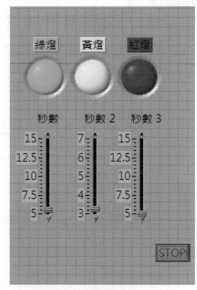

人機介面

(本書背後的光碟中有本章節的範例解答，請參照章節來選取資料夾)

第 16 章 檔案存取

　　檔案的存取是文書處理上不可或缺的一項利器。想想，如果有一天當你打完你的報告或撰寫完一個不小的程式後才發現沒有存檔。這時，你會覺得天黑了一半，可能連飯都吃不下了；告訴你一個好消息，除了常用的 Office 文書軟體可將檔案存成 Excel 或 Word 檔外，LabVIEW 中的檔案存取函數也可將程式中的資料儲存成 Excel 或 Word 檔。只要將欲存取的檔案路徑位址透過 LabVIEW 中的路徑元件告訴檔案存取函數後，LabVIEW 便可將資料存成 Excel 或 Word 檔；當然也可以將 Excel 或 Word 檔的資料讀入 LabVIEW 的程式中。當完成後面的例題後，將學會三種存取動作：

(1) 將 LabVIEW 資料存成 Excel 檔。

(2) 讀取 Excel 檔案資料至 LabVIEW。

(3) 同步存取資料於 LabVIEW。

16-1 路徑

　　在開始介紹如何使用檔案存取時，先去拜訪路徑元件及檔案存取函數的家！LabVIEW 提供多種路徑可以找到它們，如圖 16-1 至圖 16-6 所示。

 路徑控制元件：可以在人機介面上按滑鼠右鍵，在跳出的控制 Controls 面板上進入「Express → Text Ctrls」裡面取得 "File Path Control" 元件，如圖 16-1 所示。

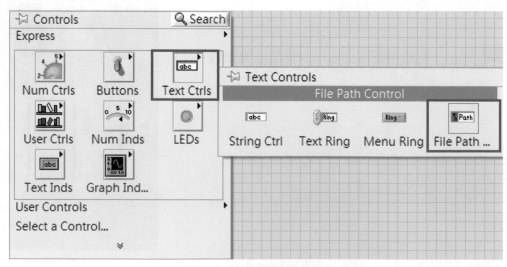

圖 16-1　路徑顯示元件

路徑2　另外也可以在人機介面上按滑鼠右鍵，在跳出的控制 Controls 面板上進入
「Modern → String & Path」裡面取得 "File Path Control" 元件，如圖 16-2 所示。

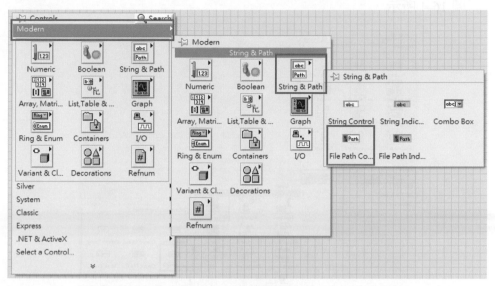

圖 16-2　路徑顯示元件

路徑3　同時也可以在人機介面上按滑鼠右鍵，在跳出的控制 Controls 面板上進入
「Express → Text Controls」裡面取得 "File Path Control" 元件，如圖 16-3 所示。

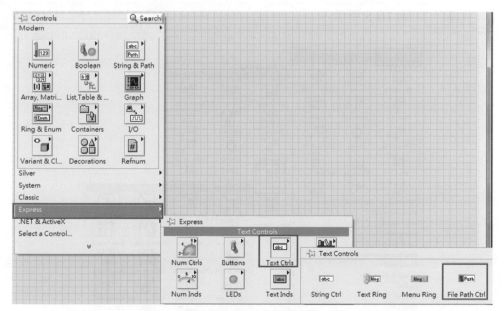

圖 16-3　路徑控制元件

路徑**4** 綜合復古式路徑元件：可以在人機介面上按滑鼠右鍵，在跳出的控制 Controls 面板上進入「Classic → String & Path」裡面取得古色古香的路徑控制元件，如圖 16-4 所示。

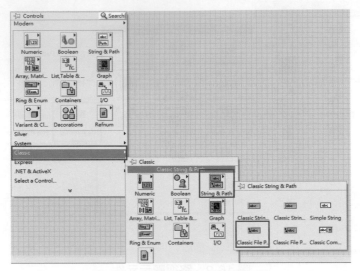

圖 16-4　綜合復古式路徑元件

路徑**5** 儲存檔案函數：可以在圖形程式區上按滑鼠右鍵，在跳出的函數 Functions 面板上進入「Programming → File I/O」裡取得 "Write Delimited SpreadSheet.vi" 函數，如圖 16-5 所示。

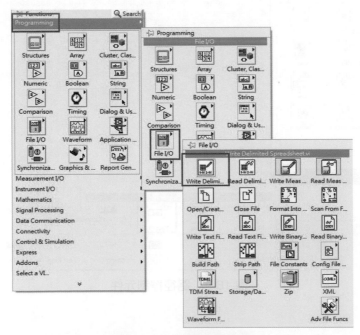

圖 16-5　儲存檔案函數

圖 16-6 為 Write Delimited SpreadSheet.vi 之接腳說明圖。圖 16-6 中，Write Delimited SpreadSheet.vi 函數能將二維或一維的數值資料寫入 Excel 試算表中。file path(dialog if empty) 是輸入 Excel 的路徑位址。transpose?〔 no:F 〕則是轉換 Excel 表單中的資料格式 (True 是以行表示，False 是以列表示)。

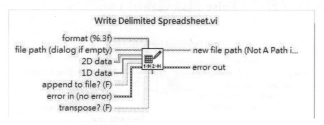

圖 16-6　Write Delimited SpreadSheet.vi

讀取檔案函數：可以在圖形程式區上按右鍵，在跳出的函數 Functions 面板上進入「Programming → File I/O」裡取得 "Read Delimited Spreadsheet.vi" 函數，如圖 16-7 所示。

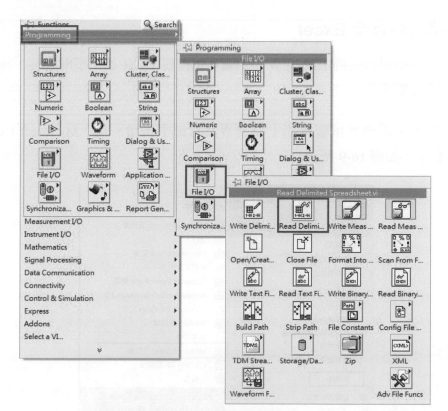

圖 16-7　讀取檔案函數

圖 16-8 為 Read Delimited Spreadsheet.vi 之接腳說明圖。圖 16-8 中，Read Delimited Spreadsheet.vi 函數能將 Excel 試算表內的數值資料讀取至 LabVIEW 的圖表元件上。File path(dialog if empty) 是輸入 Excel 的路徑位址，以便讀取。Transpose(no:F) 則是轉換 LabVIEW 的圖表元件欲讀取 Excel 表單中的資料格式 (True 是以行表示，False 是以列表示)。

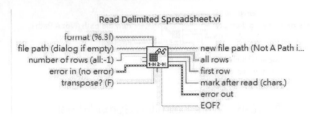

圖 16-8　　Read Delimited Spreadsheet.vi

16-2 使用

16-2.1 將資料存至 Excel

首先，要來學習如何將 LabVIEW 中的資料儲存成 Excel 檔。不用擔心，其實這並不困難，請如下步驟操作：

STEP 1 首 先，必須在電腦桌面上點選滑鼠右鍵來新增一個「Microsoft Excel 工 作表」，如圖 16-9 所示。

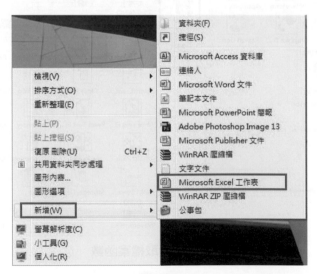

圖 16-9

STEP 2 打開新增的 Excel 工作表後，點選上方工具列的 "檔案" 選項中的 "另存新檔"，
之後會跳出儲存檔案的視窗，在 "存檔類型" 中選擇 "Excel 97-2003 活頁簿
(*.xls)"，檔案名稱取名為 ABC，並來儲存於電腦桌面上，如圖 16-10 所示。(由
於 LabVIEW 與 *.xlsx 檔不相容，所以才需要另存為 *.xls 檔)

 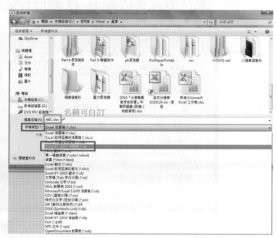

圖 10-10

STEP 3 開啟 LabVIEW 至人機介面中取出兩個數值控制元件，分別命名為 "執行次數"
與 "資料範圍"。接著，再從人機介面中取出一個路徑控制元件，將其命名為
「Save As⋯」如圖 16-11 的人機介面所示。

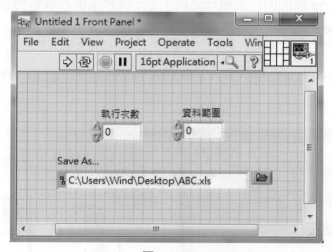

圖 16-11

STEP 4 接著，在圖形程式區上按滑鼠右鍵，在跳出的函數 Functions 面板上進入「Programming → Numeric」裡取出乘法、亂數函數。再從「Programming → File I/O」裡取出 Write Delimited SpreadSheet.vi 並於該函數的 "transpose?" 端點連接 True Constant 元件。最後再呼叫 "For Loop" 以拖曳的方式包住。接著將所有元件依圖 16-12 圖形程式區所示連接。

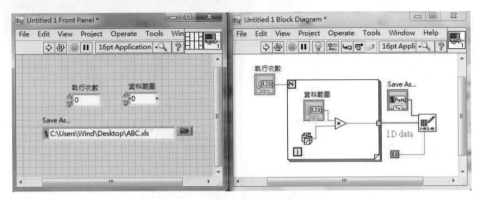

圖 16-12

注意事項

圖形程式區中的布林元件是用來決定儲存成 Excel 中的資料到底是以列排列或行排列。其中，"T" 代表以行排列，"F" 則是以列排列。另外，此程式會待 For Loop 裡面的程式執行完後，才一次將全部的資料傳達至 Write Delimited SpreadSheet.vi 裡面。

STEP 5 由於資料範圍是整數形式，必須將資料格式設定為整數 "I8"，如圖 16-13 即完成。

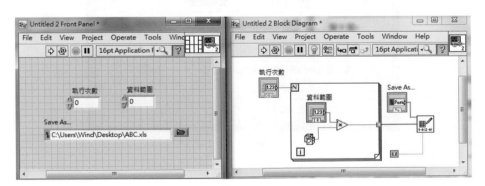

圖 16-13

STEP 6 現在，點選圖 16-14 人機介面中的路徑元件右邊之開啟檔案鍵 ()，去選取所建立的 ABC.xls 來儲存 LabVIEW 資料，如圖 16-14 所示。這時在人機介面的路徑元件上會顯示 ABC.xls 的位址，如圖 16-15 所示。

圖 16-14

STEP 7 這時將執行次數設為 60，資料範圍設為 100， 點選執行鍵後 LabVIEW 即可將亂數資料存入 ABC.xls 檔案裡。

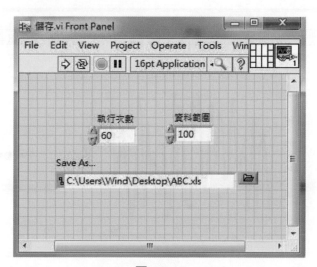

圖 16-15

STEP 8 接著開啟所存入的亂數資料 ABC.xls 檔案。會看到在 EXCEL 檔案中的資料正
如 LabVIEW 所產生的數據。在 EXCEL 畫面按滑鼠點選插入，在下方選單中
點選圖表，再來選擇散佈圖，點選內部選單中的 "帶有平滑線及資料標記的
XY 散佈圖" ，如圖 16-16 所示。之後就會出現所選擇的圖表，其資料範圍為
0~100，執行次數為 60(1~60)，如圖 16-17 所示。

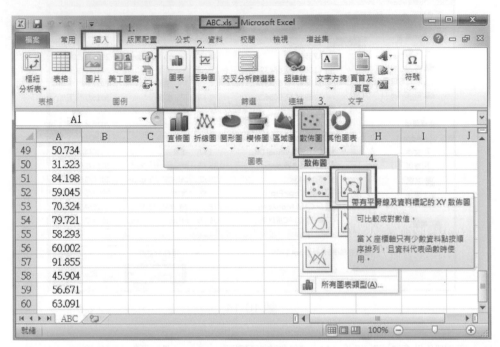

圖 16-16

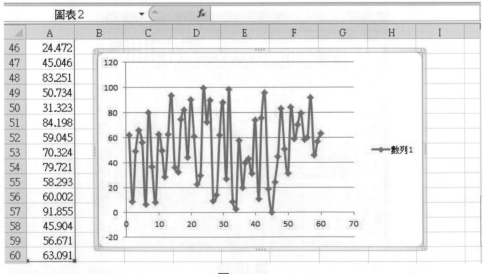

圖 16-17

16-2.2 開啟檔案資料至 LabVIEW

接下來，要來學習如何將 Excel 裡的資料開啟至 LabVIEW 的圖表中顯示。請如下步驟操作：

STEP 1 首先，在人機介面中按滑鼠右鍵進入「Graph Indicators」裡取出一個"Waveform Graph"元件的圖表，再取出一個路徑控制元件將其命名為"檔案路徑"，如圖 16-18 所示。

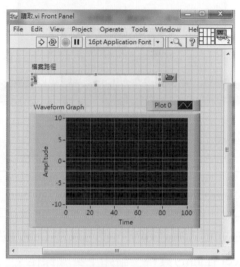

圖 16-18

STEP 2 接著，在圖形程式區上按滑鼠右鍵，在跳出的函數 Functions 面板上進入「Programming → File I/O」裡取出 Read Delimited Spreadsheet.vi 並於函數的"transpose?"端點連接 True Constant 元件。將圖形程式區裡面的元件與函數依圖 16-19 所示連線，同時以路徑控制元件來決定讀取 ABC.xls 中的資料。

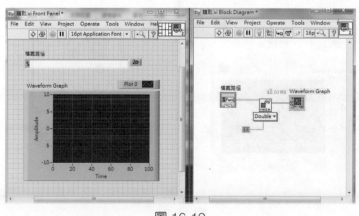

圖 16-19

STEP 3 完成上述動作後，設定檔案路徑並點選執行鍵。人機介面將如圖 16-18 所示。
這時就學會如何以 LabVIEW 的圖表顯示在 EXCEL 的資料了。可以對照圖
16-15 的 Excel 圖表與圖 16-20 是一致的，代表兩者之間資料傳遞正確。
(路徑位置請參照自己所存放位置)

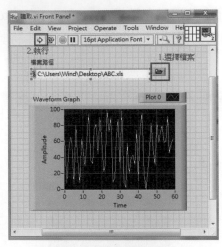

圖 16-20

16-2.3 同步存取

最後，將前面兩個例題的程式串連起來，就可以在 LabVIEW 的人機介面之圖表中顯
示以亂數產生器傳送至 Excel 裡面的資料。請如下步驟操作：

STEP 1 在 Write Delimited SpreadSheet.vi 函數的後面串接 Read Delimited Spreadsheet.
vi 函數後連接 "New file path" 端點，並加入 "存至 Excel" 與 "讀檔至
LabVIEW" 所需其他元件並且如圖 16-21 的圖形程式區連接。

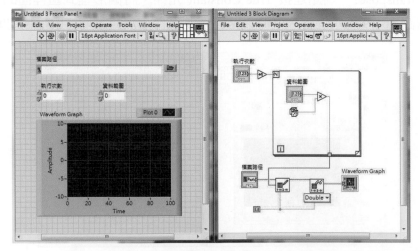

圖 16-21

STEP 2　點選執行鍵後，即可同步存取 LabVIEW 與 Excel 中的資料，如圖 16-22 所示。
至於為何在執行次數後面串接一個 "+1" 函數，是為了讓圖表的 X 軸從 0~10
皆有資料產生，並沒有其他用意。

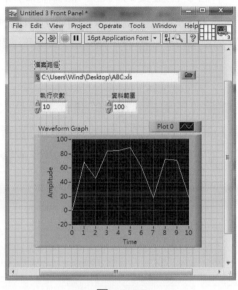

圖 16-22

(本書背後的光碟中有本章節的範例解答，請參照章節來選取資料夾)

第 17 章　聲音

聲音跟時間一樣在生命中佔了極重要的角色。假如你的耳朵現在還聽得見，那你更應該要好好愛惜你那寶貴的耳朵。因為聽力正常的你，一定不認識那一片寂靜沒有任何聲音的世界，而手語是那世界的語言。有空，讓你的耳朵聆聽柔和的音樂吧！這對你的身、心、靈都有極大的幫助。

聲音的應用有很多；例如捕魚的聲納、電梯的語音系統及火車、捷運上的語音系統…等。本章節要教導如何使用 LabVIEW 建立一個屬於自己的語音系統與警報器。可以把聲音函數當作 LED 那樣使用。當有信號給它時，則啟動語音或警報器。當做完後面的例題後，就會更認識它的。

17-1　Sound

17-1.1　路徑

在開始介紹如何使用聲音函數前，先去拜訪蜂鳴器函數的家吧！可以在圖形程式區上按滑鼠右鍵，在跳出的函數 Functions 面板上進入「Programming → Graphics&Sound」裡找到 "Beep.vi(蜂鳴器)" 函數，如圖 17-1 所示。

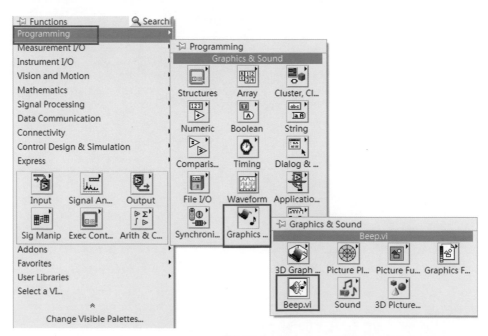

圖 17-1

17-1.2 蜂鳴器

現在，就來學習如何使用布林元件中的 Switch when Pressed(開關) 元件來控制蜂鳴器是否發出警報聲。請如下步驟操作：

STEP 1 首先，從人機介面中的布林元件裡面取出一個 Switch when Pressed 類型開關來，將其命名為 "啟動蜂鳴器" ，如圖 17-2 的人機介面所示。

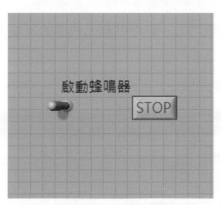

圖 17-2　人機介面

STEP 2 在圖形程式區上按滑鼠右鍵，在跳出的函數 Functions 面板上進入「Programming → Graphics & Sound」裡取出 Beep.vi(蜂鳴器)。在蜂鳴器的輸入端接上兩個數值元件來設定頻率與維持時間，再連接 False Constant 元件。完成後將它們放置於條件架構 (Case Structure) 中。接著，再從「Programming → Timing」裡取出一個 Wait(ms) 來，並連結一個數值控制延遲。最後再呼叫 While Loop 以拖曳的方式將其包住，並將其他元件依圖 17-3 的圖形程式區連接。

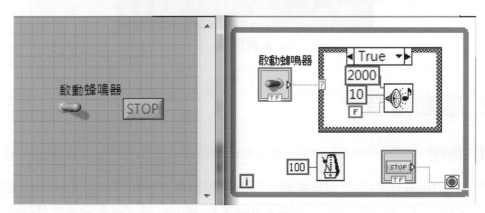

圖 17-3　程式畫面

如此一來，當點 "單次執行" 並打開開關後，蜂鳴器會發出 2000Hz 的警報聲。這裡之所以會在 While Loop 放置一個以數值固定元件串接的 Wait(ms)，是因為迴圈執行的速度跟 CPU 一樣快，如果直接在迴圈中放至 Beep.vi 的話，音效卡會因無法與 CPU 同步而造成當機。所以，必須加入 Wait(ms) 函數來控制 (緩衝) 迴圈的執行速度。

 自我挑戰題 1：防空警報系統

國防部為了強化國軍的戰鬥力，定期展開大規模的軍事演習，演習的同時需啟動防空警報系統，功能如下：

1. 指揮官可設定演習開始的時間。
2. 可自訂演習時間的長短。
3. 當演習時，警報器 LED 亮且發出警報聲 (蜂鳴器)。
4. 顯示現在時間、起始時間及終止時間。

請設計一電路以符合其功能

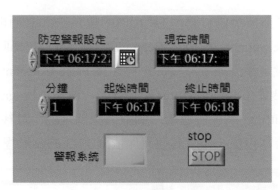

人機介面

17-2 啟動語音

17-2.1 路徑

如果認為 Beep.vi 的音效太為單調，以下這例題會教導如何使用布林元件來啟動所錄製的語音 (Wav 檔)。 圖 17-4 是介紹 Active X Container 呼叫外部程式元件的家。可以在人機介面上按滑鼠右鍵，在跳出的控制 Controls 面板上進入「Modern → Containers」

裡找到 "ActiveX Container" 函數。另外一個路徑可經由「Classic → Containers」裡找到 "ActiveX Container" 函數，如圖 17-5 所示。在接下來的例題中會告知如何使用它。

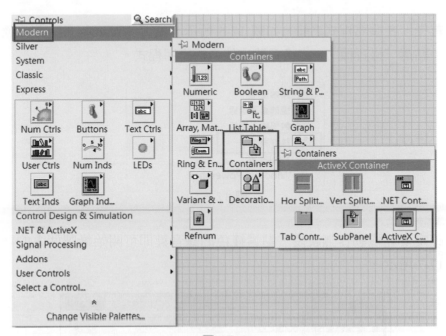

圖 17-4

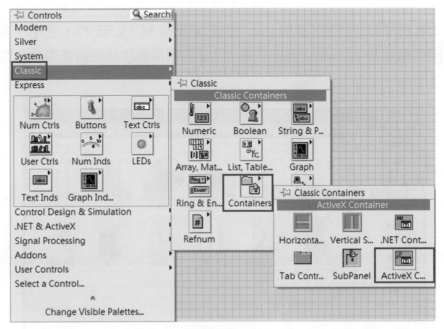

圖 17-5

17-2.2 使用

準備好了嗎？深呼吸後，請如下步驟操作：

STEP 1 首先，在撰寫程式之前，如圖 17-6 所示，先從 Windows 的「附屬應用程式」
中點選 "錄音機"，之後會跳出錄音機應用程式。

圖 17-6

STEP 2 確定麥克風動作無誤後，點選紅色的錄音鍵即可開始錄製個人的語音，如圖
17-7 所示。

圖 17-7

STEP 3 接著將錄製好的聲音存成 .wav 檔或是 .wma 檔，如圖 17-8 所示。本節中所使
用的檔案為 123.wav，並存在桌面上 (名稱與儲存路徑由使用者的習慣來做更
改)。

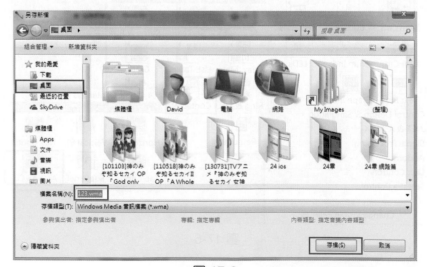

圖 17-8

STEP 4 接下來，在人機介面上按滑鼠右鍵，在跳出的控制 Controls 面板上進入「Classic → Containers」裡取出 "ActiveX Container" 呼叫外部程式元件，如圖 17-9 所示並將其放置在人機介面上。

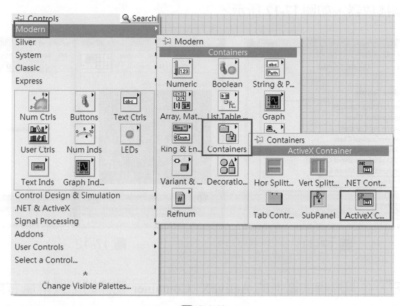

圖 17-9

STEP 5 在 ActiveX Container 元件上按右鍵，在跳出的選單中點選 "Insert Active X Object…" 如圖 17-10 所示。這個動作可以讓 Active X Container 元件中插入指定的外部程式。

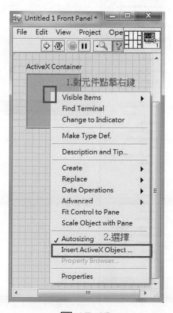

圖 17-10

STEP **6** 完成圖 17-10 的動作後，會跳出選單供選擇要插入 ActiveX Container 元件的外部程式，如圖 17-11 所示。點選 Windows Media Player 來播放先前錄製的 wav 檔，按下 OK 鍵後，ActiveX Container 元件則會變成 Windows Media Player 這一個播放器，如圖 17-12 所示。

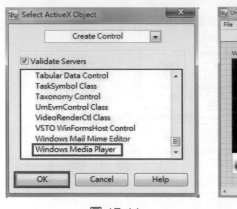

圖 17-11

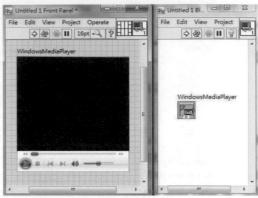

圖 17-12

STEP **7** 接著，在圖形程式區上的 ActiveX Container 元件的上按滑鼠右鍵，在選單中點選「Create → Property for WMPLib.IWMPPlayer4.Class」裡 "URL"，如圖 17-13 所示。再來將 ActiveX Container 元件與 URL 的 reference 接點連結。

圖 17-13

STEP 8 在 URL 元件右上方接點 (reference out) 上按滑鼠右鍵，在選單中點選「ActiveX Palette」裡的 Close Reference 元件，如圖 17-14 所示。再將 URL 元件的 reference out 與 Close Reference 的 reference 做連結。

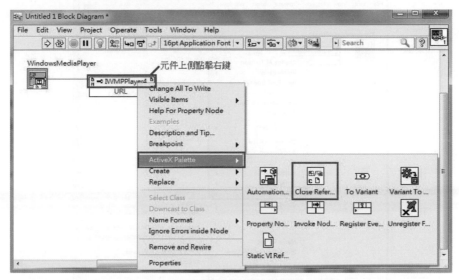

圖 17-14

STEP 9 接著，將 URL 由輸出轉成輸入。可以在 URL 上按滑鼠右鍵，在跳出的選單中點選 "Change To Write"，如圖 17-15 所示。

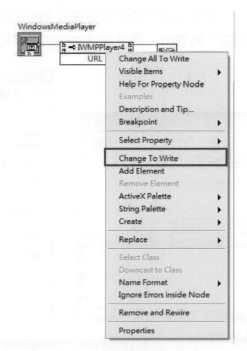

圖 17-15

STEP 10 當 URL 轉成輸入型態後，在 URL 上按滑鼠右鍵，在跳出的選單中點選「Create」裡面的 "Constant"，如圖 17-16 所示。

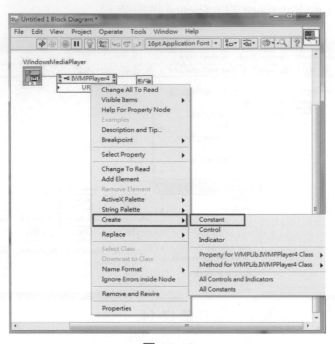

圖 17-16

STEP 11 完成圖 17-16 的動作後，在 URL 的前面產生一個固定式的檔案路徑控制元件，如圖 17-17 所示。接著，在之前儲放於桌面上的 123.wav 檔上按滑鼠右鍵，在跳出的選單中點選「內容」，再將其檔案路徑複製起來，如圖 17-18 所示。

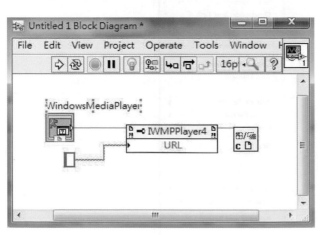

圖 17-17

圖 17-18

STEP 12 將複製的檔案路徑貼在固定式的檔案路徑元件上，記得要加上檔名 \123.wav。再於 Close Reference 元件 error out 端上按滑鼠右鍵，在跳出的選單中點選「Create」裡面的 "Indicator"，如圖 17-19 所示。

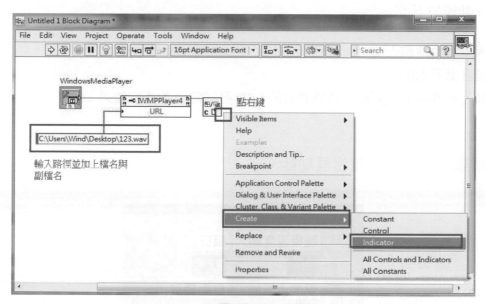

圖 17-19

STEP 13 最後，再取出 Case Structure 函數和 While Loop 迴圈及 Stop Button 元件並依圖 17-20 所示連結。如此一來，便建立好一個屬於自己的語音播放系統。

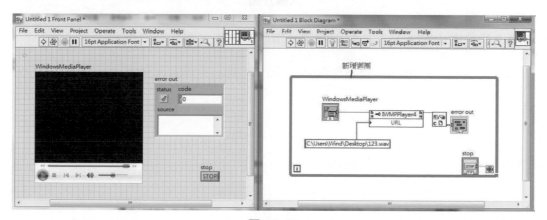

圖 17-20

自我挑戰題 2：溫度警報語音系統

高雄海科大水產養殖系為了確保其養殖環境溫度不會過高，擬設計一個溫度警報語音系統，功能如下：

1. 隨機溫度範圍輸入。
2. 可自訂溫度上限。
3. 當輸入溫度高於上限時，啟動語音的 LED 亮同時啟動語音效果。

 請設計一電路以符合其功能

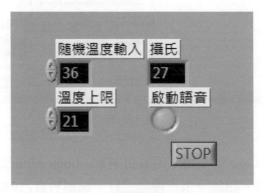

人機介面

(本書背後的光碟中有本章節的範例解答，請參照章節來選取資料夾)

第 18 章　分頁

　　分頁控制框 (Tab Control) 是在人機介面設計上一個重要的得力助手。相信有用過 Google 或 Firefox 網頁瀏覽器的人對分頁的架構與使用並不陌生。可以在網頁瀏覽器中新增分頁及關閉分頁，而每一個分頁皆可獨立連結任何網站。當點選分頁 1 時，視窗會出現分頁 1 所連結的網站；若點選分頁 2，則原來在視窗上的分頁 1 畫面會切換到分頁 2 所聯結的網頁。此時分頁 1 還是持續在運作，不會因點選分頁的不同而停止動作。就像在轉換電視台一樣，新聞台不會因為將頻道切換至體育台而停止播報新聞。LabVIEW 中的分頁架構也是如此。不同的程式在不同的分頁中執行，不會因為切換而停止，除非將分頁中的元件刪除或將分頁架構移除。在完成後面的設定與例題後，就會更認識它的。

18-1 路徑

　　在開始介紹如何使用分頁控制框 (Tab Control) 前，先去拜訪它的家吧！
　　LabVIEW 提供多種路徑可以找到它，如圖 18-1 至圖 18-3 所示…等路徑。

 分頁控制框 1 - 可以在人機介面上按滑鼠右鍵，在跳出的控制 Controls 面板上進入「Modern → Containers」裡面取得 "Tab Control"，如圖 18-1 所示。

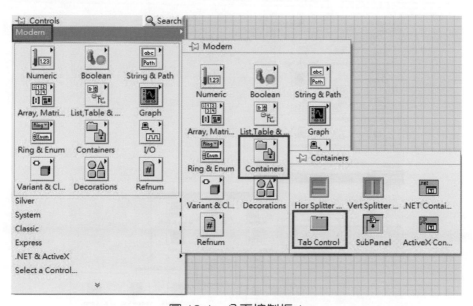

圖 18-1　分頁控制框 1

LabVIEW 與感測電路應用

分頁控制框 2 - 可以在人機介面上按滑鼠右鍵，在跳出的控制 Controls 控制面板上進入「System → Containers」裡取得 "System Tab Control"，如圖 18-2 所示。

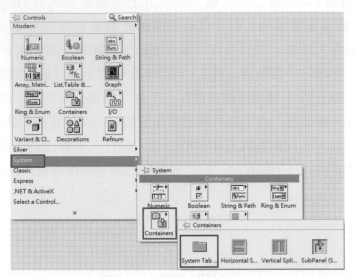

圖 18-2　分頁控制框 2

復古式分頁控制框 - 可以在人機介面上按滑鼠右鍵，在跳出的控制 Controls 控制面板上進入「Classic → Containers」裡面取得 "Tab Control"，如圖 18-3 所示。

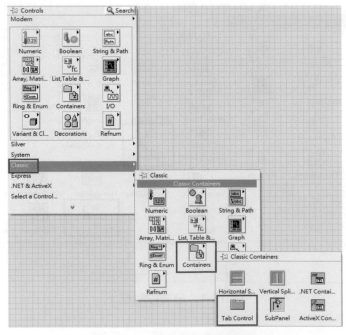

圖 18-3　復古式分頁控制框

18-2 使用

18-2.1 分頁標籤

現在，要來學習有關分頁控制框 (Tab Control) 的一些設定。首先，如圖 18-4 所示，可以在呼叫出來的 Tab Control 之 Page 1 上在其標籤上按滑鼠左鍵兩下改為 "溫度" 或其他名稱。

18-2.2 新增分頁

1. 新增在前

接著，來學習如何在分頁架構的前面與後面增加分頁控制框。在分頁框架上的標籤 (Page 2) 按滑鼠右鍵，在跳出的選單中點選「Add Page Before」，如圖 18-5 所示。完成此動作後會在 Page 2 框架前新增一個 Page 3 的分頁框，如圖 18-6 所示。

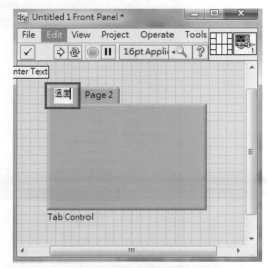

圖 18-4　修改分頁標籤名稱

圖 18-5　新增分頁在前

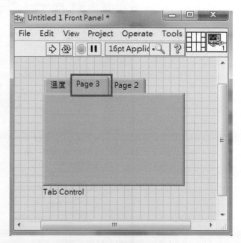

圖 18-6　新增分頁

2. 新增在後

也可在分頁框架上的標籤 (Page 2) 按滑鼠右鍵，在跳出的選單中點選 Add Page After，如圖 18-7 所示。會在 Page 2 框架後新增一個 Page 3 的分頁框，如圖 18-8 所示。

圖 18-7　新增分頁在後

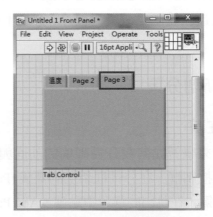

圖 18-8　新增分頁

3. 複製此頁到下頁

再來，來學習如何複製分頁控制框中的文件於下一個分頁框中。首先，在溫度分頁中建立一個數值控制溫度計程式，接著在分頁框的標籤 (Page 1) 上按滑鼠右鍵，在跳出的選單中點選「Duplicate Page」後，如圖 18-9 所示。在分頁框溫度分頁上的元件即會複製在新分頁框上，接著依圖 18-10 所示連接即完成。

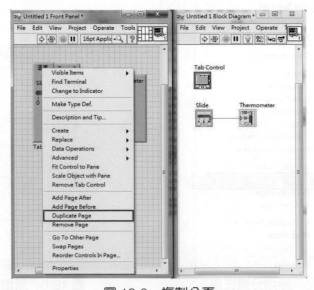

圖 18-9　複製分頁

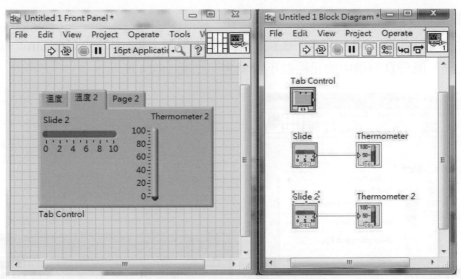

圖 18-10　複製後

18-2.3 移除分頁

1. 移除指定分頁

　　最後，要來學習如何刪除指定的分頁框或移除整個分頁框構。假如想指定刪除 Page2，可以在標籤 (Page2) 上按滑鼠右鍵，在跳出的選單中點選「Remove Page」，如圖 18-11 所示。如此一來，分頁框構就如圖 18-12 所示，只剩下未刪除的分頁框，而被刪除的 Page 2 中的元件也會一併刪除喔！

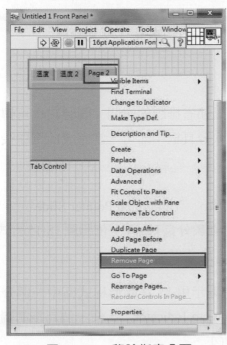

圖 18-11　移除指定分頁

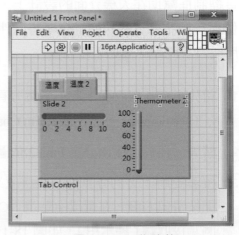

圖 18-12　移除後

2. 移除整個分頁框架

或者，可以如圖 18-13 所示，在跳出的選單中點選「Remove Tab Control」便可移除整個分頁框，但分頁架構中的元件並不會消失，如圖 18-14 所示。

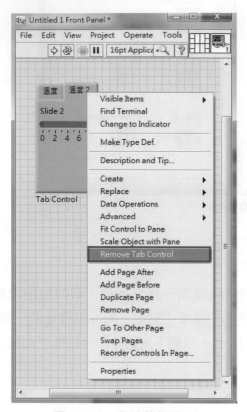

圖 18-13　移除整個分頁

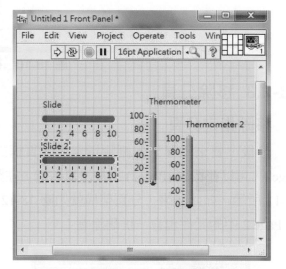

圖 18-14　移除後

18-2.4　平行控制分頁

分頁控制框幫助在人機介面的設計上，可以節省排版的空間。同時它也可轉換成顯示框來做平行控制分頁的功能，只要將元件拉入分頁框中即可。當完成此例題後，分頁框的使用便沒有問題。請如下步驟操作：

STEP 1 首先，在人機介面上取出兩個分頁架構、 "Horizontal Pointer Slide"、 "Thermometer" 及 "Waveform Chart" 並於分頁 Page1 上依照圖 18-15 方式連接。

STEP 2 接著，再於上下兩分頁 Page2 依圖 18-16 方式連接。

STEP 3 接著要將下方的分頁修改成接收端 (顯示用)。在圖形程式區中一個分頁架構上按滑鼠右鍵，在選單中點選「Change to Indicator」，使一個為控制端，另一個為接收端 (顯示用)，如圖 18-17 所示。

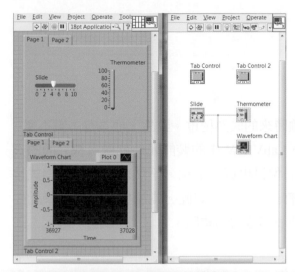

圖 18-15　page1 程式畫面

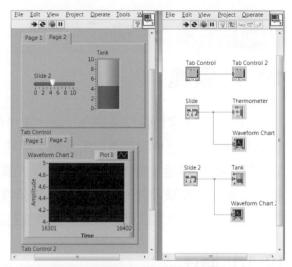

圖 18-16　page2 程式畫面

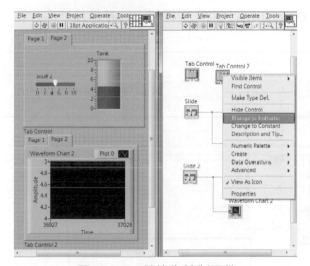

圖 18-17　轉換為控制元件

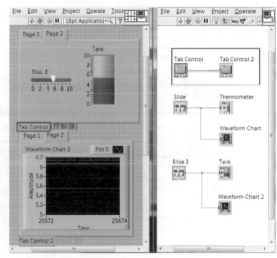

圖 18-18　程式畫面

STEP 4 最後，在程式執行時，在分頁控制框上點選 Page1(溫度控制器)，此時，分頁顯示框會顯示 Page1 溫度圖表。若在分頁控制框上點選 Page2(水塔控制器)，則分頁顯示框就會顯示 Page2 的水量圖表，如圖 18-18 的人機介面所示。

(本書背後的光碟中有本章節的範例解答，請參照章節來選取資料夾)

第 19 章　裝飾元件

19-1　區塊

　　同一個人，穿西裝打領帶時一定比穿 T 恤時來的成熟穩重。雖然，他本身本質不變，但給人的印象一定會因穿著有所差別。同理，LabVIEW 中的裝飾元件就像人機介面的衣服一樣，搭配的適當能使人機介面更令人賞心悅目也更專業化。不然就算再好的程式也會因人機介面欠缺設計而打了折扣，相信沒有一個人希望如此。當學會後面的裝飾元件之使用後，也可以為自己的人機介面量身打造一套適當的禮服。

19-1.1　路徑

　　在開始介紹裝飾元件前，先去拜訪它的家吧！可以在人機介面上按滑鼠右鍵，在跳出的控制 Controls 面板上進入「Modern → Decorations」中找到區塊元件及線條元件，如圖 19-1 所示。

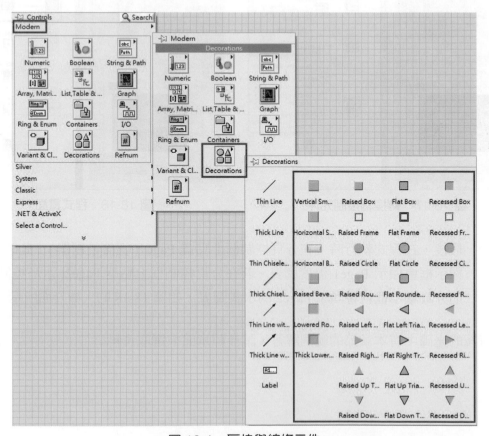

圖 19-1　區塊與線條元件

19-1.2　使用

1.　調整大小

從控制 Controls 面板上進入「Mondern →
Decorations」裡呼叫出 "Vertical Smooth Box" 元
件後，區塊元件會如圖 19-2 所示，在區塊上會有
八個方點供調整其大小。

2.　區塊前後之轉換

LabVIEW 中的人機介面元件如果與區塊元件
重疊，則較早被呼叫出來的元件 (Gauge 儀表元
件) 會被比它晚被呼叫的區塊元件所遮蓋掉。為
了使 Gauge 元件能在區塊元件上而不被遮蓋，可
以在執行工具列上的 Reorder 表單中將區塊元件
「Move To Back」。如此一來，儀表元件便可顯
示在區塊之前，如圖 19-3 所示。

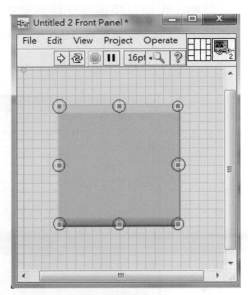

圖 19-2

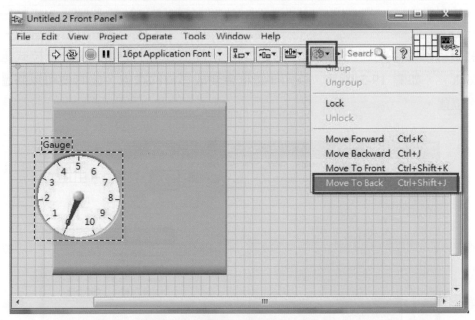

圖 19-3　將儀表顯示在區塊之前

3. 固定區塊

當然，也可以將區塊元件固定在適當的位置。在執行工具列上的 Reorder 下拉式選單中點選「Lock」，如圖 19-4 所示。該元件的邊框會變成黑色的虛線，此時在設計人機介面時，就不用擔心會移動區塊元件。

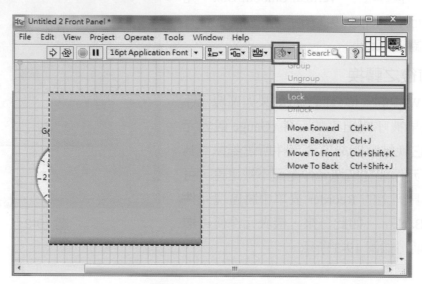

圖 19-4　鎖住元件

如果想將已固定的區塊元件移位，可以在執行工具列上的 Reorder 下拉式選單中點選「Unlock」，如圖 19-5 所示。該元件邊框會變成黑白的虛線，此時便可以將區塊移動至想要的位置。

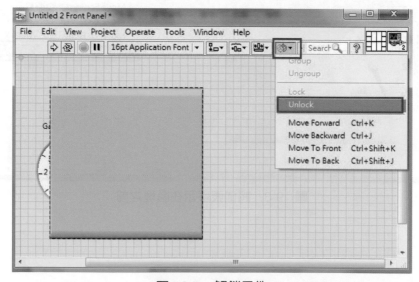

圖 19-5　解鎖元件

19-2 線條

19-2.1 路徑

接著,來拜訪線條工具的家。可以在人機介面上按滑鼠右鍵,在跳出的控制 Controls 面板上進入「Modern → Decorations」裡面找到它們,如圖 19-6 所示。

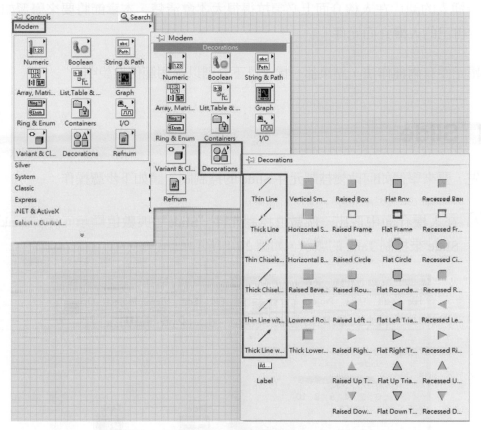

圖 19-6　線條元件

19-2.2 使用

裝飾元件中的線條元件可以幫助更容易說明人機介面上的元件與程式流程。可以依自己的需要使用它們。若線條元件與人機介面上的其他元件重疊時,其前後位置若不符合需求,別忘記,可以在執行工具列上的 Reorder 下拉式選單調整元件的前後順序。

第 20 章 編輯元件

在 LabVIEW 中,除了人機介面本身內建的控制元件及顯示元件外,也可以依使用者的特別需求來改變內建的控制元件及顯示元件的外貌。做法很簡單,只要將指定的圖片插入人機介面的元件即可。而盡量使用解析度較小的圖片,因為如果插入的圖片解析度太大,所插入的圖片在人機介面上必須拉得很大才會清楚。本章節將要來學習如何建立一個屬於自己的人機介面元件。

編輯元件有兩種作法,結果都一樣,以下分別以兩個範例做說明。

20-1 Slide

首先,要來學習如何改變控制元件 Slide 的控制閥。請如下步驟操作:

STEP 1 在人機介面中取出一個數值控制元件 "Slide" 與數值顯示元件 "Tank" ,以 Slide 來控制 Tank 的顯示,如圖 20-1 所示。

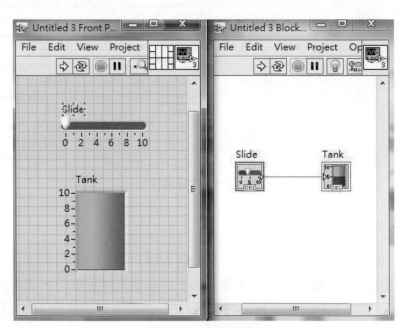

圖 20-1 程式畫面

STEP 2 在數值控制元件 Slide 上按滑鼠右鍵，在選單中點選「Advanced」裡的
"Customize…"，如圖 20-2 所示。

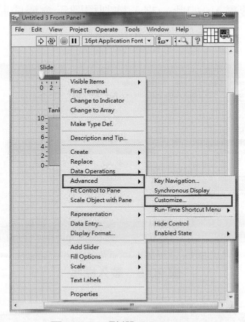

圖 20-2　點選 Customize

STEP 3 點選之後會跳出一個元件編輯視窗 (新視窗)，接著將換掉調整桿的圖。在元
件編輯視窗上方點選板手圖示，如圖 20-3 所示，則 Slide 元件即可變成編輯模
式，如圖 20-4 所示。

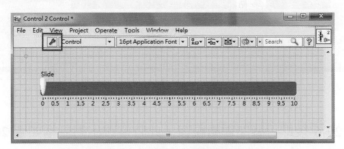

圖 20-3　進入元件編輯模式

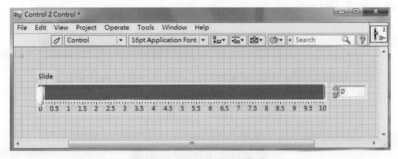

圖 20-4　元件編輯模式

STEP 4 接著在 Slide 元件控制桿按滑鼠右鍵，在跳出的選單中點選 "Import from File …"，如圖 20-5。此時會跳出選取的畫面，可選擇任何喜歡的圖案載入 (此處的圖檔請上網搜尋)。如此一來，控制桿圖示會變成載入的圖案，如圖 20-6 所示。

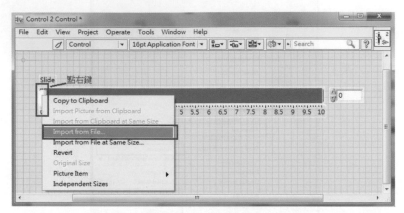

圖 20-5　載入檔案

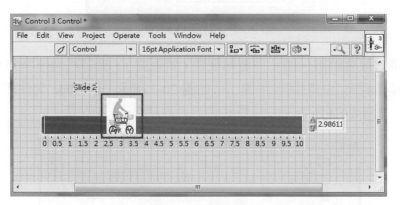

圖 20-6　載入後

STEP 5 完成圖 20-6 後即可關閉編輯視窗。此時會跳出對話框如圖 20-7 所示，詢問是否要用編輯好的 Slide 元件替換先前在人機介面上的 Slide 元件儲存，只需點選 "yes" 即可儲存。

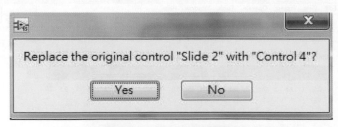

圖 20-7　取代原始圖案

完成後，原本在人機介面 Slide 元件的控制桿則會變成您所載入的圖案，如圖 20-8 所示。

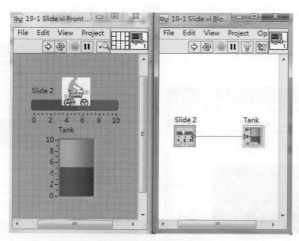

圖 20-8　程式畫面

20-2　LED

　　接下來，要來學習如何改變 LED ON/OFF 的顯示。請如下步驟操作：(在開始前，請先將書本內附光碟範例檔案中的 "定時打水系統 .vi"、"不動的水車 .jpg" 及 "動作的水車 .gif" 等檔案複製至電腦桌面上)

STEP 1 首先，開啟光碟中 \part1 軟體篇 \20 章 編輯元件 \ 範例解答的「定時打水系統 .vi」。接著將換掉 LED OFF 的圖。在 LED 處於 OFF 時，在該元件上按滑鼠右鍵，在跳出的選單中點選「Advanced」裡面的 "Customize…" 進行元件的編輯，如圖 20-9 所示。

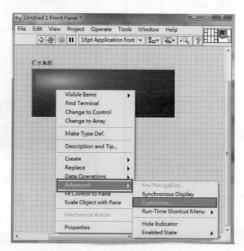

圖 20-9　點選 Customize

STEP 2 點選一個像板手的圖示 🔧 將視窗切換至 Customize 編輯模式，如圖 20-10 所示，即可進行 LED 元件編輯。接著對 LED OFF 的圖示按滑鼠右鍵，選取 "Import from File" 載入圖示，如圖 20-11 所示。

圖 20-10　進入元件編輯模式

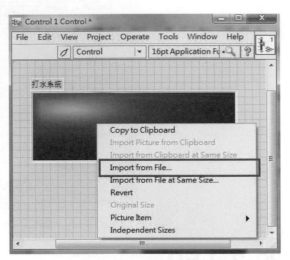

圖 20-11　載入檔案

STEP 3 從光碟片 \part1 軟體篇 \20 章 編輯元件 \ 範例解答 \ 圖檔內選擇一個「不動的水車 .jpg」來載入 LED OFF 時的狀態圖示，如圖 20-12 所示。如此一來，LED OFF 會被先前載入的圖片 "不動的水車 .jpg" 所取代，如圖 20-13 所示。接著再點選一個像鑷子的圖示 ✏️，將視窗切換至 Customize Mode 以便進行 LED ON 時的編輯。

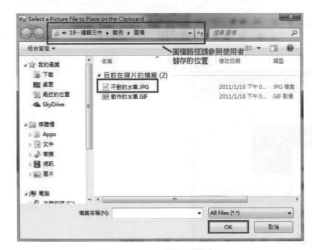

圖 20-12　點選檔案

圖 20-13　圖片載入

STEP 4 先將 LED 的狀態調至 ON，來指定 LED ON 時所要顯示的圖片，如圖 20-14 所示。接著點選一個像板手的圖示 將視窗切換至 Customize 編輯模式。再來對 LED ON 的圖示按滑鼠右鍵，在選單中點選「Import from File」，如圖 20-15 所示並選取 "動作的水車 .gif" 來更換 LED ON 時的狀態圖示，如圖 20-16 所示。

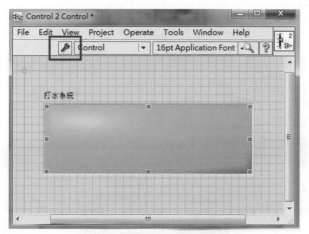

圖 20-14　進入元件編輯模式

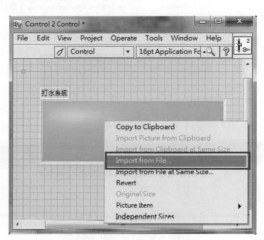

圖 20-15　載入檔案

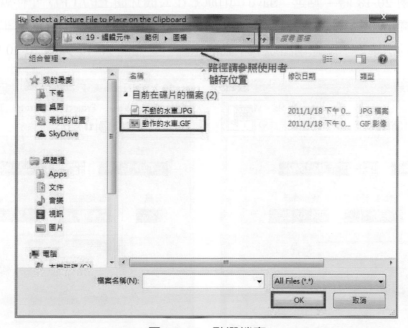

圖 20-16　點選檔案

STEP ⑤ 載入後，即可看到 LED ON 時的狀態圖示變成了 "動作的水車" 圖案，如圖 20-17 所示。關閉編輯視窗後會跳出一個對話框，如圖 20-18 所示，詢問是否 要用編輯好的 LED 元件替換先前在人機介面上的 LED 元件呢！

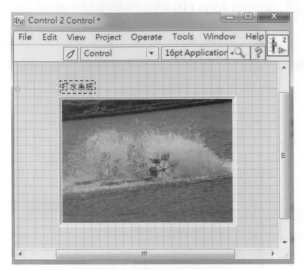

圖 20-17　圖片載入

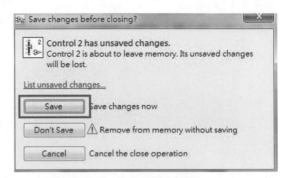

圖 20-18　取代原始圖案

STEP ⑥ 於圖 20-18 時。點選 "Save" 則原本在人機介面上的 LED 元件就變成了水車 的圖示。點選 "單次執行" 後，當「定時打水系統」的 LED ON 時會出現 "動 作的水車" ，反之則出現 "不動的水車" ，如圖 20-19 與圖 20-20 所示。

圖 20-19　水車關閉

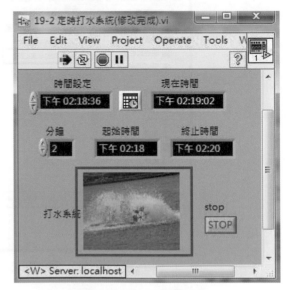

圖 20-20　水車開啟

(本書背後的光碟中有本章節的範例解答，請參照章節來選取資料夾)

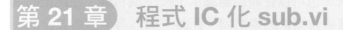

第 21 章 程式 IC 化 sub.vi

21-1 製作副程式 (sub.vi)

在 LabVIEW 中,除了圖形程式區中內建的函數外,也可以建立一個適合自己使用的函數。這就好像燒錄 IC 一樣,將已設計好的電路或程式燒進一個 IC 裡。可以將圖 21-1 中間的四個邏輯閘轉成一個 Icon,如圖 21-2 所示,使其功能與圖 21-1 一樣。這並不困難,只要跟著本章節的步驟操作,便能輕鬆的建立屬於自己的副程式 (Sub.vi)。

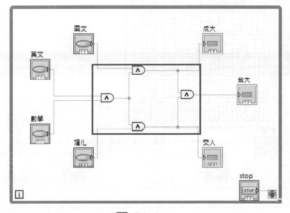

圖 21-1

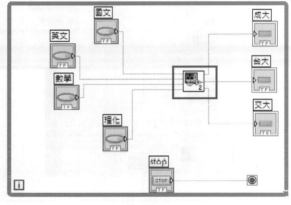

圖 21-2

STEP 1 首先,從本書附贈光碟 \part1 軟體篇 \21 章 程式 IC 化 sub.vi\ 範例 \ 中開啟考生錄取系統 .VI 的程式來建立一個功能相同的副程式。接著看到圖 21-3 右上方有一個連結器的圖案。

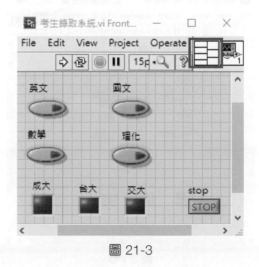

圖 21-3

STEP 2 若覺得此連結器不符合需求，也可以在連結器圖示上按滑鼠右鍵，在跳出的選單中點選 Patterns 裡面選擇適合需求的連結器。此時，因為考生錄取系統的人機介面上共有四個輸入元件與三個輸出元件，所以也選擇具四個輸入、三個輸出的連結器來當作副程式的接腳，如圖 21-4 所示。

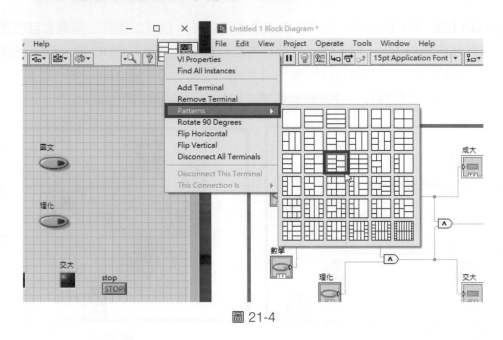

圖 21-4

STEP 3 接著，設定連結器接腳的定義。首先，先點連結器的接腳，再點人機介面上的元件 (點滑鼠左鍵)，此時連結器上的接腳會出現被點選元件的資料類型顏色 (如布林為綠色)，如圖 21-5 所示。

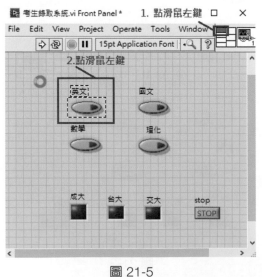

圖 21-5

STEP 4 當連結器的所有接腳定義完後，連結器會如圖 21-6 所示。接著將設定好的副程式"另存"至自訂路徑 (此處所儲存的路徑為 C:\Users\user\Desktop\ 程式)，以便呼叫至圖形程式區中使用，如圖 21-7 所示。

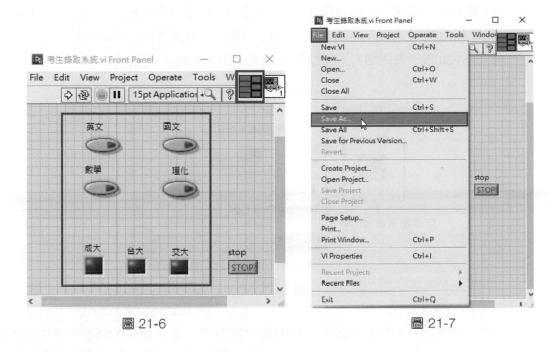

圖 21-6　　　　　　　圖 21-7

STEP 5 開啟一個新的 VI ，在圖形程式區上按滑鼠右鍵，在跳出的函數面板上點選 Select a VI…呼叫已設定並儲存好的副程式，如圖 21-8 所示。當點選 Select a VI…則會出現 Select the VI To Open 的視窗，如圖 21-9 所示，供呼叫之前設定好連結器的副程式"考生錄取系統"。

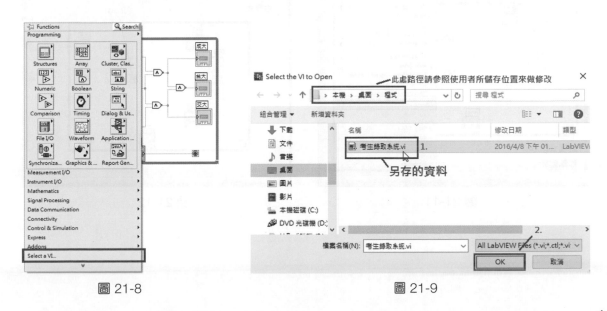

圖 21-8　　　　　　　圖 21-9

STEP 6 當呼叫出已設定好連結器的"考生錄取系統"後,被呼叫出來的 Icon 則如圖 21-10 所示,共有四個輸入,三個輸出,其接腳內容與先前設定的一模一樣。不過,請特別注意,就是先前如果所要建立的副程式的考生錄取系統中,若有迴圈架構,則建立好的副程式也會有迴圈在裡面。雖然表面上只是一個 Icon,其實裡面的程式與先前的一樣。如果不將原有的迴圈架構移除的話,而又在主程式外面加一層迴圈則不能執行主程式。因為有兩個迴圈重疊了。

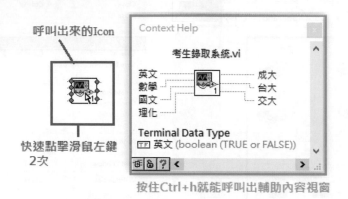

圖 21-10

STEP 7 可以在呼叫出來的 Icon 圖示上按滑鼠左鍵兩下,進去 Icon 的圖形程式區中 (副程式),將其迴圈架構移除,如圖 21-11 所示。之後再回到主程式中將元件按照副程式所建立的定義接腳做連接,如圖 21-12 所示並加入迴圈即大功告成。

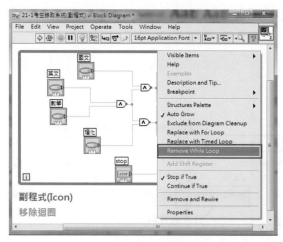

圖 21-11

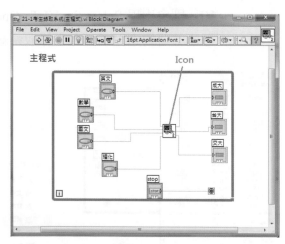

圖 21-12

21-2　sub.vi 圖形外觀編輯

　　當然也可以在人機介面右上角的圖示上按滑鼠右鍵 (或是程式區右上角)，在跳出的選單中點選 Edit Icon，如圖 21-13 所示。

圖 21-13

　　按下 Edit Icon 選項後，視窗會出現 Icon Editor 的設定面板。此面板共有四個表單，分別是 Templates、Icon Text、Glyphs、Layers，如圖 21-14 所示。每個表單都有不同的方法來編輯圖示。

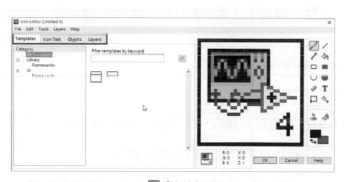

圖 21-14

1.　編輯工具

　　在此圖示編輯框的右邊可以發現許多編輯圖像的工具，如圖 21-15 所示。其功能分述如下。

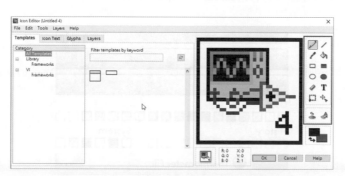

圖 21-15

畫筆 (Pencil)：描畫或是消除編輯內的圖案。

線段 (Line)：劃直線。

顏色選擇 (Dropper)：可以從現有的物件上取出顏色，再使用著色工具將顏色貼到另一個物件上。

填入色彩 (Fill)：將線的顏色填在編輯框內任一區塊。

矩形 (Rectangle)：可用線顏色拉出一矩形，若在此工具上連點左鍵兩下，則編輯框的周圍會出現線的顏色。

矩形消除 (Filled Rectangle)：使用線顏色拉出一矩形的框，同時以填入顏色填滿框內。若在這工具上連點左鍵兩下，編輯框內的周圍變成線顏色，而框內則被填入顏色充滿。

圓形 (Eraser)：可用線顏色拉出一圓形，若在此工具上連點左鍵兩下，則編輯框的周圍會出現線的顏色。

圓形消除 (Filled Eraser)：使用線顏色拉出一圓形的框，同時以填入顏色填滿框內。若在這工具上連點左鍵兩下，編輯框內的周圍變成線顏色，而框內則被填入顏色充滿。

橡皮擦 (Eraser)：消除編輯內的圖案。

文字 (Text)：輸入文字。

選擇 (Select)：可在編輯框內選取一區塊使之移動與著色。

移動 (Move)：可將圖片在編輯框內自由的移動。

左右旋轉 (Horizontal Flip)：將編輯框內的圖案向左或向右旋轉。

順時針旋轉 (Clockwise Flip)：將編輯框內的圖案順時針旋轉。

線與填入顏色 (Line Color/Fill Color)：顯示線與填入的顏色，可在其中一項點選滑鼠左鍵，就會出現色板供改變顏色，如圖 21-16。

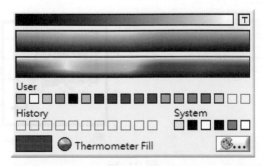

圖 21-16

2. Templates 面板

此表單共有二種方式可以修改圖示，如圖 21-17 所示。

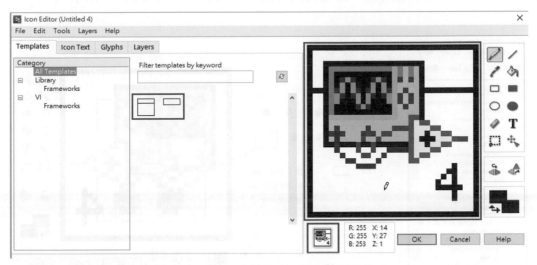

圖 21-17

3. Icon Text 面板

此表單可以將文字編輯在圖示每一列上，如圖 21-18 所示。

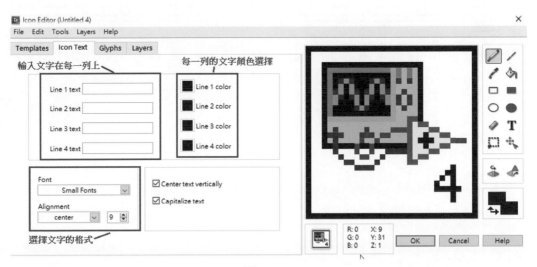

圖 21-18

4. Glyphs

此表單有多種不同的圖案可以插入到圖示。點選想要的圖示，按一下滑鼠左鍵再移到圖示上，再按一下滑鼠左鍵，即可將圖片放置在圖示中，如圖 21-19 所示。

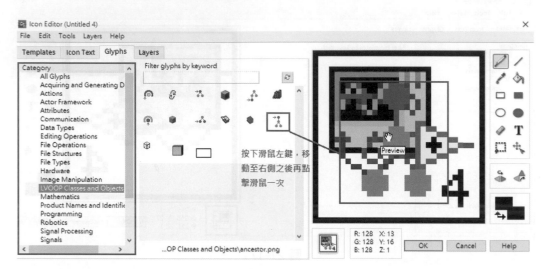

圖 21-19

(本書背後的光碟中有本章節的範例解答，請參照章節來選取資料夾)

第 22 章　Include 子 VI－包裝成 llb 檔

當在 LabVIEW 中使用一個以上的副程式來建構主程式時，必須將主程式與副程式存成一個 .llb 檔，以便在其他電腦也可使用主程式裡面的副程式。若是沒有存成 .llb 檔，則其他台電腦會因找不到副程式而無法執行主程式。至於如何建立一個 .llb 檔，請如下步驟操作：

STEP 1 在此，以之前完成的考生錄取系統為例，可以在主程式的人機介面上的 File 下拉式選單中點選 Save As…將建立好的程式 (內有副程式) 存成一個 .llb 檔，如圖 22-1 所示。

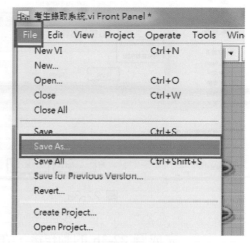

圖 22-1

STEP 2 完成圖 22-1 的動作後，會跳出另一個視窗，點選 copy 裡的 Substitute copy for original，按 Continue，如圖 22-2 所示。

圖 22-2

STEP ③ 再來會跳出另一個視窗，先點選右下角的 New LLB，如圖 22-3a 所示。再來輸入檔案名稱並 Create 檔案，最後點選 ok 就可以了。點選 ok 後將會跳出圖 22-3b 的視窗。請先將下方的下拉式選單點開，再來點選 View All，選擇完後點選 ok，即可完成建立 .LLB 檔。

圖 22-3a

圖 22-3b

完成圖 22-3b 的動作後，在存放檔案的資料夾中將會出現一個考生錄取系統 .llb 檔。其圖示與原本的考生錄取系統 vi 的圖示不一樣，如圖 22-4 所示。.llb 檔的圖示中有許多的 vi 圖示，而 vi 檔的圖示則只有一個 vi 圖示。

圖 22-4

STEP 4 點選開啟考生錄取系統 .llb 檔後，將會出現如圖 22-5 的視窗。表示裡頭已夾帶了考生錄取系統副程式。

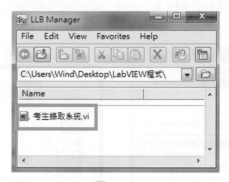

圖 22-5

　　若是沒有依上述步驟夾帶副程式而直接另存新檔 (Save As…) 的話 (直接點選 OK 的話)，如圖 22-6 所示。當在其他台電腦上執行考生錄取系統時，就會發生程式找不到之前建立的副程式並展開搜尋，如圖 22-7 所示。

圖 22-6

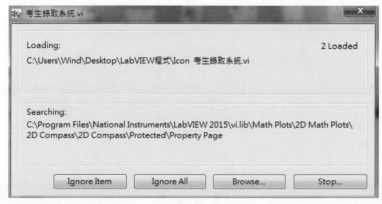

圖 22-7

　　主程式將無法執行。當按下"單次執行"後,將會跳出錯的視窗並告知此程式的錯誤原因是什麼,如圖 22-8a 所示。當開啟圖形程式區後,會看到圖 22-8b 的 Icon 是以 "?" 來表示,這就代表程式找不到這個檔案。

圖 22-8a　執行後顯示錯誤訊息

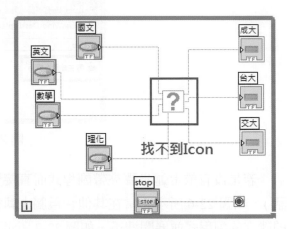

圖 22-8b　圖形程式區

由 LabVIEW 設計完成的程式可以將其轉成執行檔，使沒有安裝 LabVIEW 的電腦也可以執行 VI 程式。這有點像建立一個自我解壓縮檔一樣。

23-1　建立 LabVIEW 執行檔

STEP 1 首先，在本書附贈的光碟中 \part1 軟體篇 \23 章建立執行檔 .exe 檔 \ 範例解答 \ 建立 LabVIEW 的執行檔 \ 開啟一個 fishcr4，或者其它想轉成執行檔的 VI 程式。在這裡以 fisher4 為例，在人機介面的 Tools 下拉式選單中點選 Build Application(EXE)from VI...，如圖 23-1 所示。

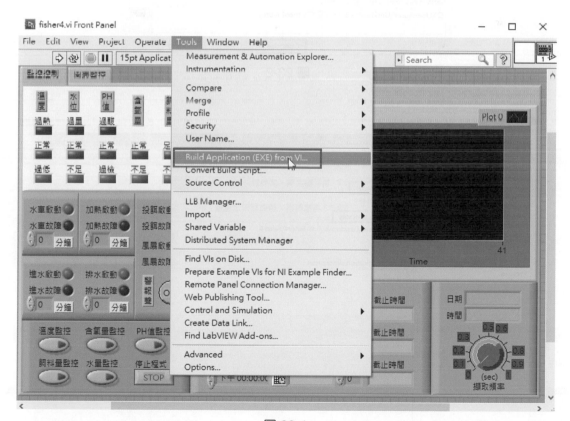

圖 23-1

STEP 2 當完成圖 23-1 的動作後，會出現一個 Build Application from VI 的面板，如圖 23-2 所示。按下 Continue，此時會出現 fisher 4 Properties 面板，此面板共有 13 個表單，分別是 Information、Source Files、Destinations、Source File Settings、Icon、Advanced、Additional Exclusions、Version Information、Windows Security、Shared Variable Deployment、Run-Time Languages、Pre/Post Build Actions、Preview，點選 Information，可在 Target filename 中設定執行檔的檔名，在 Destination directory 中選擇將執行檔儲存在指定位置，之後選 Source Files 選項，如圖 23-3 所示。

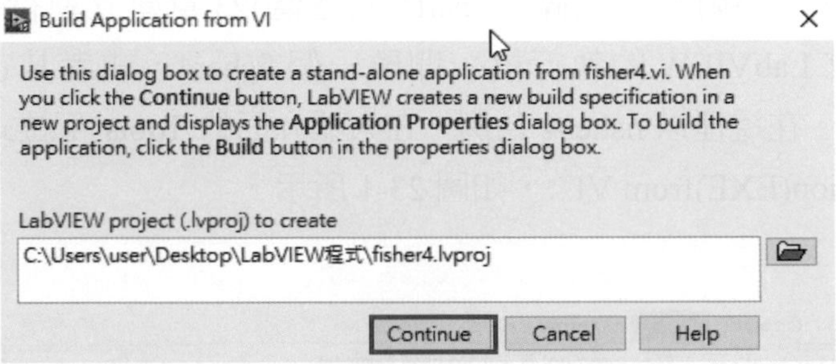

圖 23-2

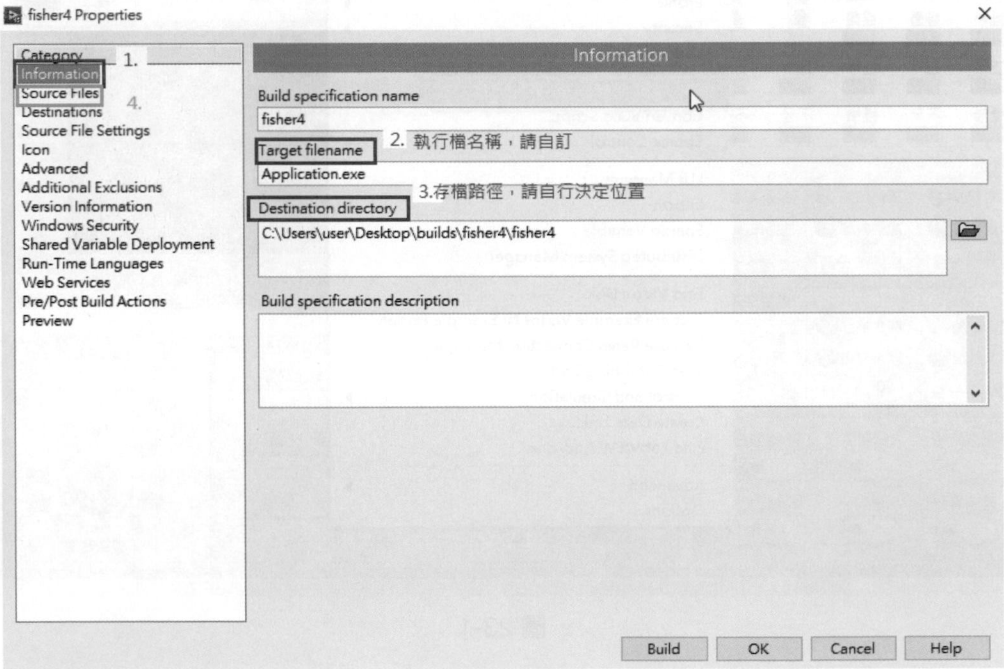

圖 23-3

STEP 3 點選 Source Files 之後，會出現圖 23-4a 的畫面。首先，在 Source Files 的左邊
視窗會有 fisher 4.vi， Startup VIs 中的向右選項，點選 Build 之後，執行檔就建
立完成了。圖 23-4b 為 fisher 4.exe 執行檔的路徑。

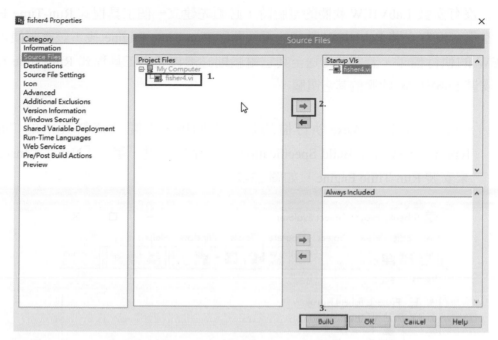

圖 23-4a

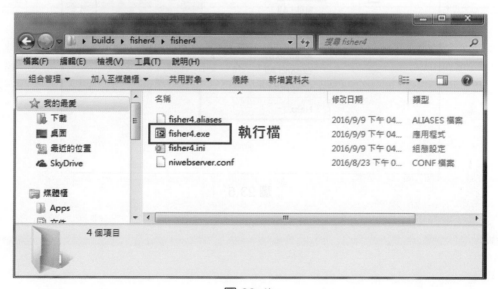

圖 23-4b

23-2 安裝 Run-Time Engine

Run-Time Engine 是一種開啟 LabVIEW 執行檔的工具程式。將 LabVIEW 的執行檔安裝在一台沒有安裝 LabVIEW 軟體的電腦時，必須先建立一個工具程式 Run-Time Engine 給它。當那台沒有安裝 LabVIEW 軟體的電腦開啟 Run-Time Engine 後，該電腦便可開啟 LabVIEW 的執行檔了。若還要傳送至其它電腦則必須再建立工具程式 Run-Time Engine 給沒有安裝 LabVIEW 軟體的其它電腦。

STEP ① 先將存放 fisher 4.exe 執行檔的資料夾開啟，再開啟資料夾中的 "fisher4.lvproj"，接著在 Build Specification 上按滑鼠右鍵，選擇「New → Installer」來安裝 Run-Time Engine，如圖 23-5 所示。

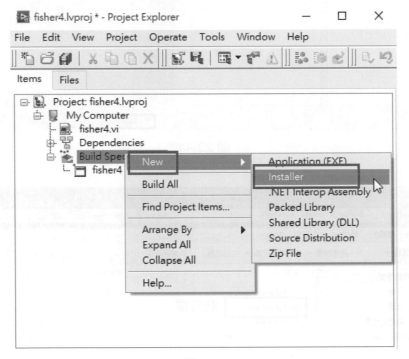

圖 23-5

STEP 2 在 Category 內選擇 Additional Installers 之後，勾選 NI Run-Time Engine 2015，如圖 23-6 所示。

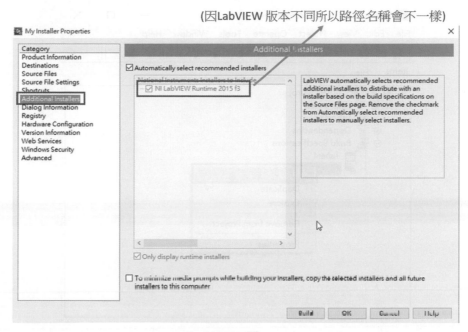

圖 23-6

STEP 3 在 Category 內選擇 Product Information 選項，再選擇欲存放 Run-Time Engine 的位置 (路徑請自行定)，再點選 OK，如圖 23-7 所示。

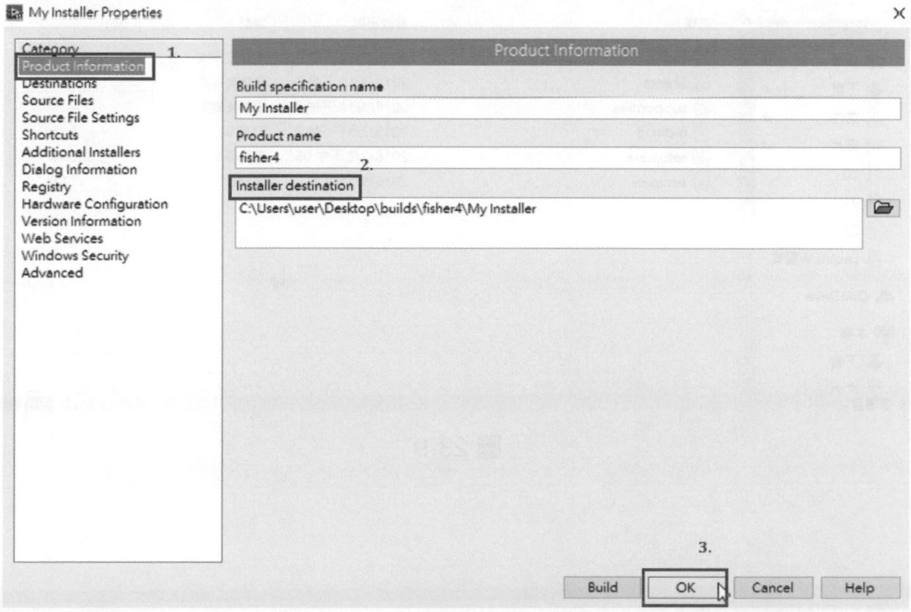

圖 23-7

STEP 4 　最後，在 My installer 上按滑鼠右鍵點選 Build 選項後，如圖 23-8 所示即可產生 Run-Time Engine 的執行檔，如圖 23-9 所示。

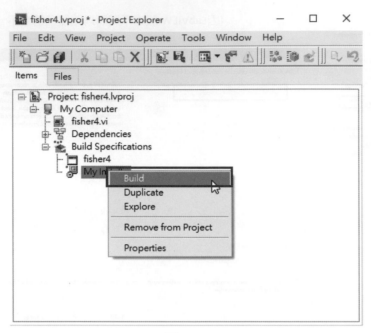

圖 23-8

圖 23-9

STEP 5 　若電腦已安裝 LabVIEW 或之前就有安裝 Run-Time Engine 程式，就可直接開啟 fisher4.exe。若沒有以上兩者條件，則必須安裝 [自訂路徑 \My Installers\Volume] 資料夾裡 Setup.exe 來安裝 Run-Time Engine，如圖 23-10 所示。

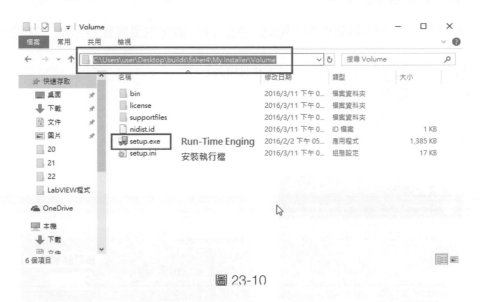

圖 23-10

　　fisher4 執行檔開啟後，使用者不能修改圖形程式區中的內容也無法在 Windows 下拉式選單中將畫面由人機介面切換至圖形程式區，如圖 23-11 所示。

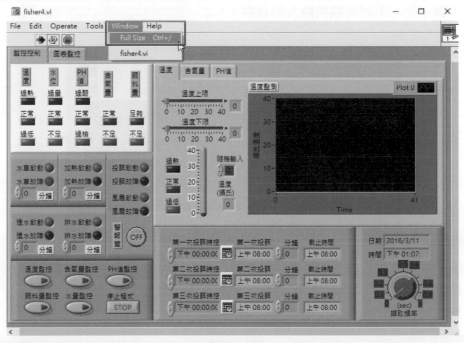

圖 23-11

23-3 專案練習

23-3.1 溫度監控系統

台中新社花農為了照顧草寮的杏鮑菇，擬設計一個室內溫度監控系統，功能如下：

1. 溫度的上、下限可自訂且要顯示上、下限的值。
2. 輸入的溫度以隨機方式產生。
3. 輸出的溫度以溫度計及數值表示。
4. 判斷溫度是否過高、過低或正常並以燈號顯示。

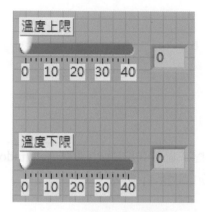 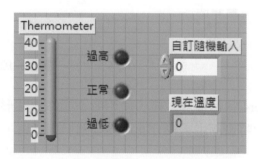

5. 以圖表顯示上、下限與隨機輸入的資料。

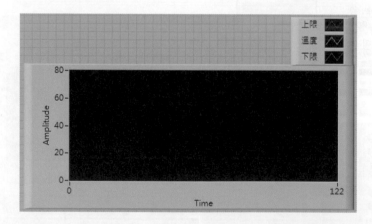

6. 當溫度過高時啟動冷氣 (動作時間長短可自訂，此時代表冷氣的 LED 亮)。當溫度過低時啟動暖氣 (動作時間長短可自訂，此時代表暖氣的 LED 亮)。
7. 擷取頻率可自訂。

8. 要啟動監控才可執行此系統。

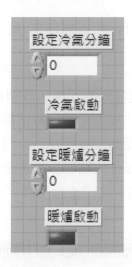
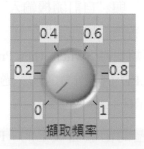

符合前面 8 項功能要求的整個溫度監控系統的人機介面，如圖 23-12 所示。

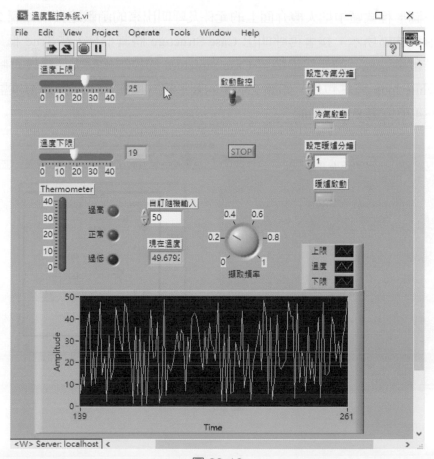

圖 23-12

23-3.2 設計步驟

接下來，就來學習如何在圖形程式區中設計出第 (1) ～ (4) 項與第 (8) 項的功能。請如下步驟操作：

STEP 1 首先，在人機介面的控制面板中取出三個數值控制元件，分別命名為"溫度上限"、"溫度下限"與"自訂隨機輸入"，再取出四個數值顯示元件 (其中兩個不命名，一個命名為"現在溫度"，一個為"溫度計")。 接著，再從控制面板裡面取出一個類型為 Switch when Pressed 的開關，將其命名為"啟動監控"，再取出三個 LED，分別命名為"過高"、"正常"及"過低"，如圖 23-13 的人機介面所示。

STEP 2 接著，在圖形程式區的函數面板上的「Programming」的 Numeric 函數區、Boolean 函數區及 Comparison 函數區裡面分別取出一個亂數函數、一個乘函數、一個 AND 閘、兩個 NOT 閘、一個大於等於元件及一個小於等於元件。

STEP 3 在圖形程式區中把人機介面上的元件及呼叫出來的函數連接成如圖 23-15 的圖形程式區所示。接著再呼叫出 Case Structure 將其框住 (在 True 框架內) 並將"啟動監控"的元件串接至 Case Structure 的控制接點上。最後再呼叫出一個 while loop 將其包住。如圖 23-13 的圖形程式區所示，便完成溫度監控系統的 1~4 項與第 8 項之功能。

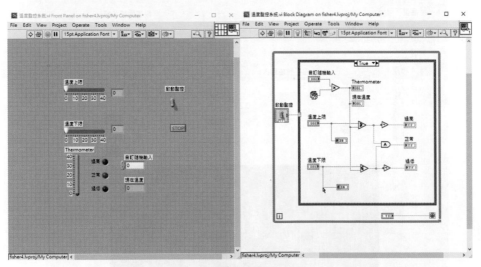

圖 23-13

接著，馬上進行第 5 項功能的設計。請如下步驟操作：

STEP ④ 在圖形程式區上點滑鼠右鍵，在跳出的函數面板上進入「Programming → Cluster」裡取出一個 Bundle 函數，將其放置在之前呼叫出的 Case Structure 的 True 框架中。接著依照圖 23-14 的人機介面中的圖表元件上的上限、溫度、下限之順序，也在圖形程式區中將資料按照上限、溫度、下限依序輸入至 Bundle 函數上。最後在 Bundle 的輸出再串接圖表元件，如圖 23-14 的圖形程式區所示。如此一來，便完成了溫度監控系統的第 5 項功能。

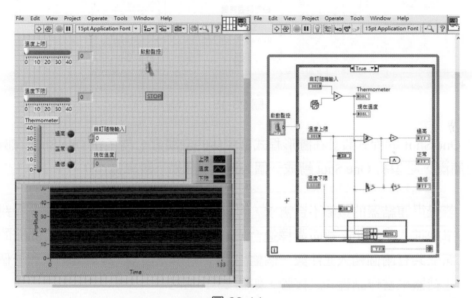

圖 23-14

接下來，進行第 6 項功能的設計。還記得 One Shot 延遲嗎？(第 13 章時間範例) 沒錯，要使用 One Shot 來達成溫度監控系統的第 6 項功能，請如下步驟操作：

STEP ⑤ 首先，先開啟一個新的 VI，接著在人機介面的控制面板裡面取出一個數值控制元件，將其命名為 "設定延遲分鐘"。接著，再取出一個類型為 Switch when Release 的按鈕開關，將其命名為 "One Shot" 與一個 LED 燈飾，如圖 23-15 的人機介面所示。

STEP ⑥ 接著，在圖形程式區函數面板上的「Programming」內，分別在 Numeri 函數區、Boolean 函數區與 Time & Dialog 函數區中取出一個乘函數、一個布林轉數值函數、兩個 NOT 閘及一個 Elapsed Time 函數來，並將其連接成如圖 23-15 的圖形程式區所示。

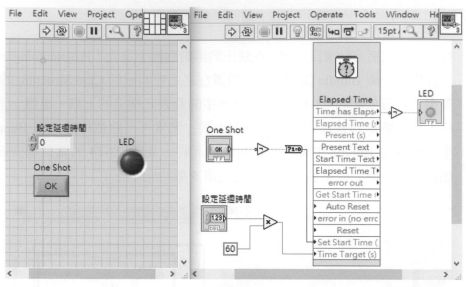

圖 23-15

因為 One Shot 的程式設計在圖形程式區中佔的空間大，為了使 One Shot 在圖形程式區中能更簡潔，必須將 One Shot 轉成一個 Sub.vi。請如下步驟操作：

STEP 7 若覺得連結器的接腳不合需求，可以在連結器圖示上按滑鼠右鍵，在跳出的選單中進入 Patterns 裡面選擇適合 One Shot 的連結器。在此 One Shot 的人機介面上共有兩個輸入元件與一個輸出元件，所以也選擇具兩個輸入和一個輸出的連結器來當作副程式之接腳，如圖 23-16 所示。

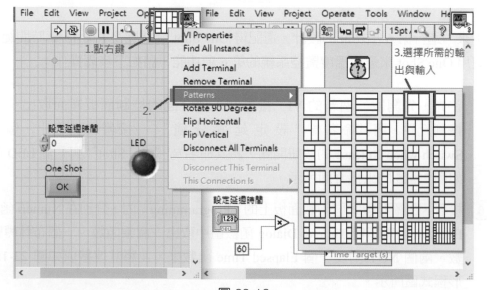

圖 23-16

STEP 8 接著，來定義連結器的接腳。首先，先點選連結器的接腳再點選人機介面上的元件，此時連結器上的接腳會出現點選元件的資料類型顏色 (如布林為綠色)，如圖 23-17 所示。當連結器的接腳定義完後，連結器則會如圖 23-18 所示。

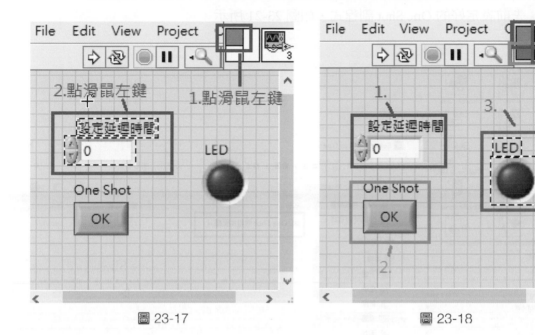

圖 23-17　　　　　　　　　　　圖 23-18

STEP 9 定義完 One Shot 的連結器接腳後，將設定好的 One Shot 副程式另存至指定的位置 (如桌面，存放位置可自訂)，如圖 23-19 所示。將 One Shot 副程式存放至桌面，以便在溫度監控系統的圖形程式區中呼叫出來使用。

圖 23-19

STEP 10 接著，回到溫度監控系統的圖形程式區上按滑鼠右鍵，在跳出的函數面板上點選 "Select a VI…" 以便呼叫已設定好連結器的 One Shot 副程式，如圖 23-20 所示。完成圖 23-20 的動作後會出現一個 Choose the VI to open 的視窗供呼叫先前設定好的 One Shot 副程式，如圖 23-21 所示。

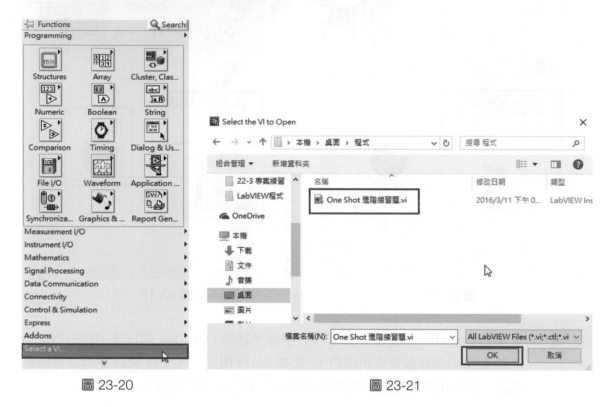

圖 23-20   圖 23-21

STEP 11 接著再重複步驟 5~9，再建立一個 One Shot 副程式使溫度監控系統的圖形程式區中有兩個 One Shot 副程式，一個為冷氣延遲，一個為暖爐延遲。因為，若將同一個 One Shot 副程式呼叫兩次，使其一個為冷氣延遲，另一個為暖氣延遲，如此一來，只要冷氣或暖氣其中一個被啟動，則兩者都會被啟動，因為使用同一個副程式，所以必須再重做一個 One Shot 副程式才可使其動作區分開來。

STEP 12 在人機介面的控制面板中取出兩個數值控制元件，分別命名為 "設定冷氣分鐘" 與 "設定暖氣分鐘"，再取出兩個 LED，分別命名為 "冷氣啟動" 與 "暖氣啟動"，如圖 23-22 的人機介面所示。

STEP 13 將各元件連接成如圖 23-22 的圖形程式區所示。如此一來，便完成溫度監控系統的第 6 項功能。

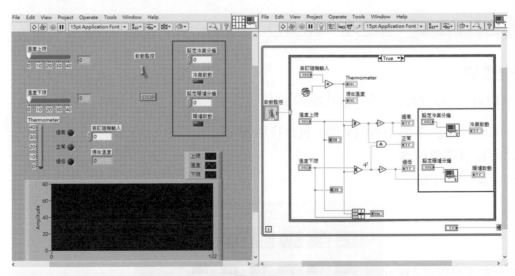

圖 23-22

最後，就只剩第 7 項的功能了。請如下步驟操作：

STEP 14　首先，在人機介面的控制面板中取出一個旋鈕式的數值控制元件，將其命名為
　　　　　"擷取頻率 (sec)"，如圖 23-23 的人機介面所示。

STEP 15　在圖形程式區的函數面板裡面取出一個乘函數與一個 Wait Next ms Multiple 函
　　　　　數，將其連接成如圖 23-23 的圖形程式區所示。如此一來，一個完整的溫度監
　　　　　控系統就呈現在面前。

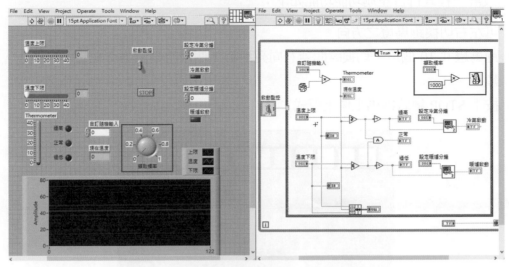

圖 23-23

自我挑戰題：樂透機、跑馬燈、七段顯示、指針時鐘

1. 樂透機

請設計一程式符合左述功能功能如下：

(1) 可隨機產生 7 個不重複號碼 (包含特別號)。

(2) 可自選樂透號碼。

(3) 可顯示押中數。

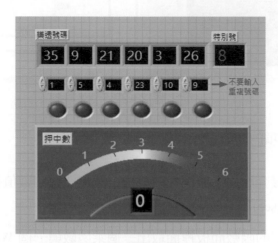

人機介面

2. 跑馬燈 (雙向可變)

請設計一程式符合左述功能功能如下：

(1) 可左右切換跑馬燈之方向。

(2) 跑馬燈共 10 個燈，切換瞬間若右向亮到第 2 個燈時則由第 2 個燈左向回去，以此類推。

(3) 按下 STOP 鍵時則馬上停止程式。

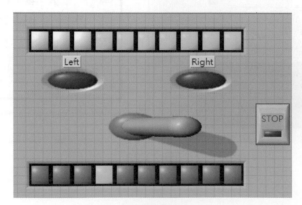

人機介面

3. 七段顯示

請設計一程式符合左述功能功能如下：

顯示 For Loop 的迴圈執行次數，以七段顯示到百位數。

人機介面

4. 指針時鐘 3

請設計一程式符合左述功能功能如下：

(1) 顯示指針時鐘及數位時鐘。

(2) 數位時鐘每隔數秒可自動顯示今天日期，如 16/03/11(日期) 跳至 01/33/58(時間)。

(3) 含鬧鐘功能。

(4) 含對話框提示功能。

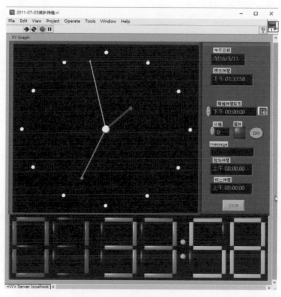

人機介面

(本書背後的光碟中有本章節的範例解答，請參照章節來選取資料夾)

PART

2

進階篇

第 24 章　網路架設

24-1　網路概論

電腦是一個功能強大的工具，可以讓使用者快速的儲存並處理大量的資料。雖然如此，在引進網路之前，兩台電腦間的資料傳遞必須先將資料儲存在磁片上，再拿到另一台電腦前將磁片上的資料載入該電腦裡面。若要將家住高雄的電腦資料傳送給屏東的表弟，那必須還要帶著儲存資料的磁片坐火車到屏東才能將資料傳給表弟，真是勞民傷財啊！

網路系統引進之後使用者不但更具生產力，還可以使用並處理透過網路共享的資料。此時，生活在網路世界的你就不用再為了要將資料傳送至遠方的表弟，而帶著儲存資料的磁片從高雄坐火車到屏東去。

所謂的網路，就是多台電腦透過網路線互相連接起來，好讓使用者之間分享資訊更容易。網路不只限於一個辦公室內的一群電腦，網路之間通常透過網際網路互相連接起來。網路的規模通常分成三類：區域網路 (LAN)、都會網路 (MAN) 與廣域網路 (WAN)。區域網路 (LAN, Local Area Network) 是規模最小的網路，通常只是一個辦公室 (或一棟建築物) 內的網路，如圖 24-1 所示。

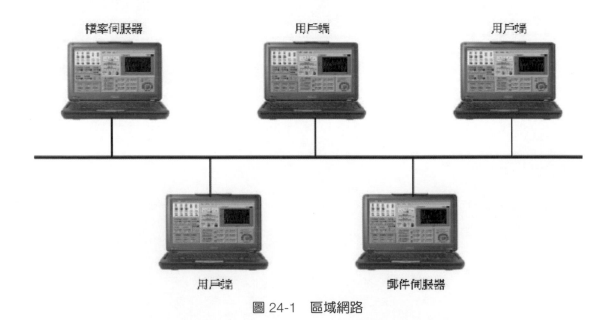

圖 24-1　區域網路

都會網路 (MAN, Metropolitan Area Network) 是一個都市裡的所有區域網路之集合。舉例來說，可以將位在高雄的國立高雄海洋科技大學，應用科技大學與中山大學，三所學校內的區域網路互相連接起來，就是一個小型的都會網路，如圖 24-2 所示。

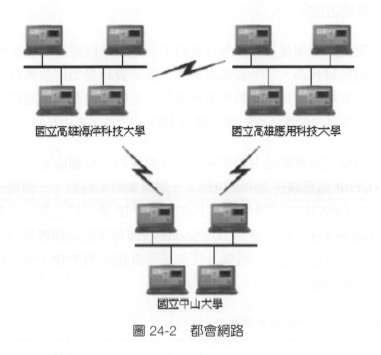

圖 24-2　都會網路

廣域網路 (WAN, Wide Area Network) 是規模最大的網路。它可以連接無數個區域網路與都會網路，連接的範圍可橫跨都市、國家甚至到全球各地，如圖 24-3 所示。

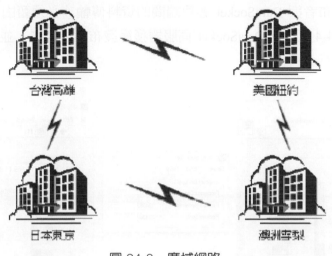

圖 24-3　廣域網路

　　了解網路的規模後，接著來談談網路上的電腦彼此溝通的方式吧！網路上的電腦彼此溝通的方式稱為通訊協定。就好像人們所用的語言一樣，每一種語言都有它的文法規則，大家必須遵循這套規則，才能順利用這個語言彼此溝通，所以說通訊協定就相當於在網路上溝通的共同語言。

　　資料通訊協定的內容相當複雜，而且有時不同電腦系統廠商的協定內容都不同。協定要決定的內容包括封包的大小、表頭的資訊、以及資料是如何放進封包之中。通訊的兩邊都必須認識這套規則彼此才能順利傳送資料，也就是說要彼此通訊的裝置必須同意使用一致的語言。若電腦裝置所用的通訊協定不同，它們就無法互通。

　　大多數的通訊協定其實都是由數個協定組合而成的，每個協定只負責溝通工作的特定部份。例如 TCP/IP 這組協定之中就包括了一個檔案傳輸協定、一個電子郵件及路由資訊協定等等。而在 LabVIEW 環境中除了上述的 TCP/IP 通訊協定外，尚有一種重要的通訊方式：稱為 DataSocket 連結。應用 DataSocket 技術可在近端擷取資料並透過簡單的網路設定將擷取的資料傳送至遠端的電腦上且不被通訊協定 TCP/IP、程式語言以及操作系統等之功能與技術而受限。

　　DataSocket 之使用可分為兩大部分：

1.　DataSocket 伺服端
2.　DataSocket 客戶端

　　DataSocket 發布者與 DataSocket 客戶端間的資料傳輸，必須藉由 DataSocket 伺服器才可進行，如圖 24-4 所示，DataSocket 伺服器獲得發布者之資料，並接受客戶端與網頁瀏覽器之請求，進行資料傳送。

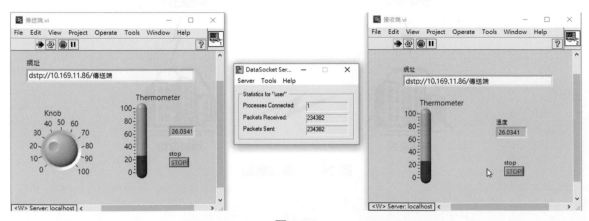

圖 24-4

24-2 資料傳輸（DataSocket 之應用）

　　DataSocket 是一種可以簡單的執行資料的傳送與接收之技術。有了 DataSocket 的輔助，就可以不用設定通訊協定。只要有網路 (有線或無線) 便可做資料的傳送與接收。可以在兩台有安裝 LabVIEW 的電腦或者一台安裝 LabVIEW，另一台安裝 LabVIEW Run-Time Engine，在這之間進行資料的傳輸。資料傳送之格式可以為 LabVIEW 的人機介面中的任何元件。當 DataSocket 伺服器啟動後透過 LabVIEW 的程式設計，一個為 Write.vi(發布者)，另一個為 Read.vi(客戶端)，便可進行彼此間的資料傳送與接收。在後面的例題中，將可以學會如何使用 LabVIEW 中的 DataSocket 進行資料傳輸。

24-2.1 路徑

　　在開始介紹如何使用 LabVIEW 中的 DataSocket 來進行資料的傳送與接收前，先去拜訪 DataSocket 的家吧！

 在圖形程式區上按滑鼠右鍵，在跳出的函數面板上進入「Data Communication → DataSocket」裡面找到 "DataSocket Write" 函數 (傳送端)，如圖 24-5 所示。圖 24-6 為 DataSocket Write 函數之接腳說明圖。

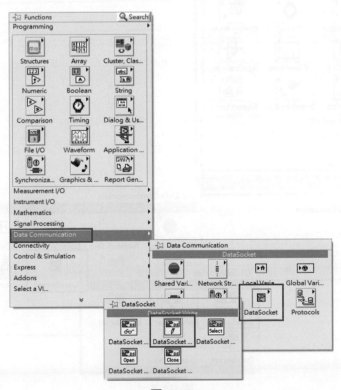

圖 24-5

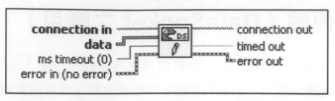

圖 24-6　DataSocket Write 函數

DataSocket Write 是將資料傳送至 DataSocket Server 的函數。connection in 是
data 的位址。data 是欲傳輸的資料，接收端只要輸入 data 的位址，便可讀取資
料。

 在圖形程式區上按滑鼠右鍵，在跳出的函數面板上進入「Data Communication →
DataSocket」裡面找到 "DataSocket Read" 函數 (接收端)，如圖 24-7 所示。
圖 24-8 為 DataSocket Read 函數之接腳說明圖。

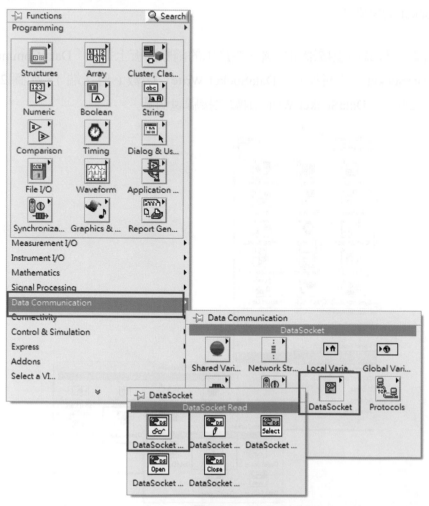

圖 24-7

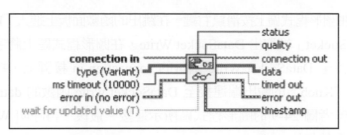

圖 24-8　DataSocket Read 函數

DataSocket Read 是接收傳送端傳送至 DataSocket Server 的資料之函數。connection in 是用來輸入欲讀取的資料位址，其位址必須與傳送端的資料位址 (connection in) 一樣。data 是輸出 connection in 讀取到的資料。type(Variant) 是 data 的資料型態 (紫色)。

24-2.2　使用

現在，就來學習如何使用 DataSocket R/W 來進行遠端的資料傳送與接收。請如下步驟操作：

STEP 1　首先，在人機介面上配置一個字串控制元件，將其命名為 "網址"，接著取出數值控制元件，將其命名為 "Knob"，並配置兩個數值顯示元件，命名為 "Thermometer"，如圖 24-9 的人機介面所示。此程式的功能是用來傳送所設定的數值。

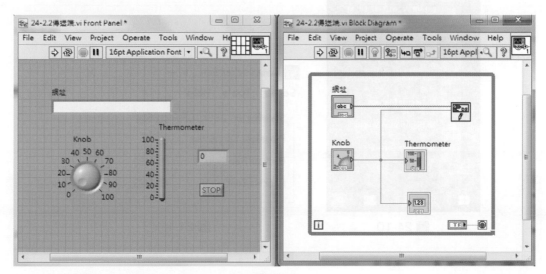

圖 24-9

STEP 2 接著，在圖形程式區上按滑鼠右鍵，在跳出的函數面板上進入「Data Communication → DataSocket」裡取出 DataSocket Write，在圖形程式區上將字串控制元件 "網址" 連接至 DataSocket Write 函數的 connection in 接腳上，接著，再將數值控制元件 "Knob" 的輸出端連接至 DataSocket write 函數的 data 接腳上，其餘的元件則參考圖 24-9 的圖形程式區所示連接。最後，再呼叫 While Loop 以拖曳的方式將其包住。

STEP 3 在執行 DataSocket Write 程式之前，先從電腦桌面的工具列：「開始→程式集 → National Instruments」裡點選 DataSocket Server，如圖 24-10 所示。此乃表示啟動 DataSocket 伺服器，使遠端有安裝 LabVIEW 或有安裝 LabVIEW Run-Time Engine 的電腦能透過 LabVIEW 程式設計可以讀取到 Data Write(傳送端) 傳送至 DataSocket 伺服器的資料。圖 24-11 為 DataSocket Server 的對話框。

圖 24-10

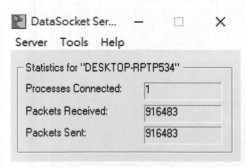

圖 24-11

STEP 4 在網址上輸入 dstp://10.169.11.86/ 傳送端，　其中 10.169.11.86 為傳送端電腦的 IP 位址 (請參照所使用的電腦 IP 位址)。"傳送端"則是副檔名為 .vi 的檔案名稱 (可自訂)，檔名的設定是為了使接收端能準確的接收傳送端所要傳送的資料。如圖 24-12 所示，先將"Thermometer"數值顯示元件透過"Knob"數值控制元件將欲傳送的數值資料調至 26.0℃。之後在遠端的電腦上再設計一個相對應的數值顯示元件來接收傳送端的數值資料，利用 LabVIEW 中的 DataSocket 來進行資料的傳送與接收，即可完成。

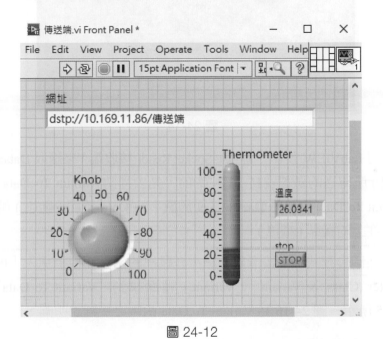

圖 24-12

查看自己電腦 IP 的方法 (Windows 7/8/10/XP)

1. Windows 視窗畫面中點選工具列的開始選單，再輸入 cmd 後進入到命令提示字元，如圖 24-13 所示。

2. 輸入 ipconfig 按 Enter。

圖 24-13

3. 查看到有一行名為 IPv4 位址，那就是使用者電腦的 IP 位址，如圖 24-14 所示。

圖 24-14

STEP 5 在使用 LabVIEW 設計一個 DataSocket Read(接收端) 來讀取 DataSocket Write(傳送端) 所傳送的數值資料 26.0 ℃ 前，先去拜訪 Variant To Data 的家吧！因為 Variant To Data 可以將 DataSocket 函數上的 Data 接腳 (紫色) 轉成可連接至數值元件上的接腳 (橘色)。

STEP 6 可以在圖形程式區上按滑鼠右鍵，在跳出的函數面板上進入「Programming → Cluster ,Class, & Variant → Variant」裡面找到 "Variant To Data" 函數，如圖 24-15 所示。圖 24-16 為 Variant To Data 函數之接腳說明圖。

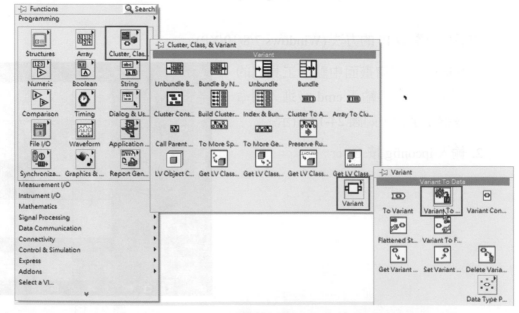

圖 24-15

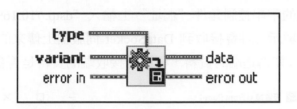

圖 24-16　　Variant To Data 函數

Variant To Data 是將接收端從 DataSocket Server 所接收的資料型態 (紫色) 轉為數值資料 (褐色) 的函數。將 DataSocket Read 的 data (紫色) 接腳連接至 Variant To Data 的 Variant 接腳上，Variant To Data 函數便可將 Variant 的資料型態轉成數值資料型態，data 是資料的輸出端。

STEP 7 現在，就來撰寫一個 DataSocket Read (接收端) 的程式。首先，在人機介面上配置一個字串控制元件，將其命名為 "網址"，再取出二個數值顯示元件，命名為 "Thermometer"，如圖 24-17 的人機介面所示。此程式是用來接收傳送端的數值並顯示，因此並不需要數值控制元件 "Knob"。

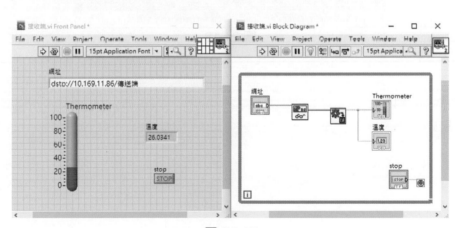

圖 24-17

STEP 8 接著，在圖形程式區上按滑鼠右鍵，在跳出的函數面板上進入「Data Communications → DataSocket」裡面取出 DataSocket Read 函數，使字串元件 "網址" 與 DataSocket Read 函數的 connection 接腳連接，再從函數面板上進入「Connectivity → ActiveX」裡面取出 Variant To Data，將其 Variant 接腳 (紫色) 與 DataSocket Read 的 Data 接腳 (紫色) 串接，再將數值顯示元件與 Variant To Data 的 Data 接腳 (橘色) 連接，最後再呼叫 While Loop 以拖曳的方式將其包住，如圖 24-17 圖形程式區所示。

最後，在接收端的字串控制元件 "網址" 上輸入 "dstp://10.169.11.86/ 傳送端" 後，點選執行鍵，則數值顯示元件會接收到 DataSocket 伺服器上傳來的數值資料 26.0℃，如圖 24-18 所示。可以改變傳送端的資料，再觀看接收端的資料是否會因而改變。

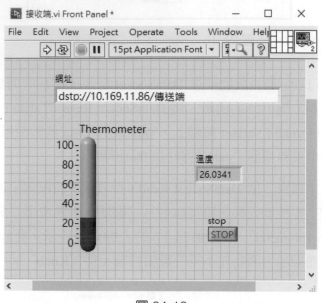

圖 24-18

第 25 章　遠端監控

25-1 LabVIEW Web 網頁伺服器

　　架設 LabVIEW Web 網頁伺服器的好處就是即使不在自己的主電腦上，在世界某個角落只要有網路的地方，就可以透過網頁伺服器觀看並操控遠端的機電設備與儀器。至於如何架設 LabVIEW Web 網頁伺服器，請如下步驟操作：

STEP 1 首先，從光碟內 \part2 進階篇\25 章 - 遠端監控\ 開啟 "魚池系統 4.vi"。這裡要學習如何將 .vi 檔轉換成網頁。在人機介面上點選工具列上的選項 Tools，再點選 WebPublishing Tool 這一個選項，如圖 25-1 所示。

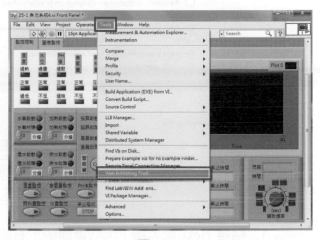

圖 25-1

STEP 2 滑鼠點選 Web Publishing Tool... 後，在跳出的視窗上方有名為 VI name 的下拉式選單中，點選選單內的 Browse... 來載入程式，如圖 25-2 所示，並點擊 "Start Web Server" 來開啟伺服器。

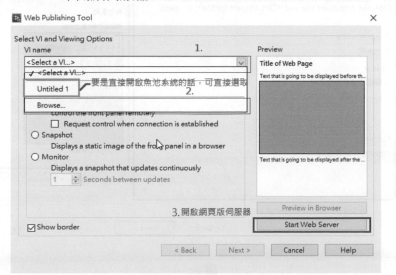

圖 25-2　載入程式

STEP 3 選取魚池系統 4(fisher4).vi 檔案後並按 Next 鍵，則網頁上的內容與在 LabVIEW 環境下的魚池系統畫面會一模一樣，如圖 25-3 所示。

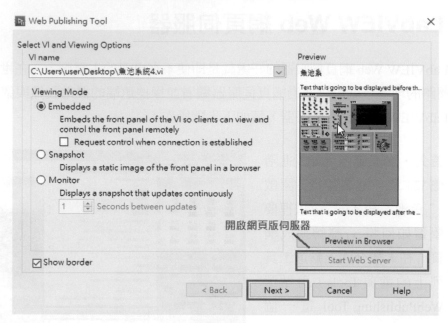

圖 25-3

STEP 4 點選 Next 後，接下來的畫面中，右邊的面板上可以預覽網頁，而在左邊面板上可在網頁上增加描述，如圖 25-4 所示。接著按下 Next 鍵繼續。

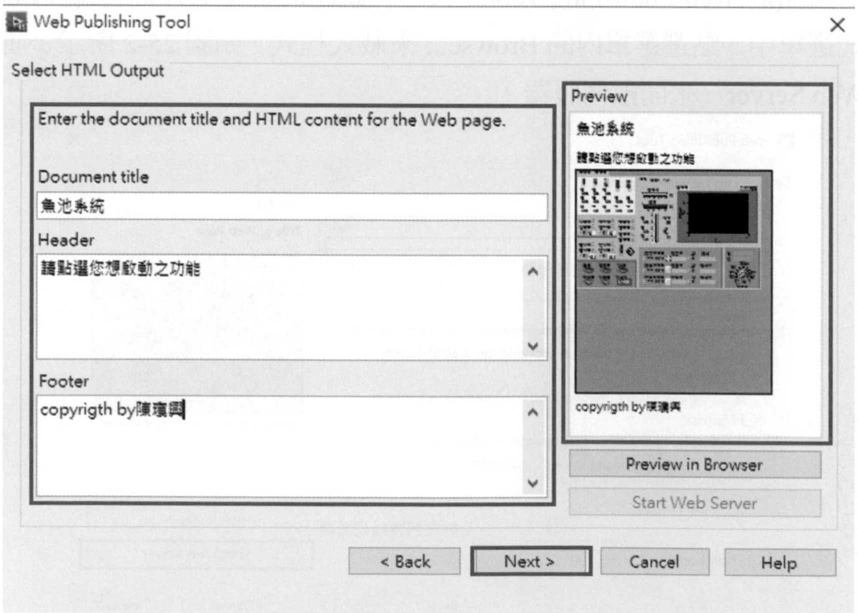

圖 25-4

STEP 5 完成上述步驟後，在出現的畫面中，其 user 為主機電腦之名稱；8000 則為使用者設定的 HTTP Port；圖 25-5 藍色框內為存檔時該網頁的名稱 (Filename)，而檔案預設的儲存路徑為 C:\Program Files\National Instruments\LabVIEW 2015\www，如圖 25-5 所示。

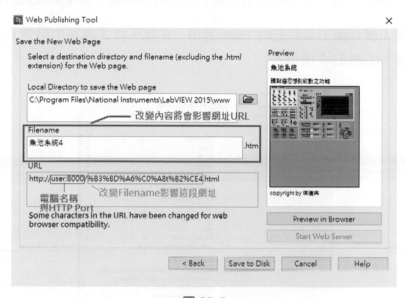

圖 25-5

STEP 6 接著，點選 Save to Disk 後在跳出的的視窗再點選 OK 後，則 LabVIEW Web 網頁伺服器就架設完成，如圖 25-6 所示。在此部分為了簡短網址的長度，所以將 Filename 中的名稱更改為 fisher4。

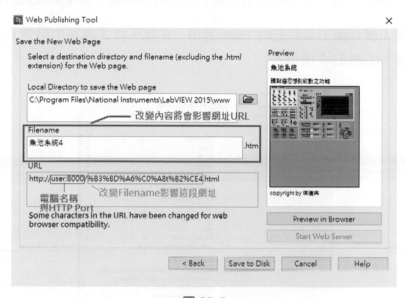

圖 25-6

25-1.1 相關設定

1. 設定 IP 權限

可以限制網頁伺服器的連線 IP 的權限，如此對整個虛擬儀控監控系統的維護管理會比較安全，不然會被意圖不軌的使用者連線到自建的伺服器，而擾亂程式的執行。

STEP 1 點選人機介面工具列上的 Tools 選項，在其下拉式選單中點選 Options 這一個選項，如圖 25-7 所示。

圖 25-7

STEP 2 Category 選單中，選擇 Web Server，如圖 25-8 所示。

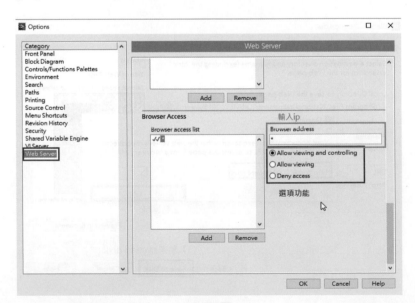

圖 25-8

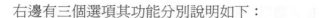

右邊有三個選項其功能分別說明如下：

(1) Allow viewing and controlling：是允許該 IP 的電腦使用者能夠瀏覽並且控制畫面。

(2) Allow viewing：是允許該 IP 的電腦使用者只能夠瀏覽而不能控制畫面。

(3) Deny access：是禁止這個 IP 的電腦使用者連線進來。

註 ＊就是代表所有 IP，例如 172.＊ 代表 172 開頭的所有 IP。

STEP ③　輸入特定 IP 後，選擇 Allow viewing and controlling，然後點選 Add，新增這個 IP 位址，然後點選 OK。這樣子，只有這一個 IP 的電腦使用者才能觀看和控制網頁。

25-1.2 儲存客戶端的活動日誌

當程式發送至網頁後，可以將連線進來的 IP 留下記錄並且儲存，這樣的話，不管誰登入進來都一目了然。請如下步驟操作：

STEP ①　在 Options 視窗畫面的 Category 選單中選擇 Web Server，再將右邊面板內的 Remote Panel Server 中的 Enable Remote Panel Server 打勾，如圖 25-9 所示。

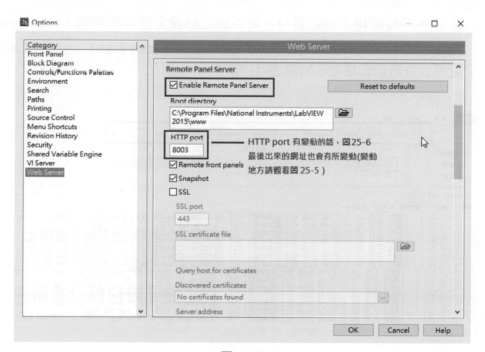

圖 25-9

STEP 2 先將 Web Server 面板的下拉式選單移動至 Log File 處，再將 Use log file 打勾後，下面可以設定儲存的路徑，這樣就設定完畢，如圖 25-10 所示。

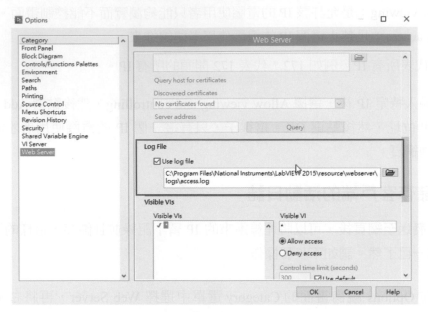

圖 25-10

STEP 3 當有客戶端連線至伺服器時，可以到之前設定儲存的路徑（C:\ProgramFiles\NationalInstruments\LabVIEW2015\resource\webserver\logs）， 打 開 access.log 就可以查看活動日誌，如圖 25-11 所示。

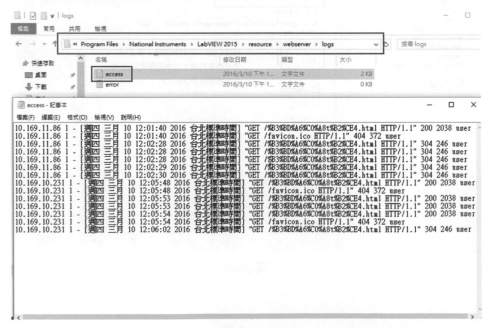

圖 25-11

25-1.3　瀏覽 LabVIEW Web 網頁

一開始，當架設 LabVIEW Web 網頁伺服器後會得到一個網址，其網址為 http://user:8003/fisher4.html(使用者的設定將改變網址)，使用網頁瀏覽器 (Internet Explorer)，便可以利用這個網址來進行連線瀏覽的工作，瀏覽之前所發送的網頁。

注意：若兩台電腦是在 LAN(區域網路) 上，使用網頁瀏覽器瀏覽時，網址為 http://user:8003/fisher4.html 即可；若是沒有在 LAN 上則要將 http://user:8003/

fisher4.html 改成 http://a.b.c.d:8003/fisher4.html，如圖 25-12 所示 (作者的測試是由校內電腦與另一台校內電腦做連線，後面會講到向外連線)。

圖 25-12

其中 a,b,c,d 代表的是架設 Web 網頁伺服器的電腦 IP 位址。連線後畫面如圖 25-13 所示，架設在伺服端的 Web 網頁就顯示出來了。

註　此時要注意，若是 IE 有跳出需安裝缺少之元件，請安裝；不然就會無法顯示畫面。

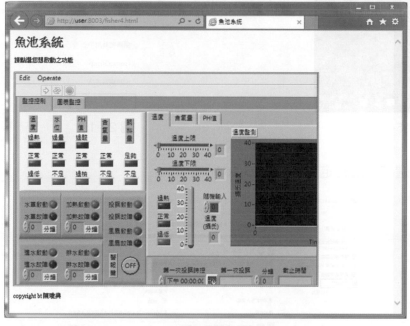

圖 25-13

註 同一時間只能有一個人能連線到網頁伺服器觀看該網頁。可以向 NI 訂購額外的授權，以使更多的 client 端可以同時連結到 Web Server 端。

如有其他電腦無法連結伺服器主機網頁的話，請在伺服器主機內調整防火牆設定，設定方法如下：

(此處的設定是為了讓防火牆不阻擋外部使用者連入伺服器主機進行觀看與操作)

STEP 1 開啟電腦右下角網際網路並點選"網路設定"，如圖 25-14 所示。也可以從"開始列表"中點選"設定"再點選"網路"開啟步驟 2 的視窗。

STEP 2 選擇"乙太網路"，再點選"Windows 防火牆"，如圖 25-15 所示。

圖 25-14

圖 25-15

STEP 3 點選"進階設定"，如圖 25-16 所示。

圖 25-16

STEP 4 選擇 "輸入規則" ，如圖 25-17 所示。

圖 25-17

STEP 5 點選右側的 "新增規則" ，如圖 25-18 所示。

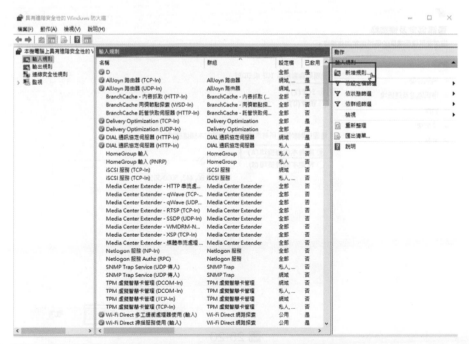

圖 25-10

STEP 6 選擇 "連接埠" ，再點選下一步，如圖 25-19 所示。

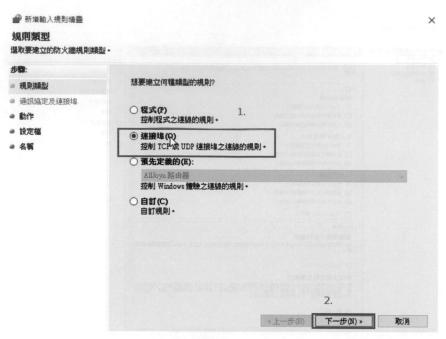

圖 25-19

STEP 7 將選項調整為 "TCP" 與 "所有本機連接埠" 並點選下一步，如圖 25-20 所示。

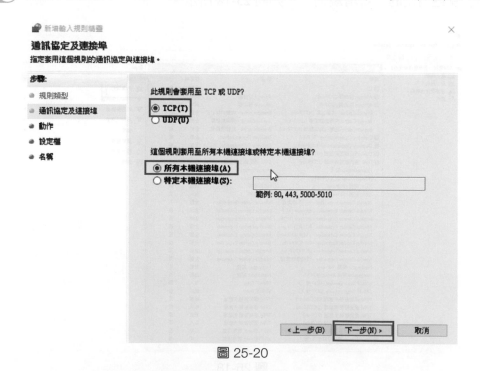

圖 25-20

STEP 8 選擇 "允許連線"，再點選下一步，如圖 25-21 所示。

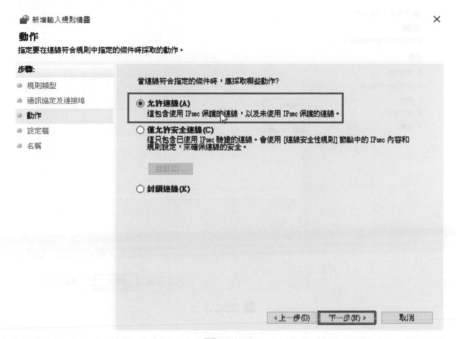

圖 25-21

STEP 9 將規則全部套用並點選下一步，如圖 25-22 所示。

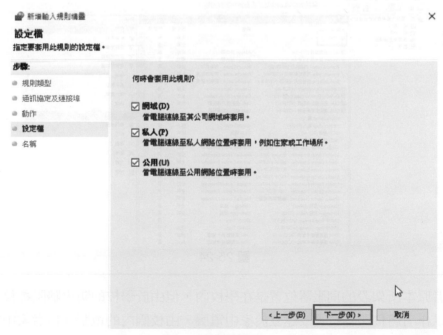

圖 25-22

STEP 10 打上名稱後按完成 (名稱與敘述可隨意自訂)，如圖 25-23 所示。

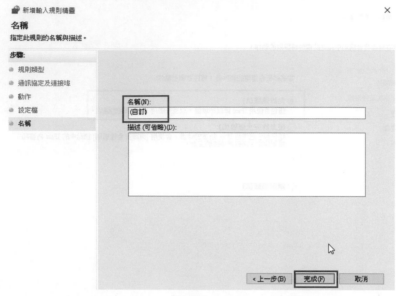

圖 25-23

STEP 11 完成後，會將所有的設定以一個規則建立於輸入規則之中，如圖 25-24 所示。請確認是否啟用規則，不然新增的規則將無效果。

圖 25-24

作者原本所架設的伺服器位置是在學校內，但由於學校的防火牆阻擋校外的連線，所以作者將伺服器位置改建立於家中電腦，由校園內的電腦向作者家中的電腦做連線 (要是此做法還是無法連線的話，請連絡相關的網路單位做詢問，例如在校園內，請詢問電算中心或是圖書與資訊處…)。

連線之後，客戶端跟伺服主機端尚有一些重要的功能，其說明如下：

1. 客戶端功能

(1) 在網頁上控制 VI 程式的動作

進入網頁之後，客戶端可以在網頁上點選右鍵，在跳出的選單中選擇 Request Control of VI，然後客戶端就可以在網頁上控制 VI 程式的動作，如圖 25-25 所示。

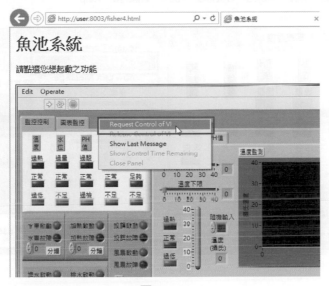

圖 25-25

(2) 客戶端歸還控制權給主機端

能控制 VI 程式的運作之後，在網頁上點選滑鼠右鍵，在跳出的選單中選擇 RemotePancl Client → Release Control of VI 然後客戶端就會歸還控制權給主機端，如圖 25-26 所示。

圖 25-26

2. 主機端功能

(1) 主機端將控制權從客戶端切換回來

當 VI 的控制權在客戶端時，主機端可以按滑鼠右鍵點選 Remote Panel Server → Switch Controller，能夠把控制權給切換回來，如圖 25-27 所示。

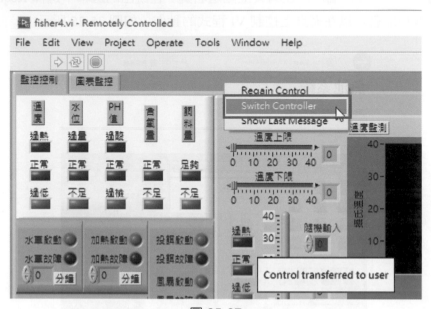

圖 25-27

(2) 主機端鎖住控制權

按滑鼠右鍵點選 Remote Panel Server → Lock Control，如圖 25-28 所示，就能將控制權鎖住，客戶端就不能在網頁上控制 VI 程式的動作。

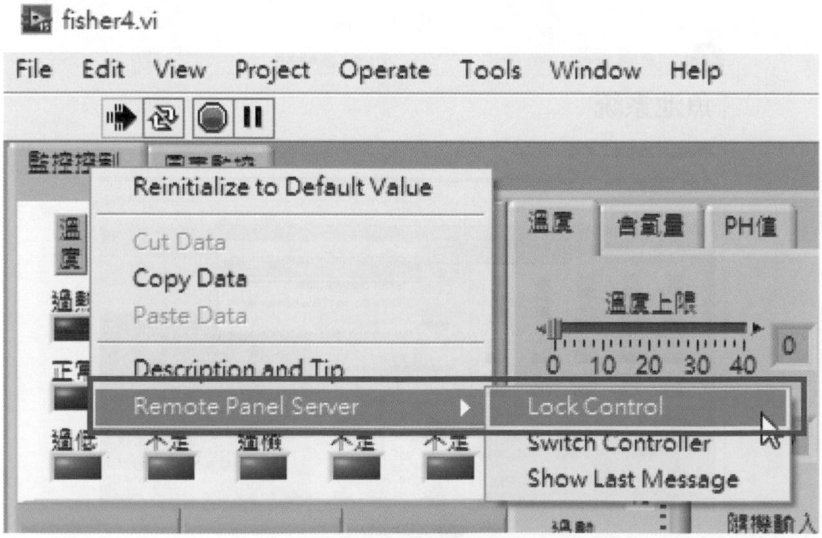

圖 25-28

(3) 主機端釋放控制權

　　按滑鼠右鍵點選 Remote Panel Server → Unlock Control，如圖 25-29 所示，就能將控制權釋放。但是控制權仍然在主機端，只是沒有鎖住控制權，其客戶端還是可以點選 Request Control of VI 來控制 VI 程式的動作。

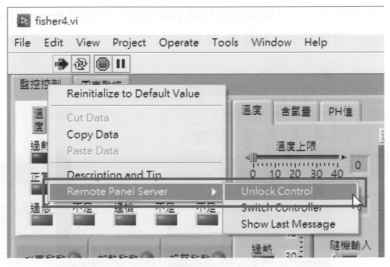

圖 25-29

3. 查看自己電腦 IP 的方法（Windows 7/8/10/XP）：

STEP 1 在 Windows 視窗畫面中點選工具列的開始選單，再點搜尋框內輸入 cmd ，開啟命令提示字元 (圖 25-30)。

STEP 2 輸入 ipconfig 按 Enter。

STEP 3 查看到有一行名為 IPv4 位址，那就是使用者電腦的 IP 位址，如圖 25-31 所示。

圖 25-30

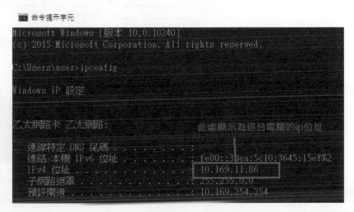

圖 25-31

25-1.4 管理並監控客戶端

當有人連線至自己所架設的 LabVIEW Web 網頁伺服器時，該怎樣去管理這些客戶端？這時候就要利用到 Remote Panel Connection Manager 來管理！請如下步驟操作：

STEP 1 在 LabVIEW 的人機介面視窗上點選 Tools 選項，再點選 Remote Panel Connection Manager…這個選項，如圖 25-32 所示。

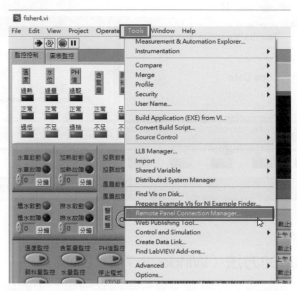

圖 25-32

STEP 2 點選後就會跳出 Remote Panel Connection Manager 這一個工具，可以檢視連線進來的客戶端在做什麼動作，如圖 25-33 所示。

圖 25-33

25-2　LabVIEW 網頁之美化

25-2.1　網頁美化

在前面的 25-1.3 節中，為大家介紹如何瀏覽 LabVIEW Web 網頁，現在要教大家如何透過 LabVIEW 軟體裡面內建的 Web Server 功能，結合 html 語法的功能來美化 LabVIEW 的網頁。下面將帶領大家如何將網頁改成屬於自己風格的網頁，如圖 25-34 所示。

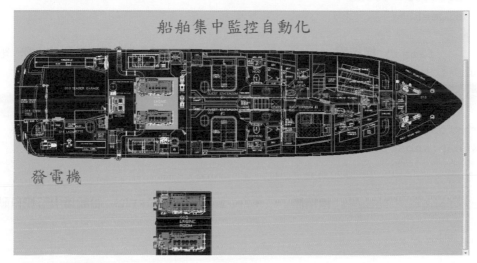

圖 25-34

25-2.2　html 語法的說明

首先，先介紹整個 html 文件架構的基本標籤。

(1)<HTML></HTML>- 文件的開始與結束。

(2)<HEAD></HRAD>- 標示文件資訊。

(3)<BODY></BODY>- 標示本文，其格式為：

```
<HTML>
<HEAD>
………( 文件的資訊 )
</HEAD>
<BODY>
………( 文件的內容 )
</BODY>
</HTML>
```

在 <BODY> 標籤之間可輸入想要顯示在網頁上的文字。至於在 <HEAD> 中主要是放置關於文件的資訊。

接下來,為大家示範一個實例,從中學習如何建立網頁。

首先,先開啟記事本,然後編輯下面的程式:

```
<HTML>
<body    bgcolor="#00ffff">
<font    size=50>
<center>
<B><font    face=" 標楷體 "    color="#FFFFFF"> 國立高雄海洋科技大學  電訊工程
系 </font></B>
</center>
<p>
<center><font    face=" 標楷體 "    color="#993399"> 指導教授:陳瓊興    教授
     學生:廖信凱 </center>
</p>
<p>
<center><font    face=" 標楷體 "    color="#0000FF"> 船舶集中監控自動化 </
font></
center>
</p>
</BODY>
</HTML>
```

編輯完畢之後,將檔名儲存為 example.html。然後點選剛儲存的 html 檔,即可看到下面的畫面。如圖 25-35 所示。

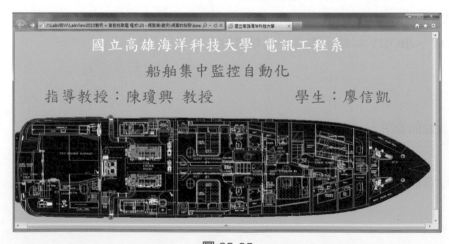

圖 25-35

接下來為大家說明另一個有關載圖的 html 語法，下列程式碼的圖片在範例光碟可以找得到。程式碼如下：

```html
<HTML>
<body    bgcolor="#00ffff">
<font    size=50>
<center>
<B><font    face=" 標楷體 " color="#FFFFFF"> 國立高雄海洋科技大學    電訊工程系
</
font></B>
</center>
<p>
<center><font    face=" 標楷體 "    color="#993399"> 指導教授：陳瓊興    教授
     學生：廖信凱 </center>
</p>
<p>
<div    style="position:    absolute;    top:    155px;    left:    10px;
width:
1035px;    height:    16px;    z-index:    0">
</div>
<img    border="0"    src="ship4.gif"    width="1248"    height="320">
<!-- 第一圖層 ---------->
<div    style="position:    absolute;    top:    256px;    left:    345px;
width:
108px;    height:    105px;    z-index:    1">
<img    border="0"    src="ship7.gif"    width="122"    height="145"></div>
<!-- 第二圖層 ---------->
<div    style="position:    absolute;    top:    335px;    left:    155px;
width:
112px;    height:    86px;    z-index:    2">
<img    border="0"    src="ship5.gif"    width="119"    height="126"
onmouseover="floatbutton(this,    'ship8.gif')"
onmouseout="floatbutton(this,    'ship5.gif')"    usemap="#FPMap6">
</div>
<!-- 第三圖層 ---------->
<div    style="position:    absolute;    top:    263px;    left:    275px;
width:
68px;    height:    36px;    z-index:    3">
<img    border="0"    src="ship10.gif"    width="70"    height="108"
onmouseover="floatbutton(this,    'ship11.gif')"
onmouseout="floatbutton(this, 'ship10.gif')"    usemap="#FPMap5"></
div>
<!-- 第四圖層 ---------->
```

```
<div    style="position:   absolute;   top:   358px;    left:    39px;
width:
109px;   height:   117px;   z-index:   4">
<img  border="0"  src="ship2.gif"  width="112"   height="106"></div>
</BODY>
</HTML>
```

執行結果如圖 25-36 所示。

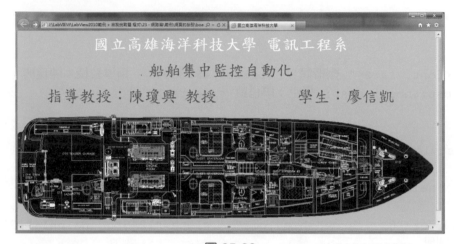

圖 25-36

經過上面的操作之後，是不是覺得網頁美化了許多。但是，大家會有疑問，說了這麼多還是沒有說到如何與 LabVIEW 結合，都只有基本的 html 語法。大家別急嘛！好戲才要上演！下面的操作，將為大家介紹 html 與 LabVIEW 是如何結合。

```
<HTML>
<body    bgcolor="#00ffff">
<font    size=50>
<center>
<B><font    face=" 標楷體 "    color="#FFFFFF"> 國立高雄海洋科技大學    電訊工
程系 </
font></B>
</center>
<p>
<center><font    face=" 標楷體 "    color="#993399"> 指導教授：陳瓊興    教授
     學生：廖信凱 </center>
</p>
<p>
<div    style="position:   absolute;   top:   155px;   left:   10px;   width:
1035px;    height:   16px;    z-index:    0">
```

```
</div>
<img    border="0"    src="ship4.gif"    width="1248"    height="320">
<!-- 第一圖層 ---------->
<div    style="position:    absolute;    top:    256px;    left:    345px;
width:
108px;    height:    105px;    z-index:    1">
<img    border="0"    src="ship7.gif"    width="122"    height="145"></div>
<!-- 第二圖層 ---------->
<div    style="position: absolute;    top:    335px;    left:    155px;    width:
112px;    height:    86px;    z-index:    2">
<img    border="0"    src="ship5.gif"    width="119"    height="126"
onmouseover="floatbutton(this,    'ship8.gif')"
onmouseout="floatbutton(this,    'ship5.gif')"    usemap="#FPMap6">
</div>
<!-- 第三圖層 ---------->
<div    style="position:    absolute;    top:    263px;    left:    275px;    width:
68px;    height:    36px;    z-index:    3">
<img    border="0"    src="ship10.gif"    width="70"    height="108"
onmouseover="floatbutton(this,    'ship11.gif')"
onmouseout="floatbutton(this,    'ship10.gif')    usemap="#FPMap5"></
div>
<!-- 第四圖層 ---------->
<div    style="position:    absolute;    top:    358px;    left:    39px;    width:
109px;    height:    117px;    z-index:    4">
<img    border="0"    src="ship2.gif"    width="112"    height="106"></div>
<SCRIPT    language="JavaScript"><!--
var    lng;
if    (navigator.userLanguage)    {    lng    =    navigator.userLanguage;    };
if    (navigator.language)    {    lng = navigator.language.toLowerCase();
};
var    obj    =    '<OBJECT    ID="LabVIEWControl"    CLASSID="CLSID:A40B0AD4-
B50E-4E58-8A1D-8544243807AC"    WIDTH=742    HEIGHT=340    CODEBASE="ftp://
ftp.ni.com/support/labview/runtime/windows/7.1';
if    (lng.indexOf("fr")    !=    -1)    {    obj    =    obj    +    '/French';    }
else    if    (lng.indexOf("de")    !=    -1)    {    obj    =    obj    +    '/German';    }
else    if    (lng.indexOf("ja")    !=    -1)    {    obj    =    obj    +    '/Japanese';    }
obj    =    obj    +    '/LVRunTimeEng.exe">';
document.write(obj);
//    --></SCRIPT>
<PARAM    name="LVFPPVINAME"    value="boat1.vi">
<PARAM    name="REQCTRL"    value=false>
<EMBED    SRC=".LV_FrontPanelProtocol.rpvi71"    LVFPPVINAME="boat1.
vi"    REQCTRL=false    TYPE="application/x-labviewrpvi71"    WIDTH=742
```

```
HEIGHT=340
PLUGINSPAGE="http://digital.ni.com/express.nsf/express?openagent&code=
ex3e33&"></EMBED>
</OBJECT>
</TD></TR></TABLE>
</BODY>
</HTML>
```

　　將上述的程式碼儲存成 html 檔之後，放入 C:\Program Files\National Instruments\
LabVIEW 2015\www，執行之後結果如圖 25-37 所示。

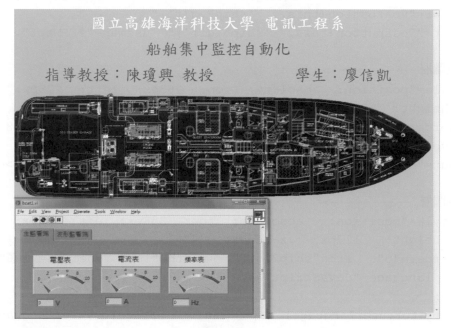

圖 25-37

第 26 章　手持裝置

26-1　LabVIEW 與 iOS 系統結合

在本章節中所使用的手持裝置為 iPad mini3 MGHV2TA/A，來作為手持式遠端遙控設備，在上一章節中，手持裝置只用來接收並顯示資料，在這章節中來講控制。

26-1.1　使用前

首先在手持裝置中安裝 APP 軟體 Data Dashboard for LabVIEW。

STEP 1　點選手持裝置內的 "App Store" ，如圖 26-1 所示，將程式開啟。

圖 26-1

STEP 2　在右上角的搜尋內打上 "Data Dashboard for LabVIEW" ，輸入完後並搜尋，就會找到所需的軟體了，如圖 26-2 所示。

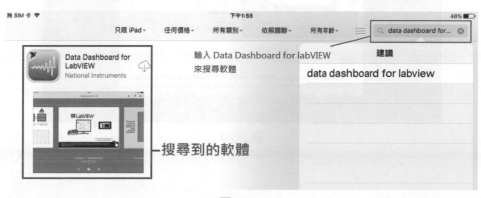

圖 26-2

STEP 3 點擊搜尋到的〝Data Dashboard for LabVIEW〞，就會跳出詳細的介紹頁面，如圖 26-3 所示。

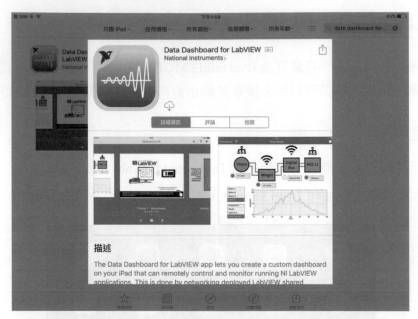

圖 26-3

STEP 4 點選圖 26-4 中所示的圖示來進行下載及安裝。

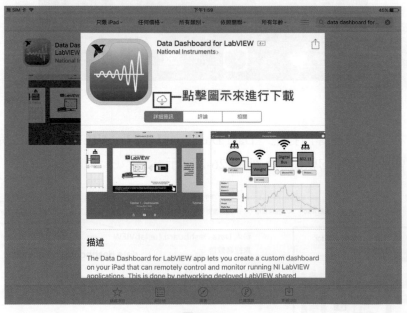

圖 26-4

STEP 5 安裝完成後點選 "開啟" 來執行程式，如圖 26-5 所示。

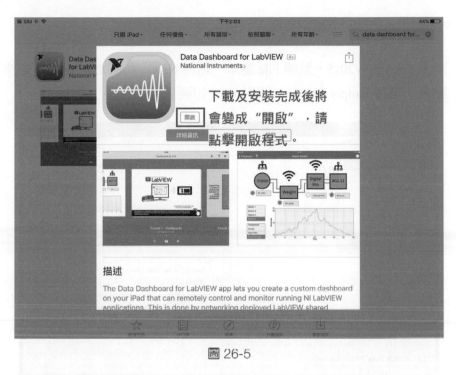

圖 26-5

STEP 6 完成 STEP 5 後，就能開始使用這套軟體了，介面及功能如圖 26-6 所示。

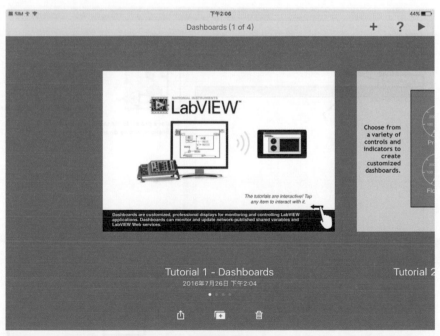

圖 26-6

26-1.2 程式撰寫

接下來，用 LabVIEW 來撰寫一個程式範例。

STEP 1 開啟 LabVIEW2015，點開 File 選單，點選 New，如圖 26-7 所示。再來將 Project 點開，選擇 Empty Project，再點 ok，如圖 26-8 所示。

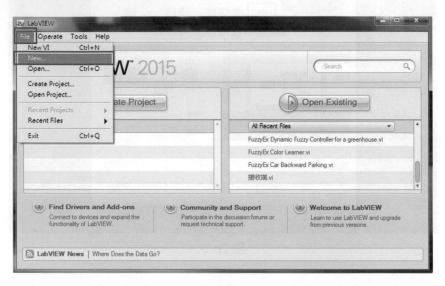

圖 26-7

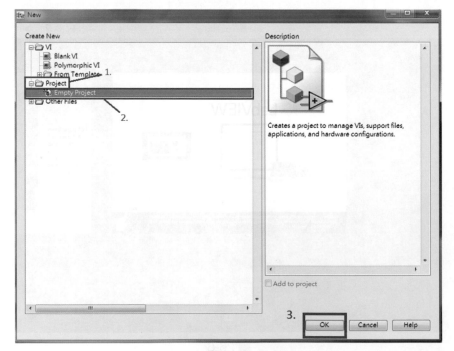

圖 26-8

STEP 2 完成圖 26-8 後，會出現圖 26-9 的視窗，再來對 My Computer 點右鍵開啟選單，
選擇 New 選單中的 VI，如圖 26-9 所示。

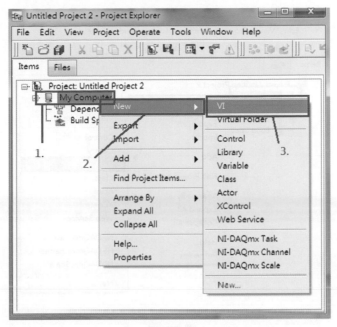

圖 26-9

STEP 3 接著來建立如圖 26-10 所示的程式。此程式是一個累加器。

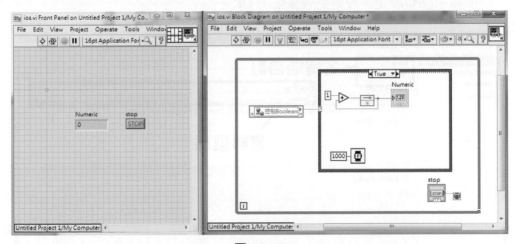

圖 26-10

建立完成後，在 Project 的欄目下，對 My Computer 點右鍵開啟選單，選擇 New 選單中的 Variable，如圖 26-11 所示。

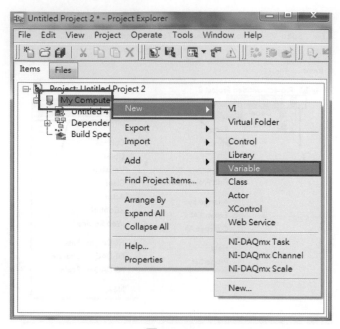

圖 26-11

完成圖 26-11 後會出現 Shared Variable properties 的視窗 (圖 26-12)，使用者可依需求調整設定，設定完成後按下 OK。

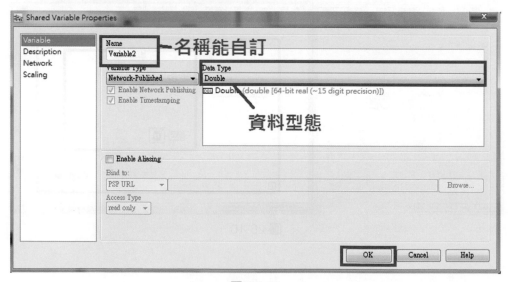

圖 26-12

在這裡要建立兩個元件，分別為 "回傳數值" 與 "控制 Boolean" ，如圖 26-13 與 26-14 所示。

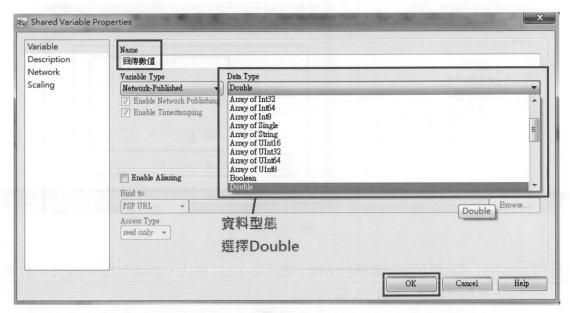

圖 26-13

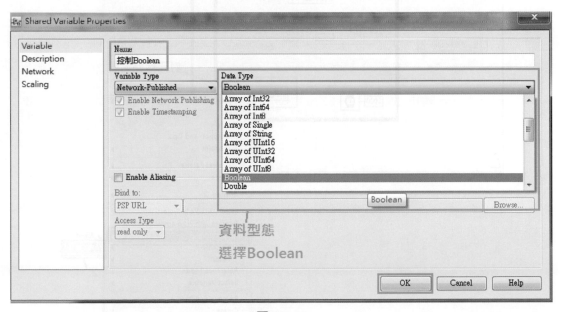

圖 26-14

STEP 6 將剛才建立好的 "回傳數值" 與 "控制 Boolean" 拉進程式區內，如圖 26-15 所示。

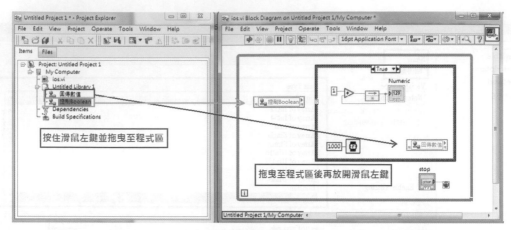

圖 26-15

STEP 7 由於 "回傳數值" 箭頭在右側，表示為 Read 模式，必須改為 Write 才可以接上累加的數值，如圖 26-16 所示。

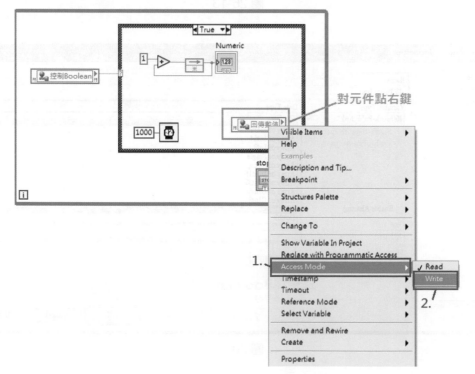

圖 26-16

STEP 8 將"回傳數值"與"控制 Boolean"連接起來,如圖 26-17 所示。

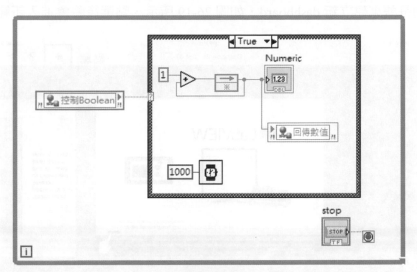

圖 26-17

STEP 9 完成後點選執行,會出現一個視窗,上面會告知 IP 位址,這個 IP 位址是手持
裝置在連線的時候所需要的,記起來後再點選 Close 並繼續,如圖 26-18 所示。

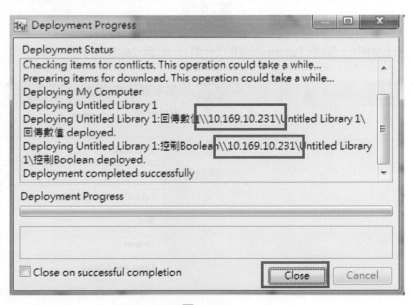

圖 26-18

　　當電腦版的程式設定好後,接著來設定手持裝置上的程式來控制及接收資料並顯示
在螢幕上。

STEP 1 開啟手持裝置內的 " Data Dashboard for LabVIEW " 軟體，點選右上方 "+" 的符號來建立新 dashboard，如圖 26-19 所示，點選後將會進入新範例中。

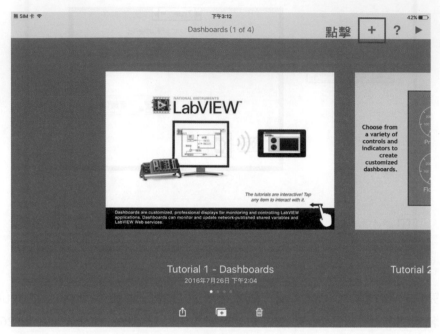

圖 26-19

STEP 2 在右上角中，點選 Palette 來建立元件，如圖 26-20。

圖 26-20

STEP 3 在手持裝置中，需要一個布林控制元件及數值顯示元件，它們的位置如圖
26-21 與 26-22 所示。

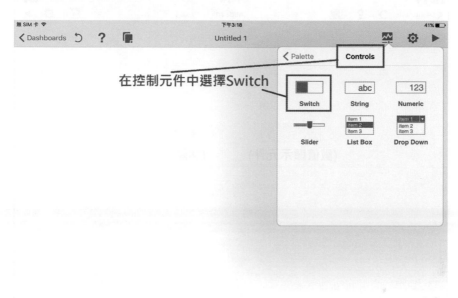

圖 26-21

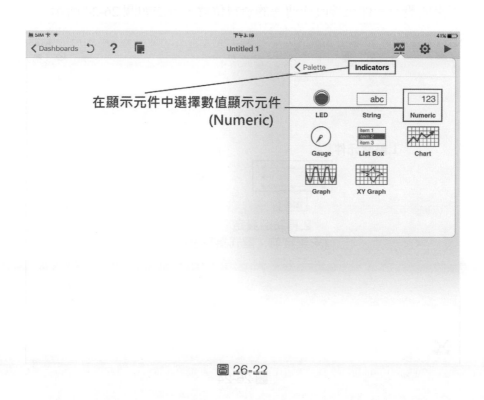

圖 26-22

STEP 4 個別建立出一個元件 (先選擇需要的元件，再點選空白處)，如圖 26-23 所示。

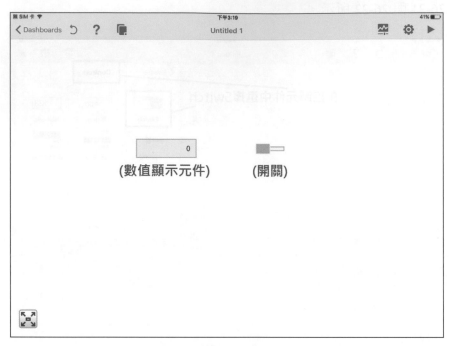

圖 26-23

STEP 5 再來要設定元件來接收或傳送的資料位置，方法如圖 26-24 所示。

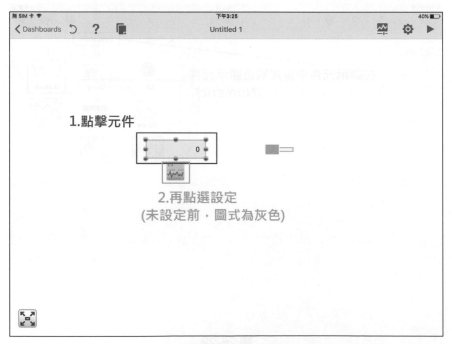

圖 26-24

STEP 6 接著選擇 Shared Variables 來設定 IP 位址,如圖 26-25 所示。

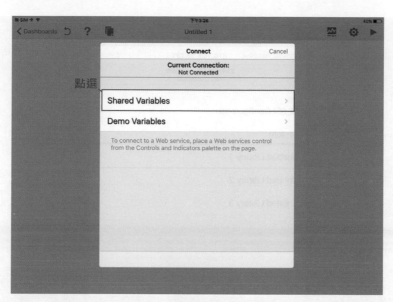

圖 26-25

(註) 要是無法連線的話請參考 25-1.3 章節的設定。

STEP 7 選擇後,在 New Server 內輸入圖 26-18 中所顯示的 IP(此處的 IP 請輸入自己程式所顯示的 IP),輸入後再點選 Connect,如圖 26-26 所示。(要是無法連接至所輸入的 IP 的話,請確認所使用的網路環境是否有限制。請參考 25 章防火牆設定。)

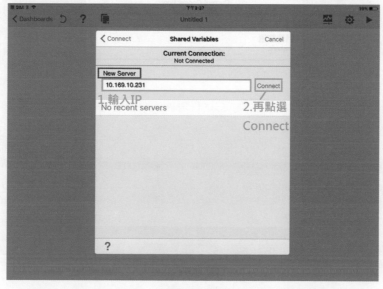

圖 26-26

STEP 8 選擇 Untitled Library1，如圖 26-27 所示。

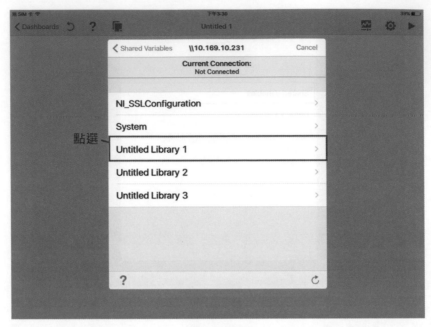

圖 26-27

STEP 9 點選 "回傳數值" 與 "控制 Boolean" (此處的名稱為圖 26-13 及 26-14 所建立，請選擇自訂名稱的選項)，如圖 26-28 及 26-29 所示。

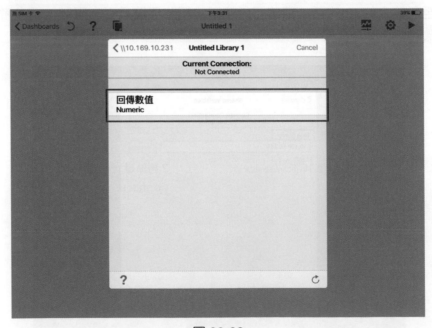

圖 26-28

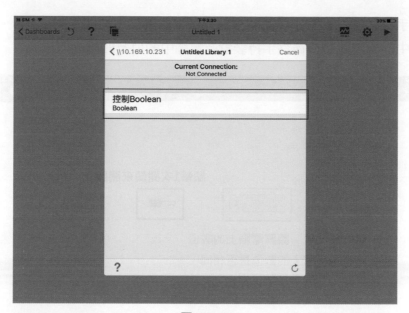

圖 26-29

注意事項

設定數值顯示元件時為圖26-28所示，設定開關時為圖26-29所示。

註 符合所設定之元件的資料型態才會出現在選項中。

STEP 10 設定完成後，點選右上角的執行來執行程式，如圖 26-30 所示。(請確認電腦中的 LabVIEW 是否有在執行，沒有在執行的話將無法傳送及接收資料)

執行

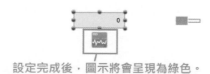

設定完成後，圖示將會呈現為綠色。

圖 26-30

STEP 11 在手持裝置上點擊布林開關來執行數字的累加,如圖 26-31 所示。改變手持裝置中的開關狀態來觀察手持裝置及電腦中的值及開關的運作。

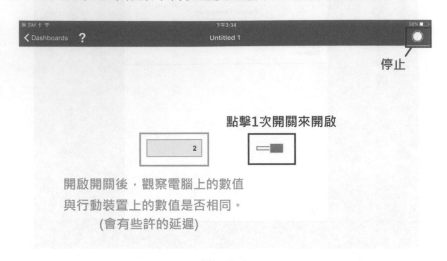

圖 26-31

現在學會怎麼用手持裝置來控制與顯示了,請試著創造出屬於自己的程式吧。

PART

3

感測篇

第 27 章　DAQ 一資料擷取與控制

27-1　DAQ 概論

　　DAQ(Data AcQuisition) 稱為資料擷取，意指量測真實訊號的過程。由圖 27-1 所示，可以得知 LabVIEW 能藉由 DAQ(資料擷取) 卡擷取 Sensor(感測器) 的訊號 (包括類比與數位)，例如溫度、速度、濁度 (PPM)、酸鹼度 (pH)、流量、壓力與開關 (高位準與低位準)⋯等。由 DAQ 卡擷取進來的資料，可以透過 LabVIEW 的程式設計將其藉由網路傳送至遠端的電腦或手持裝置上，讓遠端的電腦或手持裝置能夠即時同步監控。

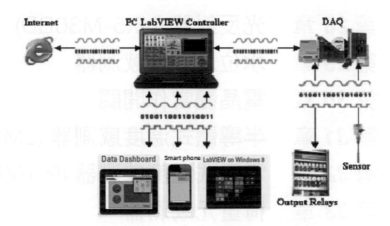

圖 27-1　LabVIEW 的遠端監控示意圖

　　假如你是一位家住高雄的水產養殖場老闆，而想要在家中隨時隨地監測位在屏東的養殖場之水溫，此時只要在屏東的養殖場架設一台安裝 LabVIEW 及 DAQ 卡驅動程式的電腦，並藉由 DAQ 卡透過溫度感測器讀取魚池的水溫到電腦上，接著再透過 LabVIEW 程式發送至網路上，只要輸入該網頁在網路上的網址，便可在任何地點對屏東的水產養殖場進行監測。

　　除此之外，也可以將透過 DAQ 卡讀取進來的資料存放在 Word 檔、Excel 檔及手持裝置，如智慧型手機或平板電腦，或者也可將資料透過 LabVIEW 中的程式設計，並藉由 DAQ 卡傳送至 Output Relays 上。例如當 LabVIEW 藉由 DAQ 卡讀取到溫度過低的訊號時，則透過 Output Relays 啟動一個加熱系統。

27-1.1　DAQ 卡之選擇

　　NI 公司生產的 DAQ 擷取卡依與電腦之間的連結有兩種選擇：(1)PIC 匯流排：為目前最常使用的內部電腦匯流排之一。PCI 可提供最高 1Gb/s 匯流排理想頻寬，以進行高速傳輸。(2)USB 通用序列匯流排：使用 USB 連結的裝置均為可熱插拔。若有興趣可上 http://www.ni.com.tw(NI 的官方網站) 查詢，裡面有更詳細的資料。圖 27-2 是 NI 的其中一張資料擷取卡，是採用 USB 介面，而圖 27-3 則是採用 USB-6008 介面。

　　在此，本文將會介紹 USB 介面 (DAQPad-6016) 匯流排規格的使用。此外，NI 公司尚有許多規格的資料擷取卡，在眾多的擷取卡，該如何去選擇，下列有 3 個選項可做為該如何選擇一張資料擷取卡的參考。

適用於 USB 的 NI DAQPad-6016

16 位元解析度、200 kS/s 取樣率、32 個數位 I/O 的多功能 DAQ 資料擷取卡

- 16 個類比輸入、32 個數位 I/O、2 個類比輸出、2 個計數器/計時器
- 內建訊號連結能力
- 針對更多通道或較高的取樣率，可採用 USB M 系列
- 亦提供 OEM 版本 (P/N 193368-01)，請來電詢問洽詢價格
- 與 LabVIEW、LabWindows / CVI、以及用於 Visual Studio .NET 的 Measurement Studio 有卓越的整合
- 隨插即用 USB 連結功能，便於快速設置

[+] 放大照片

產品選購指南 (英文) | 產品規格　

圖 27-2

NI USB-6008

12 位元、10 kS/s、低價位多功能 DAQ

- 8 個類比輸入 (10 kS/s、12 位元)
- 2 個類比輸出 (12 位元、150 S/s)；12 個數位 I/O；32 位元計數器
- 高機動性的匯流排供電功能；內建訊號連結功能
- 供應 OEM 版本
- 相容於 LabVIEW、LabWindows/CVI、Measurement Studio for Visual Studio .NET
- NI-DAQmx 驅動程式與 NI LabVIEW SignalExpress LE 互動式資料記錄軟體

圖 27-3

27-1.2 DAQ 卡之解析度的問題

解析度決定了取樣的一類比訊號是否能保持原先的形狀，愈接近原形則所需解析度愈高。若以 3 位元來記錄取樣，則其所能表達的組合種類是 2 的 3 次方，即 8，若以 8 位元的取樣大小能分辨出 256 個層次，若採 16 位元來取樣，則能分辨的差異將高達 2 的 16 次方，為 65536，其精確度自然大為提高。16bit 或 8bit 取樣的差別在於將訊號量化 (Quantization) 的解析度；量化的解析度越大，訊號起伏的大小變化就能夠更精細地被記錄下來。如果用將數位信號還原成類比訊號的角度來看，量化誤差就是失真 (Distortion)，可以用增加取樣大小的方式來降低量化誤差，也就是利用更多的位元 (bits) 來表示一個取樣訊號，這樣便可以提高對於電壓變化的靈敏度。

所謂的量化 (Quantization) 就是將連續的類比訊號分成一段一段的區間 (Interval)，每一段區間定義一個數位化的值。區間的數目是跟取樣大小有關。假設一個訊號它的最大值是 3.0，取樣大小為 3 個位元，則每個量化區間就是 $\frac{3}{2^3}$，也就是 0.375 單位。下面就為大家 Demo 一個例子，讓大家更了解到什麼是量化。

例 3 bit digital 的取樣值，如圖 27-4 所示。

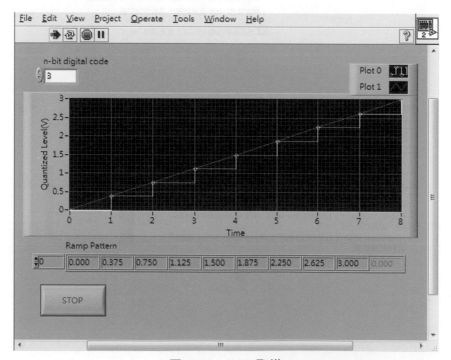

圖 27-4　3 bit 取樣

例　5 bit digital 的取樣值，如圖 27-5 所示。

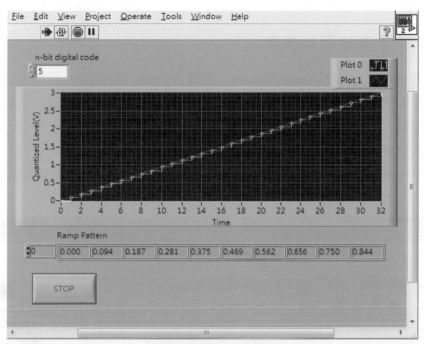

圖 27-5　5 bit 取樣

例　8 bit digital 的取樣值，如圖 27-6 所示。

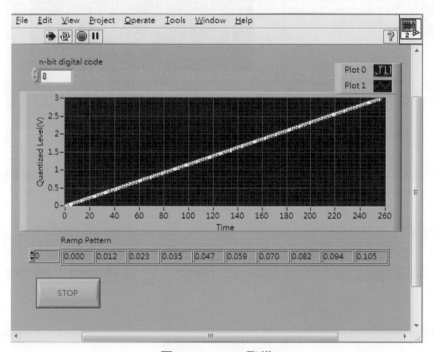

圖 27-6　8 bit 取樣

　　由上面的例子可得知，同一張 DAQ 卡上利用越高的解析度，則擷取到的訊號會越接近原始的訊號。

27-1.3 取樣速度及更新速度

　　首先，先為大家介紹 Nyquist theorem。根據 Nyquist Theorem，假如一訊號的最大頻率為 f_c，那麼取樣的頻率 f_s，應為 $f_s \geq 2f_c$。取樣頻率（Sampling Rate）指訊號在一秒之中對波形做記錄的次數。取樣率越高，所記錄下來的訊號就越清晰，當然，越高的取樣所記錄下來的檔案 f_s 就會越大。想必大家對這個式子會感到懷疑吧？為什麼一定要 $2f_c$，難道一倍就不行嗎？沒關係，下面為大家 Demo 一個例子，相信經過這個例子示範之後，大家會接受這個定義的意義。

　　設 $f_c = 500Hz$，$f_s \geq 2f_c$，所以 $f_s = 1000Hz$，如圖 27-7 所示。

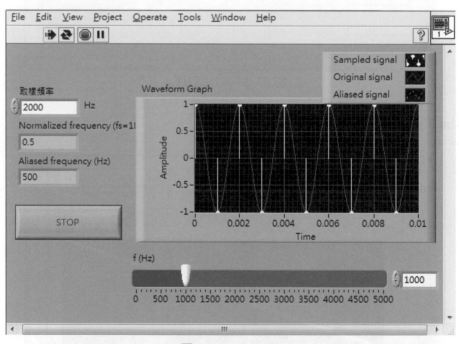

圖 27-7　$f_s \geq 2f_c$

　　那大家一定會懷疑，假如 $f_s < 2f_c$，又會如何呢？下面為大家介紹，為什麼 $f_s < 2f_c$ 不行。SR 為 Sampling rate，f 為 Aliased frequency，f ' 為 |Aliased frequency – Sampling rate|。

$f' = |f - SR|$

Example:

SR = 20,000 Hz

Nyquist Frequency = 10,000 Hz

f = 12,000 Hz --> f' = 8,000 Hz

f = 18,000 Hz --> f' = 2,000 Hz

f = 20,000 Hz --> f' = 0 Hz

從上面的例子，可以得到一個結論。當 If f<Nyquist Frequency ，這種情況叫做 aliasing，如圖 27-8 所示。

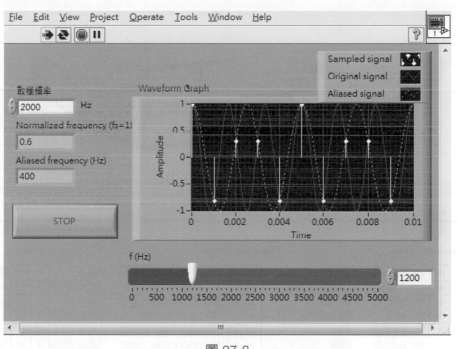

圖 27-8

27-1.4 類比輸入數目及數位 I/O 數目

依使用者所要開發之專題所要量測的訊號點數量，來決定需要多少數目的類比輸入及數位 I/O，就可依此來決定該使用那種擷取卡。如圖 27-2 DAQPad-6016 有 16 個類比輸入及 32 個數位 I/O，而圖 27-3 USB-6008 則只有 8 個類比輸入及 12 個數位 I/O，當然價格也成正比。

27-2 訊號輸入的模式

27-2.1 DAQPad-6016 與 USB-6008

1. DAQPad-6016

DAQPad-6016 為一台整合 DAQ 擷取卡與接腳介面的 DAQ 裝置，如圖 27-9 所示，其擁有 96 隻接腳，圖 27-10 為接腳說明圖，透過 USB 2.0 介面連結至電腦。

NI DAQPad-6016 (用於 USB)

圖 27-9 DAQPad-6016

Extended Digital				Digital and Timing				Analog			
P3.7	96	80	P3.3	P0.0	33	49	CTR 0 OUT	AI 0	1	17	AI 4
D GND	95	79	D GND	P0.1	34	50	PFI 8/CTR 0 SOURCE	AI 8	2	18	AI 12
P3.6	94	78	P3.2	D GND	35	51	D GND	AI GND	3	19	AI GND
P3.5	93	77	P3.1	P0.2	36	52	PFI 9/CTR 0 GATE	AI 1	4	20	AI 5
P3.4	92	76	P3.0	P0.3	37	53	PFI 5/AO SAMP CLK	AI 9	5	21	AI 13
D GND	91	75	D GND	P0.4	38	54	PFI 6/AO START TRIG	AI GND	6	22	AI GND
P2.7	90	74	P2.3	D GND	39	55	D GND	AI 2	7	23	AI 6
P2.6	89	73	P2.2	P0.5	40	56	PFI 7/AI SAMP CLK	AI 10	8	24	AI 14
P2.5	88	72	P2.1	P0.6	41	57	CTR 1 OUT	AI GND	9	25	AI GND
D GND	87	71	D GND	P0.7	42	58	PFI 3/CTR 1 SOURCE	AI 3	10	26	AI 7
P2.4	86	70	P2.0	D GND	43	59	D GND	AI 11	11	27	AI 15
P1.7	85	69	P1.3	AI HOLD COMP	44	60	PFI 4/CTR 1 GATE	AI GND	12	28	AI GND
P1.6	84	68	P1.2	EXT STROBE	45	61	PFI 1/AI REF TRIG	AI SENSE	13	29	AI GND
D GND	83	67	D GND	PFI 2/AI CONV CLK	46	62	PFI 0/AI START TRIG	AI GND	14	30	AI GND
P1.5	82	66	P1.1	+5 V	47	63	D GND	AO 0	15	31	AO 1
P1.4	81	65	P1.0	D GND	48	64	FREQ OUT	AO GND	16	32	AO GND

圖 27-10 DAQPad-6016 腳位說明

2.　USB-6008

USB-6008 共有 32 支腳位，為 12bit 解析度，10ks/s 取樣率包含了 8 個類比輸入，2 個類比輸出 (12-bit，150s/s)，12 個數位 I/O，和 31-bit 計數。其工作範圍：類比電壓 ±10V、電流最大限制 50mA；數位電壓正 5V、電流最大限制 200mA。

圖 27-11　USB-6008

USB-6008 介面的接腳是由一字型的螺絲起子鎖住，其接腳說明則如圖 27-12 所示。

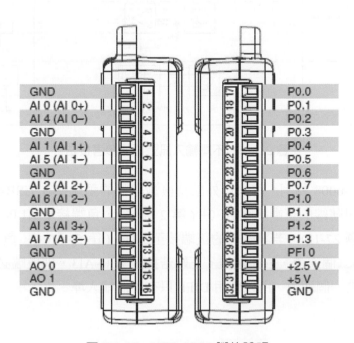

圖 27-12　USB-6008 腳位說明

27-2.2 DAQ 擷取訊號的模式

DAQ 擷取訊號的模式分為三種模式：

1. Differential(差動式量測模式)

DIFF(差動量測模式) 是指待量測系統的輸入訊號沒有連接到固定參考點，例如大地或建築物接地端。一個差動量測系統類似於一個浮接訊號源，因為量測時對接地端是浮接的。手持式裝置和以電池為電力來源的儀器都是屬於差動量測系統。圖 27-13 是 NI 提供的各種量測接法，使用者可根據輸入訊號源 (接地或浮接) 來決定如何連接待測元件。

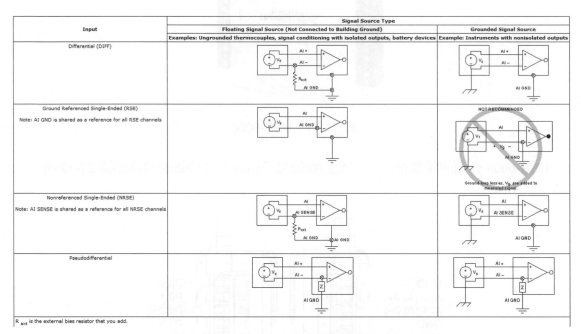

圖 27-13　不同輸入訊號源的參考接法

以 DAQ USB-6008 為例，將來自外部待檢測訊號的兩端接在 USB-6008 的兩個類比輸入接點上，將訊號線的正端接至 AI 0+ (第 2 腳位)，負端接至 AI 0- (第 3 腳位)，則為第一個通道 (圖 27-12)。若訊號線的正端接至 AI1+ (第 5 腳位)，負端接至 AI 1- (第 6 腳位)，則為第二個通道，依此類推。正端若接至 AI0~AI3，則負端必須接至相對應的 AI4~AI7 才可組成一個通道，所以使用 DIFF 只有 4 個輸入埠。

　　圖 27-14 是一個使用在 NI 元件的典型 8 通道差動量測系統的實現。類比多工器被用來當只有一個儀表放大器時來增加量測的通道數。圖中標示 AIGND，類比輸入接地，是量測系統的接地端。

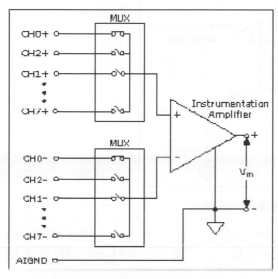

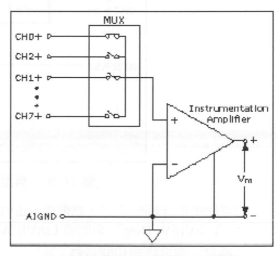

圖 27-14　典型 8 通道 DIFF 模式　　　　　圖 27-15　典型 8 通道 RSE 模式

2.　Referenced Single Ended (RSE)

　　RSE(具參考點的單端量測模式) 是將所有輸入通道的接地端皆連接至 GND 上。將來自外部待檢測輸入訊號的正端連接至 AI0+，負端連接至 GND，則為第一個通道；若輸入訊號的正端連接至 AI1+，負端連接至 GND，則為第二個通道。所以使用 RSE 會有 8 個 輸入埠，如圖 27-15 所示。

3.　Non-Referenced Single Ended(NRSE)

　　NRSE(不具參考點的單端量測模式) 是 RSE 量測技術的變種。由於 USB-6008 並沒有支援 NRSE 模式，所以在這裡只單純講解 NRSE 模式。在 RSE 量測模式中，所有量測通道的負端皆連接至整個量測系統的類比接地點 (AI GND) 上，但 NRSE 的量測模式中，其量測通道的負端則是可自訂的參考地端。假設將輸入訊號的正端連接至 CH0+，負端連接至 AISENSE，則為一個通道；若正端連接至 CH2+，負端連接至 AISENSE，則為第二個通道，以此類推，如圖 27-16 所示。

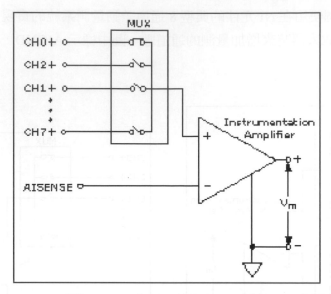

圖 27-16　典型 8 通道 NRSE 模式

註　想要知道更詳細的資訊，請開啟 LabVIEW 的主程式，再從 "Help" 下拉式選單中點選 "LabVIEW Help" 來開啟 LabVIEW Help 視窗。在 "索引" 內打上量測模式名稱並搜尋，即可找到相關資料。

注意事項

1. 要注意儀器的接地點是否有接到地表，若接地點不正確，測量值會與訊號來源有所誤差。

2. 如果您要量測低位準的電壓(低於2V)，最好使用differential模式，因為它可以消除共模雜訊，增加訊號雜訊比。其缺點是它比使用non-referenced single(NRSE)模式減少了一半可使用的

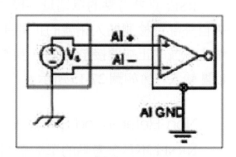

圖 27-17

頻道數。如果您量測的是一高電位的訊號，而且需要多個頻道數，您可使用(NRSE)模式。不要用 RSE 模式量測，它會產生接地迴路。

3. 請注意訊號與量測系統只能有一個接地，若訊號與量測系統都有接地，如圖 27-17 所示，會形成一個接地迴路，則測量值與訊號來源將有所誤差。

27-3　如何下載驅動程式及安裝

STEP 1　任何硬體一定要有驅動程式才可以使用，DAQ 卡當然也不例外。可以到 NI 的中文網站 (http://www.ni.com/zh-tw.html)，在首頁的表單點選 "支援" 來尋找驅動程式軟體，如圖 27-18 所示。

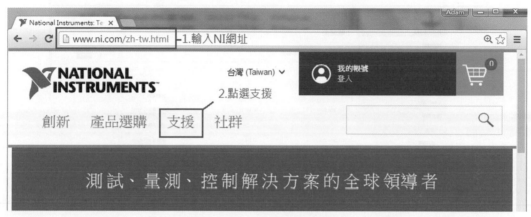

圖 27-10　NI 官方網站首頁

STEP 2　點選支援後，將選項調整為 "下載項目"，並輸入 USB-6008 後搜尋，如圖 27-19 所示。

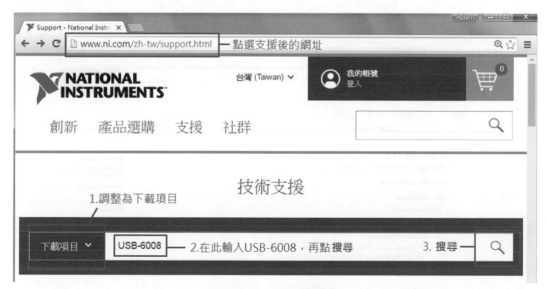

圖 27-19　輸入關鍵字

STEP 3 點選 NI-DAQmx 15.5 或是點選符合的硬體型號版本來進行下載，如圖 27-20 所示。(建議安裝最新版本)

圖 27-20　選擇 NI-DAQmx 15.5

STEP 4 點選後，進入 NI-DAQmx 15.5 的頁面，如圖 27-21 所示。

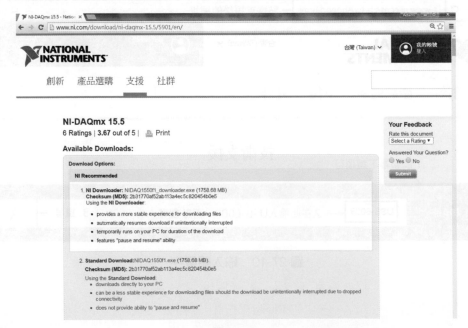

圖 27-21

　　如果要查詢軟體版本是否支援所使用的硬體，請將圖 27-21 的網頁往下拉，之後點開 Description 與 Supported hardware 的選項，如圖 27-22 所示。

圖 27-22

　　搜尋結果，如圖 27-23 所示，有搜尋到所輸入的硬體編號的話，那就代表此軟體版本是有支援所搜尋的硬體，確認後再回到此網頁的最上方。

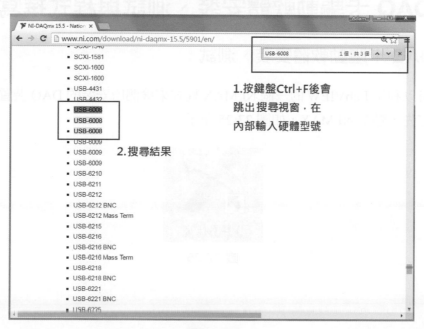

圖 27-23

STEP **5** 登入帳號密碼後，點選 NIDAQ1550f1_downloader.exe 或 NIDAQ1550f1.exe 即
可下載，如圖 27-24 所示 (請參考第 3 章，來選擇要使用哪種方式下載軟體)，
將下載完成的檔案安裝後就可以使用了。

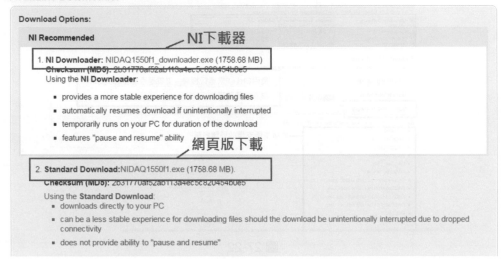

NI-DAQmx 15.5
6 Ratings | **3.67** out of 5 | 🖨 Print

Available Downloads:

Download Options:

NI Recommended   /─ NI下載器

1. **NI Downloader:** NIDAQ1550f1_downloader.exe (1758.68 MB)
Checksum (MD5): 2b31770af52ab113a4ec5c820454b0e5
Using the **NI Downloader**:

- provides a more stable experience for downloading files
- automatically resumes download if unintentionally interrupted
- temporarily runs on your PC for duration of the download
- features "pause and resume" ability   網頁版下載

2. **Standard Download:** NIDAQ1550f1.exe (1758.68 MB).
Checksum (MD5): 2b31770af52ab113a4ec5c820454b0e5

Using the **Standard Download**:
- downloads directly to your PC
- can be a less stable experience for downloading files should the download be unintentionally interrupted due to dropped connectivity
- does not provide ability to "pause and resume"

圖 27-24

27-4 DAQ 卡驅動軟體安裝、測試與程式撰寫

27-4.1 DAQ 卡驅動軟體安裝、測試

STEP **1** 可以利用 LabVIEW 的一個 NI MAX 程式來檢測所安裝的 DAQ 裝置是否正確。
首先，點選 NI MAX，如圖 27-25 所示。

圖 27-25

STEP 2 進入 Measurement & Automation Explorer 即可看出 DAQ 卡是否正確安裝，若安裝正確，在 Devices and Interface 即可發現安裝的 USB-6008，如圖 27-26 所示。

注意事項

也可以透過 Measurement & Automation Explorer 測試儀器是否有損壞。

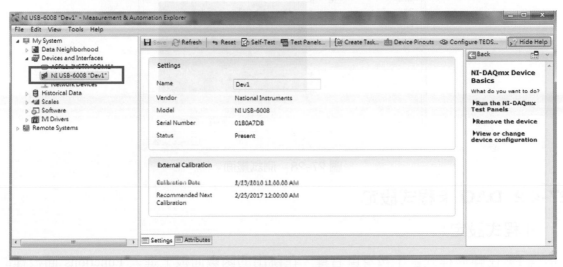

圖 27-26

STEP 3 點選「Devices and Interfaces → NI USB-6008 "Dev1"」，在右邊的面板即可觀察 NI USB-6008 的硬體資訊，如圖 27-27 所示。

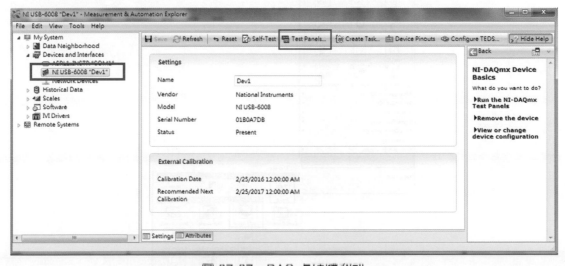

圖 27-27　DAQ 卡硬體資訊

STEP 4 接下來點選 Test Panels，點選後可以發現此面板共有 4 個表單，分別是 Analog Input 、 Analog Output、Digital I/O、Counter I/O，如圖 27-28。此面板也可測試 NI USB-6008 是否正常運作，可測試 Digital、Analog 與 Counter 各 Channel 是否正常運作。

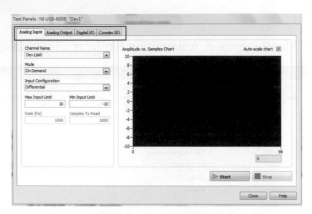

圖 27-28　測試畫面

27-4.2 DAQ 卡程式設定

1. AI 程式設定

STEP 1 在圖形程式區上按滑鼠右鍵，在跳出的函數面板上進入 Functions 面板裡的「Express → Input → DAQ Assistant」，如圖 27-29 所示。

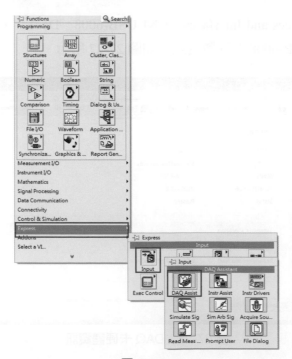

圖 27-29

STEP 2 進入 DAQ 小幫手之後，可以看到 step by step 的視窗畫面，在 DAQ 小幫手裡，它是採取選單式的方式來撰寫程式，選單中有 Acquire Signals、 Generate Signals，如圖 27-30 所示。

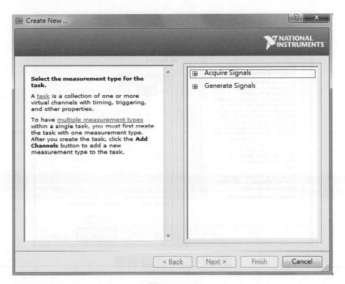

圖 27-30

STEP 3 按下 Acquire Signal 後，裡面又可分為 4 個項目，分別是 Analog Input、Counter Input、Digital Input、TEDS。首先，先點選 Analog Input，Analog Input 可以抓取不同的物理量，在選擇 Voltage，如圖 27-31 所示。但這裡只介紹 Voltage，其餘的用法大同小異，若有興趣可以自行使用看看。

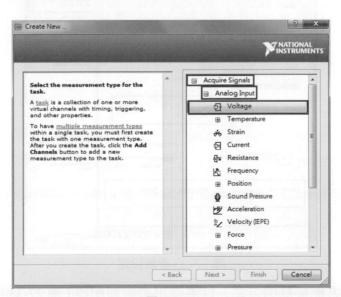

圖 27-31

STEP 4 點選 Voltage 後再點選 ai0，再按下 Finish 後完成，如圖 27-32 所示。點選 ai0 後訊號就會由 ai0 輸入，由於視窗所顯示出來的接腳為 ai0~ai7，所以使用 NI USB-6008 總共有 8 個類比輸入。

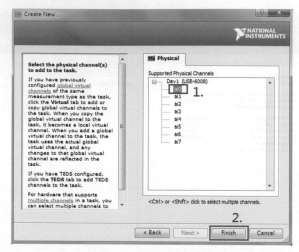

圖 27-32　通道選擇

STEP 5 接著，在 Configuration 表單上，訊號輸入範圍採用 -10 ～ 10，而訊號輸入方式則採用 RSE，如圖 27-33 所示。該面板之詳細說明，將在本章的第五節說明。

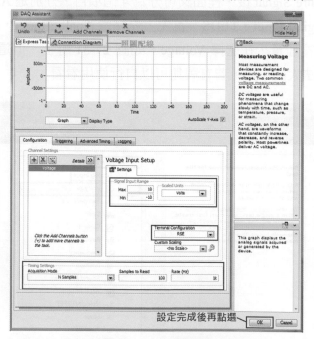

圖 27-33 參數設定

註 NI 提供一項方便接腳的方式，以供使用者照圖配線 (圖 27-33 中綠框 Connection Diagram，請自行參考)。

2. AI 多重訊號擷取

STEP 1 重覆 27-4.2 中的 步驟 1 ～ 步驟 3。

STEP 2 完成上述步驟後，選擇其中一個輸入通道後再按住鍵盤上的 shift 鍵後，再使用滑鼠點擊另一個通道即可擷取多個訊號。在此擷取六個通道為例，如圖 27-34 所示。接著，再點選 Finish 進行下一步。

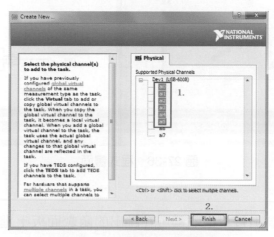

圖 27-34　擷取多通道訊號

STEP 3 接下來，再重覆 27-4.2 中 STEP 5 的步驟。接著，在圖形程式區上按滑鼠右鍵，在跳出的函數面板上進入「Express → Signal Manipulation」裡找到 "Split Signals" 函數，如圖 27-35 所示。

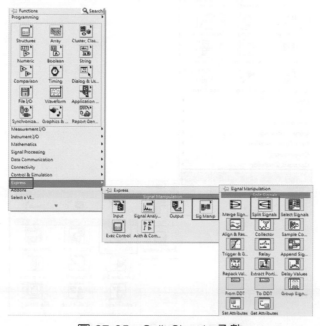

圖 27-35　Split Signals 函數

STEP 4 完成上述步驟後,將 DAQ Assistant 的 data 接往 Split Signals 函數,在人機介面上取得 "Tank"、"Meter" 與 "Thermometer" 這三個數值顯示元件,再將各元件如圖 27-36 之圖形程式區所示連接。

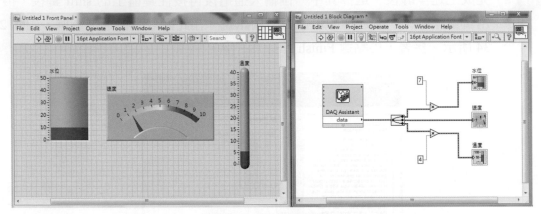

圖 27-36　程式畫面

3.　DI 程式設定

STEP 1 在圖形程式區上按滑鼠右鍵,在跳出的函數面板上進入 Functions 面板裡的「Express → Input → DAQ Assist」,如圖 27-37 所示。

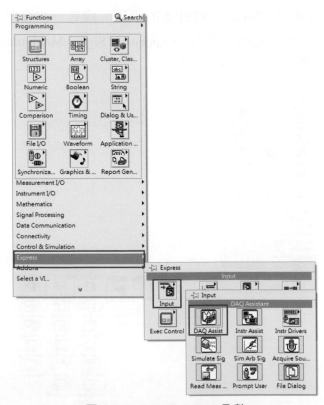

圖 27-37　DAQ Assist 函數

STEP 2 進入 DAQ 小幫手之後，選擇 Acquire Signals 中的 Digital Input，而 Digital Input 又可分為 Line Input 與 Port Input，如圖 27-38 所示。

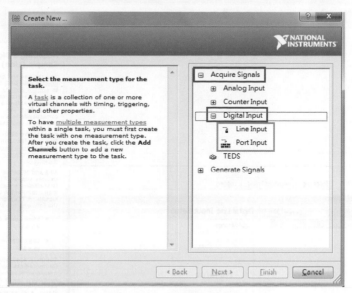

圖 27-38　選擇數位輸入

註　Line Input 是將 32 個 Digital Channel 各別拿來讀取或寫入，至於 Port Input 是將 32 個 Digital Channel 分成 4 個 Port，每次存取 8 個 Channel。

STEP 3 點選 Line Input 後，接下來再點選 port0/line0，再按下 Finish 後完成，如圖 27-39 所示。

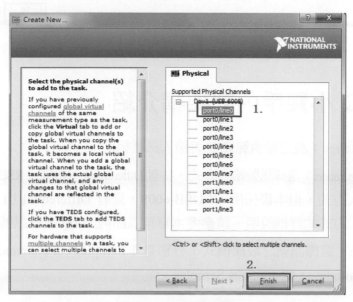

圖 27-39　參數設定

STEP ④ 最後，按下 OK 鍵之後，即可完成 Digital I/O 部份的設定，如圖 27-40 所示。

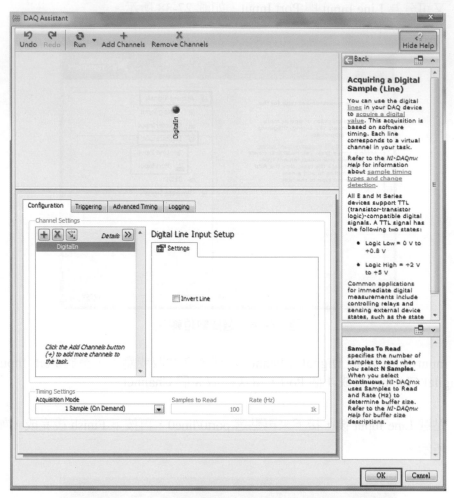

圖 27-40

27-5 DAQ 小幫手內部架構介紹

1. Signal Input Range：設定量測範圍並與輸入訊號相近。

2. Terminal Configuration：選擇訊號輸入方式，共有 Differential、NRSE、RSE、Pseudodifferential 四種訊號輸入方式，但本書採用 NI USB-6008，只有 Differential 與 RSE 兩種輸入方式。至於輸入方式的詳細說明，請參考本章第二節內 DAQ 擷取訊號的模式。

3. Acquire Mode：選擇訊號之取樣模式，分別是 1 Sample (On Demand)、1Sample (HW Timed)、N Samples 、Continuous Samples。

1 Sample (On Demand)：每執行一次程式，只會抓取一個取樣點，取樣速度取決於軟體時
　　　　　　　　　　　間 (可能會根據作業系統的忙碌程度而有影響)。

1 Sample (HW Timed)：每執行一次程式，只會抓取一個取樣點，取樣速度取決於硬體時
　　　　　　　　　　　間 (準確，不會受作業系統或程式所影響)。

N Samples：使用固定的硬體取樣頻率，將取樣訊號分成多個取樣點，達到取樣數後就停
　　　　　　止抓取信號 。

Continuous Samples：持續擷取樣本。

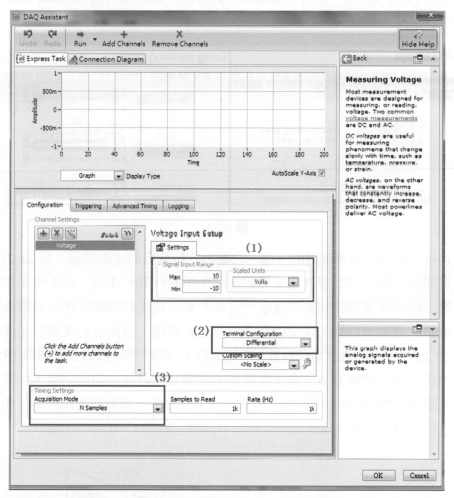

圖 27-41

第 28 章 光反射器 (NX5-M30BD)

28-1 光反射器的原理

NX5 系列光反射器是一種光遮斷式的光電開關。由兩台光反射器組成，一台負責發射光訊號，另一台負責接收。使用 24~240V AC 或 12~240V DC 來運作，有三種傳遞模式，分別為直射型 (Thru-beam)、反射型 (Retroreflective) 與擴散反射型 (Diffuse reflectice)，如圖 28-1 所示。

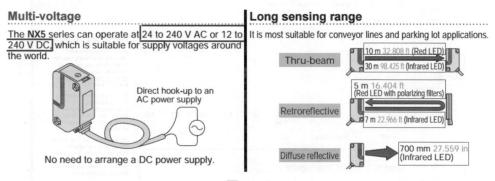

圖 28-1

反射式光遮斷器為光電開關的一種，它屬於非接觸型的光電開關。圖 28-2(a) 分別為直射型光電開關的發射器及接收器，發射器所使用的發射元件為一種不可見光的紅外線發射二極體，而接收器則使用具有接收不可見光及可見光的接收元件－光電晶體或紅外線接收二極體，發射器採用的是反射型當中的直射原理，因此發射及接收元件的擺設位置應如圖 28-2(b) 所示的方式加以放置 (中間那組)，同時發射 (Tx) 以及接收 (Rx) 元件應平行並列放置與檢測物成垂直方向，才能使本設備發揮最佳的動作功能，以增加有效的檢測距離，圖 28-2(b) 從左上角到右下角分別為：反射型、直射型及擴散型。如需要查閱更多詳細資訊，請至光碟內本章節的資料夾中開啟 "附件 4" 的中文介紹。

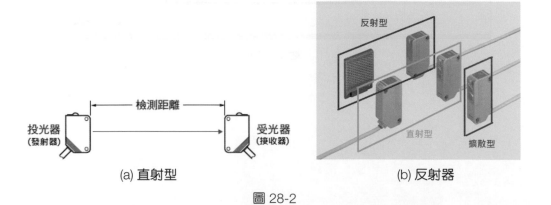

(a) 直射型　　　　　　　　　　(b) 反射器

圖 28-2

28-2　NX5-M30BD 介紹

　　NX5-M30BD 擁有一個光反射器與一個傳送器，用來發射與接收紅外光。每個型號所感測的距離與方式都不一樣，在這裡所使用的 NX5-M30 測量範圍為 0~30m，使用的發光元件為紅外線 LED，使用時溫度範圍為 –20~55℃，周圍濕度 35~85%RH，使用時周圍亮度不可超過 3500l。光反射有兩種模式可以使用，分別為入光啟動與遮光啟動，入光啟動為接收到發射端所射出的光訊號才會回傳訊息，遮光啟動為接收端失去發射端的光訊號才會回傳訊息。偏光濾鏡是用來處理透明物體反射所造成的不良光反射，在後面會介紹到詳細的功能。表 28-1 為各類型的相關資訊，表 28-2 為特性。如需要查閱更多詳細資訊，請至光碟內本章節的資料夾中開啟 "附件 5" 的中文介紹。

表 28-1　各類型光反射器

類型		實體	感測範圍	型號	發光元件	輸出
直射型 (對照型)	入光啟動		10m	NX5-M10RA	紅色 LED	繼電器觸點 1c
	遮光啟動			NX5-M10RB		
	長距離 入光啟動		30m	NX5-M30A	紅外線 LED	
	遮光啟動			NX5-M30B		
反射型 (回歸反射型)	偏光濾鏡 入光啟動		0.1~5m	NX5-PRVM5A	紅色 LED	
	遮光啟動			NX5-PRVM5B		
	長距離 入光啟動		0.1~7m	NX5-RM7A	紅外線 LED	
	遮光啟動			NX5-RM7B		
擴散反射型	入光啟動		700mm	NX5-D700A	紅外線 LED	
	遮光啟動			NX5-D700B		

表 28-2　NX5-M30 的特性

名稱	NX5-M30A/ NX5-M30B
距離	30m
電源	24 ～ 240V AC，12 ～ 240V DC
使用時周圍溫度	－ 20 ～ +55℃
保存溫度	－ 30 ～ +70℃
使用時周圍濕度	35 ～ 85%RH
保存濕度	05 ～ 85%RH
使用時周圍亮度	3,500 l x 以下

　　如圖 28-3(a) 為光反射器不同類型的感測方式，有對照型、回歸反射型與擴散反射型 (參照表 28-1)，這些感測方式是為了檢測物體表面是否有異物或變化，當有異物或變化時，將會影響射出去的光線進而產生反射，便可以知道這檢測物是有問題的。

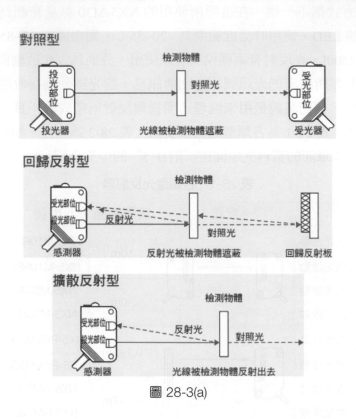

圖 28-3(a)

　　一般的平面光反射，入射角＝反射角，例如：鏡子，稱為「對照型」，如圖 28-3(b)。光線就會反覆進行正反射，反射光最後到達方向與投光方向相反，這種反射方式就稱之為「回歸反射型」，如圖 28-3(b)。像是白紙等不具光澤性的表面，所以光會被反射到所有的方向，因此稱之為「擴散反射」，如圖 28-3(b)。

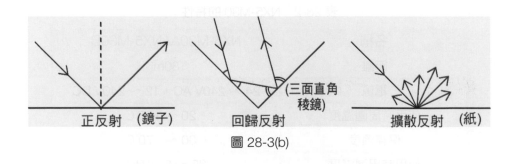

圖 28-3(b)

　　如圖 28-4 為光反射器的一些簡單的運用方式。偵測車輛的停靠位置與偵測輸送帶上的物品，例如機械式停車場 (直射型) 與肉品輸送帶 (反射型)，還能運用在各種不同的地方，等待自行去開發及應用。

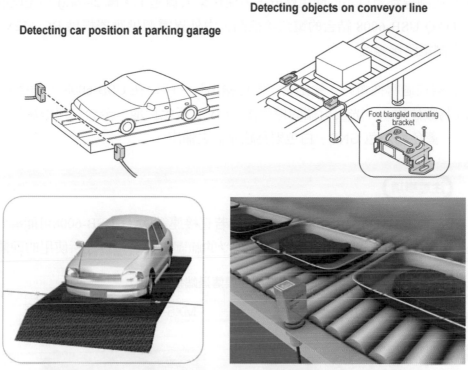

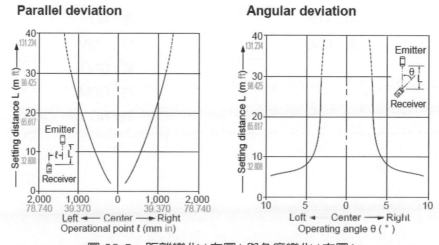

圖 28-4　光反射器簡單的應用

　　NX5-M30A 與 NX5-M30B 發射器 (Emitter) 及接收器 (Receiver) 的距離和角度變化，如圖 28-5 所示。當兩者的距離越來越遠，接收器能接收到的範圍就會變寬。當兩者的角度越偏差越大，接收器能接收到的範圍便會縮小。

圖 28-5　距離變化 (左圖) 與角度變化 (右圖)

28-3 光反射器元件與 DAQ 卡連結

表 28-3 為光發射端和光反射端接線端子的功能說明。工業標準化產品一般都有附配線示意圖且控制線都會以不同顏色區分，方便作業人員施工。圖 28-6(a) 為光反射器與光傳送器和 DAQ USB-6008 結合的電路接線圖，由外界電源供應器提供 DC +12V。圖 28-6(b) 則為實體電路接線圖。

光反射器經過轉換電路，輸出為"數位輸出"，所以在 USB-6008 上選擇 Channel 0 第 17 接腳為數位輸入。光反射端的棕色接 +12V、藍色接地。至於光傳送端的黑色與棕色接 +12V、藍色與灰色 GND、白色則為感測器之輸出。

注意事項

因為NX5-M30BD之輸出為 +12V，若直接連結DAQ USB-6008可能導致硬體燒毀，請先串聯電阻降壓至硬體能承受的範圍內後，再接往所使用的硬體。

表 28-3 光反射器與傳送端接腳說明

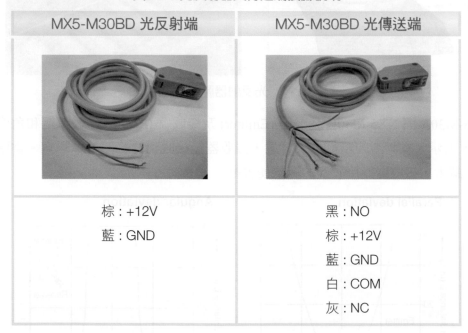

MX5-M30BD 光反射端	MX5-M30BD 光傳送端
棕：+12V 藍：GND	黑：NO 棕：+12V 藍：GND 白：COM 灰：NC

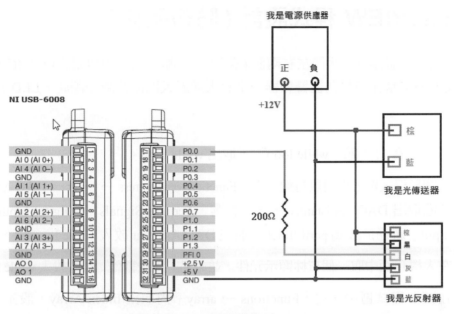

(a) 電路圖

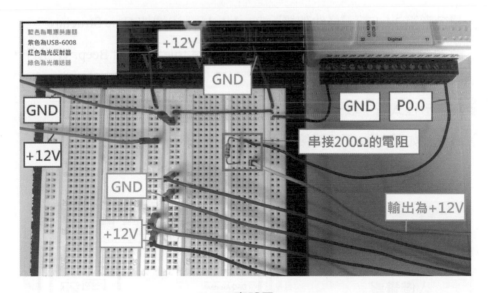

(b) 實體圖

圖 28-6

28-4 LabVIEW 程式設計 (防盜系統)

將一對光反射器擺放在大門左右兩側(需對準兩側的光源與接收器),並依下列步驟將程式完成,即可當作簡易防盜警報器。當有人通過大門而遮斷光源時,LED 警報燈會亮起。

STEP 1 請參考第 11-1 節 "while loop",取出 while loop。

STEP 2 在圖形程式區上按滑鼠右鍵,從「Functions → Express → Input → DAQ Assistant」裡面取出 DAQ Assistant.vi,再來點選「Acquire Signals → Digital Input → Line Input」將通道設為 port0/line0,並把 DAQ Assitant 放入 while loop 內。

STEP 3 在人機介面中取一個布林顯示元件,並命名 "入侵警報",並放入 while loop 內。

STEP 4 在圖形程式區中,從「Functions → array」內取出 Index Array,設定 index 腳位為 0,放入 while loop 內。

STEP 5 請參考第 14-1 節 "條件架構" 在 while loop 內增加 Case Structure。

STEP 6 請參考第 17 章 "聲音" 在 Case Structure true 內增加 Beep. vi 元件,並設定 2000Hz 且延遲 1 秒。

STEP 7 在圖形程式區中取一個 Wait 元件,並設定為 500 毫秒。

STEP 8 將元件如圖 28-7 所示連接起來。

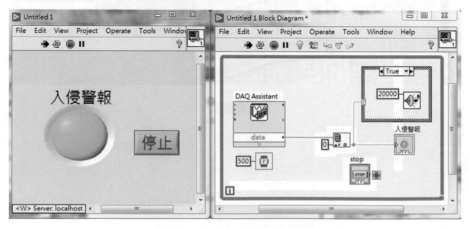

圖 28-7 LabVIEW 程式介面

第 29 章　水位及液位感測器

29-1　常用液位檢測原理分析

在量測液位之前，必須知道要量測的對象是什麼？量測範圍為何？再決定使用哪一種感測器？目前國內外在液位監測方面採用的技術和產品很多，按其採用的測量技術及使用方法分類已多達十餘種，新的測量技術也不斷湧現，歸納起來主要有以下幾種：

1. 差壓式液位測量

差壓傳感器 (如圖 29-1 所示) 是利用液體的壓差原理，在液體底部檢測液底壓力和標準大氣壓的壓差，單晶矽固態壓阻傳感器是其核心元件。液體底部壓力使半導體擴散矽薄膜產生形變，引起電橋不平衡，輸出與液位高度相對應的電壓，從而獲取液位信號。這類測量儀表適用于液體密度均勻、底部固定條件下的液位檢測。

圖 29-1　差壓式液位傳感器

2. 浮體式液位測量

浮體式測量儀表主要分為浮筒式 (如圖 29-2 所示) 與浮子式。一般情況下，浮體和某個測量機構相連，如重錘或內置若干個磁簧繼電器的不鏽鋼管，浮體的運動被重錘或對應位置上的磁簧繼電器轉換為相對應的液位 (如圖 7-3 所示)。這類型的測量裝置僅適用于清潔液體液面的連續測量與位式測量，不宜在髒污的、黏性的以及在環境溫度下凍結的液體中使用。因為有可動元件，機械可動部分的摩擦阻力也會影響測量的準確性。

在圖 29-3 中可以很明顯的看出浮筒相當於一個液位感測器，利用槓桿原理來控制出水口的開啟。

圖 29-2　浮筒式液位計

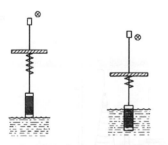

圖 29-3　浮筒式液位計使用示意圖

利用一浮筒來當做液位的感測器，當滿水位時自然的將開關關閉，而當水位降低時，又將它打開如圖 29-4 所示。

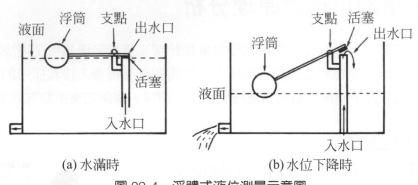

(a) 水滿時　　　　　　　　　　(b) 水位下降時

圖 29-4　浮體式液位測量示意圖

3. 非接觸型液位測量

　　非接觸型液位測量包括超音波液位測量 (如圖 29-5 所示) 和紅外線測量等。超音波液位測量儀表先發射聲波，再測量聲波到達所測液面后反射回來所需時間，利用該時間與液位高度成比例的原理來進行測量，可用於多液面的測量，但超音波式儀表必須用於能充分反射聲波，且傳播聲波的均勻介質對象 (如圖 29-6 所示)。利用紅外線元件來判別液面的高低有一好處，即不限制液體的種類 (酸或鹼) 皆可檢測，但有一項缺點，就是設備昂貴。紅外線元件是利用反射式的偵測裝置，計算發射收回的時間來判斷液面的高低。亦有利用光遮斷器所製成的液面感測器，不過，其液面必須有輕微的不可透光性才易於檢測，如圖 29-7 所示。

圖 29-5　超音波液位計

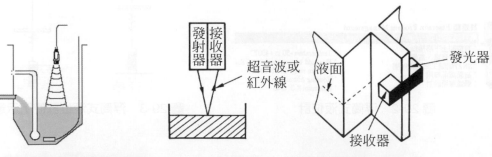

圖 29-6　超音波液位計使用示意圖　　　圖 29-7　紅外線液位感測示意圖

4.　電容式液位測量

　　電容式液位傳感器是利用被測對象物質的導電率，將液位變化轉換成電容變化來進行測量的一種液位計。與其他液位傳感器相比，電容式液位傳感器具有靈敏性好、輸出電壓高、誤差小、動態附應好、無自熱現象、對惡劣環境的適用性強等優點。常見的電容式傳感器測量電路有變壓器電橋式、運算放大器式及脈波寬度式等。這類儀表適用于腐蝕性液體、沈澱性液體以及其它化工工藝液體液面的連續測量與位式測量，或單一液面的液位測量。

5.　直流電極式液位測量

　　這是一種電極接觸式液位測量方法，其檢測原理是利用液體的導電特性，將導電液體的液面升高與電極接通，視為電路的開關閉合，該信號直接或經由一個電阻及一個三極管組成的簡單電路傳給後續處理電路。電極用金屬材料製成，縱向依次排列在空芯棒外或安裝在棒內，且在棒上至少開一個入口、使電極能夠與被測液體接觸。並且要注意的是只能使用在導電液體之中，並且使用交流電源以免產生電解作用。這種方法中測點數目與測量精度因電極的排列模式而受到限制，其構成形式決定了管內和管表面空隙處易滯留污物造成極間連接，使傳感器失效。這種檢測方法僅適用於導電液體的液位測量。

　　以上液位檢測方法，一般要求被測量液體有均勻的濃度和單一界面 (空氣與液體分界面)。超音波液位測量能測量多層液體界面，但要求液體濃度均勻，純淨度好，並且在小距離測量中不便使用。

29-2　自行研發之水位控制器

　　利用導電體液面上升到碰到電極棒時導通，而檢知其準位。因此利用此一原理將電極棒作成長短不同，以控制液面之高限與低限。應用範例 : 家中水塔水位監控配合抽水馬達進水。

　　水塔是每個建築都有的重要物件，只要有用到水的地方一定就會有水塔的存在。水塔的水位控制也是非常重要的部分，當水塔沒水時，將會影響水流量以及水壓大小等，甚至有時候會導致無水可用的情況。因此本書獨創出新的水塔水位控制器，有別於傳統浮球式水塔水位控制器。本書中的水位控制器更加的穩定且不會出錯，一旦將水位控制用的長、中、短棒設置完成後，便可放心地交給該電路來自行運轉。不只出錯機率大幅降低，本電路也相當簡潔且成本低廉，因此本電路遠優於傳統浮球水位控制。

在開始前，請先準備如表 29-1 所示的材料。

表 29-1

材料	數量
CD4049 IC	1 個
CD4013 IC	1 個
1MΩ 精密電阻	2 個
2.2MΩ 精密電阻	2 個
4.7kΩ 精密電阻	1 個
0.1μ 無極電容	2 個
1N4001	2 個
8050 電晶體	2 個 (可用 1815 代替)
繼電器 5V (AC110 1A)	1 個
沉水馬達 110V(配軟管)	1 個
110V 延長線插座 (將一端剪斷並套上杜邦頭 - 公)	1 條
液體容器 (模擬養殖池與蓄水池)	2 個

如圖 29-8 為獨自創新的水位監測電路，與傳統市售電路設計不一樣。圖中的設計使用了 CMOS 邏輯閘電路，使用三根長、中與短棒來設定水位之高低。利用 RS 正反器來控制繼電器的 ON/OFF，利用 RS 正反器來控制 Relay 的 ON-OFF，進而決定水塔進水動作。而圖中的長棒置於水塔底部，當水位低於下限時 (即中棒未接觸到池水時)，會使 RS 正反器 Q 的輸出為 1，$\bar{Q}$ 的輸出為 0。此時，馬達會開始抽取自來水加入到水塔內。當池水的高度持續增加至接觸到中棒時馬達仍持續動作進行抽水，不會改變 RS 正反器的輸出。此時馬達仍然持續抽水至水塔中直到池水滿至碰到短棒 (水位上限位置) 時，才會使 RS 正反器的輸出狀態 Q 的輸出為 0，$\bar{Q}$ 的輸出為 1，並停止抽水加入到水塔中。當水塔容量降低到中棒與長棒間時，會使 RS 正反器 Q 的輸出轉為 1，$\bar{Q}$ 的輸出為 0，再次開始進水。表 29-2 為 RS 正反器的真值表。

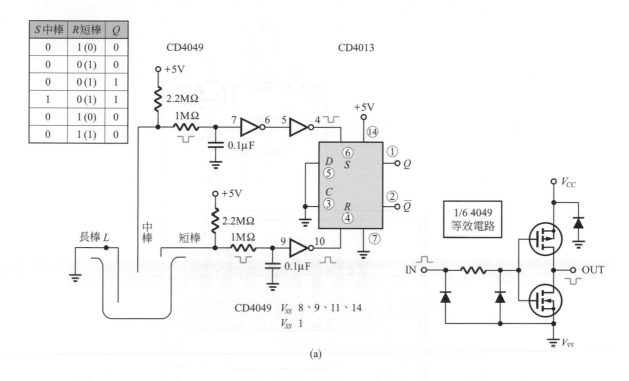

S中棒	R短棒	Q
0	1 (0)	0
0	0 (1)	0
0	0 (1)	1
1	0 (1)	1
0	1 (0)	0
0	1 (1)	0

(a)

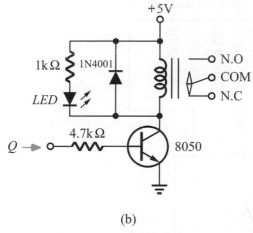

(b)

圖 29-8　水塔水位控制器

表 29-2　正反器的真值表

S 中棒	R 短棒	Q
0	1(0)	0
0	0(1)	0
1	0(1)	1
0	0(0)	1
0	1(1)	0
0	0(1)	0

29-3　訊號處理

29-3.1　自行研發之水位控制器

　　圖 29-9 為獨自創新的水塔水位控制器，並且搭配了 DAQ 6008 以及 LabVIEW 人機介面，可更加直觀的得知水塔水位狀況。

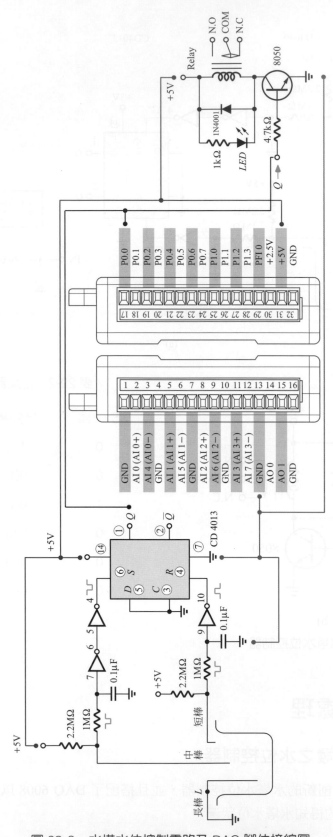

圖 29-9　水塔水位控制電路及 DAQ 腳位接線圖

29-3.2 LabVIEW 程式設計

STEP 1 請參考 11-1 節 "While Loop" 並取出 While Loop。

STEP 2 利用 DAQ Assistant，Step by Step 來完成所需的程式。其 DAQ Assistant 的設定步驟參考之前電晶體開關的 DAQ Assistant 的設定步驟後，放入 While Loop 內。

STEP 3 在人機介面取出兩個布林顯示元件，並取名缺水 (啟動抽水馬達) 及滿水 (關閉抽水馬達)。

STEP 4 在圖形程式區中，從「Functions → array」內取出 Index Array 放入迴圈內。

STEP 5 在圖形程式區中從「Functions → Bolean」取出 Not 放入迴圈內。

STEP 6 在圖形程式區中取出 Wait 元件，並設定 200 毫秒放入迴圈內。

STEP 7 將元件如圖 29-10 所示連接起來。上述步驟完成後，先將長、中、短棒放置養殖模擬容器中，如圖 29-11 所示。

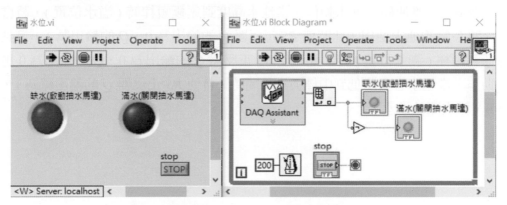

圖 29-10　LabVIEW 程式介面

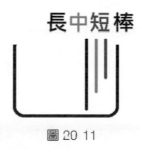

圖 20 11

29-3.3 水位溢位控制器

　　台灣於夏季 7 ～ 9 月的颱風季中，往往造成淹大水的情況，在早期更有鄉鎮於淹水時，在自家中撈魚的現象，因此，本子系統設計之目的乃在於調節水位在安全高度範圍。當豪雨來時，大量的雨水若入養殖池中，傳統養殖池的設計是採用溢水排洩方式。但當雨量超過排洩量時，仍然有淹過圍堵層的情形發生。因此最好加一自動抽水馬達，避免漁獲損失。當炎炎夏季，養殖池的水量因蒸發而減少時，亦不利於魚群生存，因此，也需一套自動抽水馬達抽取地下備用水池，以補充養殖池的水量至正常高度。

　　圖 29-12 為由水塔水位控制器所延伸的水位溢位控制器。它比一般傳統的水位控制器多了一項溢位排水的控制，並且搭配了 DAQ 6008 以及 LabVIEW 人機介面，可以很直觀的得知養殖池水位狀況。此設計使用了邏輯閘電路，由四根長、中、短、溢位棒來設定水位之高低，利用 RS 正反器來控制 Relay 的 ON-OFF，進而決定養殖池進水及排水動作。圖中的長棒置於養殖池底部，當水位未達滿水位時 (即短棒未接觸到池水時)，會使 RS，正反器 Q 的輸出為 1，Q 的輸出為 0。此時，馬達會抽取儲備水池的水加入到養殖池中直到池水滿至碰到短棒 (滿水位置) 時，才會使 RS 正反器的輸出狀態 Q 的輸出為 0，Q 的輸出為 0，馬達便停止抽水動作。當池水高度到達極短棒時 (溢水位置)，將會啟動抽水馬達將多餘的池水抽出，此時使 RS 正反器 Q 的輸出為 0，Q 的輸出為 1，等到水位高度降低到短棒 (滿水位置) 時，此時使 RS 正反器 Q 的輸出為 0，Q 的輸出為 0 馬達停止排水動作。當池水容量降低到中棒與短棒間時，會使 RS 正反器 Q 的輸出轉為 1，Q 的輸出為 0，再次開始進水。

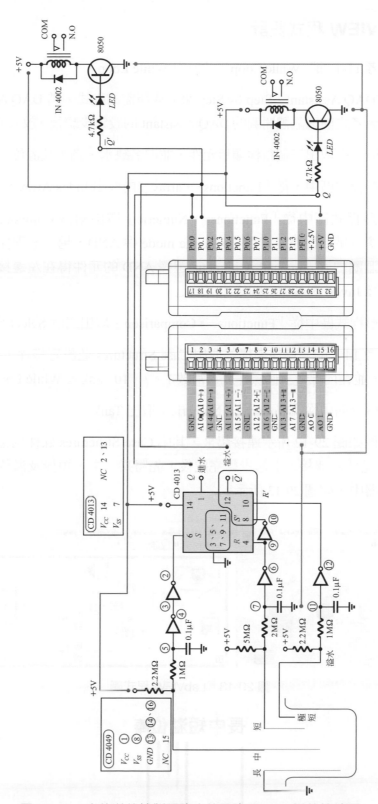

圖 29-12　水位溢位控制電路水位電路及 DAQ 腳位接線圖

29-2.4 LabVIEW 程式設計

STEP 1 請參考 11-1 節 "While Loop" 並取出 While Loop。

STEP 2 利用 DAQ Assistant，Step by Step 來完成所需的程式。其 DAQ Assistant 的設定步驟參考之前電晶體開關的 DAQ Assistant 的設定步驟後，放入 While Loop 內。

STEP 3 在人機介面取出三個布林顯示元件，並取名缺水、滿水及溢位。

STEP 4 在圖形程式區中，從「Functions → array」內取出 Index Array 放入迴圈內。

STEP 5 在圖形程式區中從「Functions → Numeric」取出兩個 Compound Arithmetic，對右邊 + 號處點擊左鍵選擇 Change mode 中 AND，另一個則保持原本 + 號後放入迴圈內 (Compound Arithmetic 選擇 AND 的元件得在左邊接點點擊右鍵，並選擇 Invert 對其做反閘後才可接上)。

STEP 6 在圖形程式區中從「Functions → Comparison」取出三個 Select 放入迴圈內。

STEP 7 請參考 14-1 節 "條件架構" 取出 Case Structures 並設定條件 1，Default、2 以及 3，並在內部各三個條件放入常數 1、7、10 並放入 While Loop 內。

STEP 8 在人機介面中從「Modern → Numeric」取出 Tank。

STEP 9 將元件如圖 29-12 所示連接起來，其中 Case Structures 條件內部常數皆必須與 Tank 元件做連接。上述步驟完成後，先將長、中、短棒及溢位棒放置養殖模擬容器中，如圖 29-13 所示。

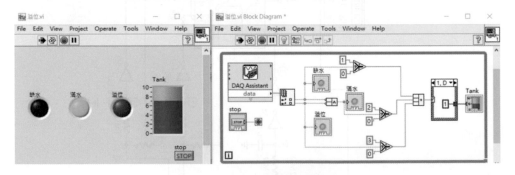

圖 29-13　LabVIEW 程式圖

圖 29-14

第 30 章　電晶體當作開關

30-1　電晶體和繼電器原理介紹

電晶體當作開關使用時，只會在飽和區和截止區來回運作。當基 - 射極間沒有順向偏壓時，電晶體是呈現截止的狀態而其輸出相當於 Vcc，電晶體等同於開路。當基 - 射極間有順向偏壓時，電晶體是呈現飽和的狀態而其輸出相當於 0.3V，電晶體等同於短路。

電晶體詳細特性如圖 30-1(右) 所示，其中包含飽和電壓：0.3V~1V 和開啟 (關閉) 的延遲時間：35ns、285ns。如圖 30-1(左) 所示電晶體的腳位圖，由左至右分別為射極、基極、集極。

2N2222

TO-92
1. Emitter　2. Base　3. Collector

Electrical Characteristics * Tₐ = 25°C unless otherwise noted

Symbol	Parameter	Test Condition	Min.	Typ.	Max.	Units
V(BR)CBO	Collector-Base Breakdown Voltage	IC = 10μA, IE = 0	75			V
V(BR)CEO	Collector-Emitter Breakdown Voltage	IC = 10mA, IB = 0	40			V
V(BR)EBO	Emitter-Base Breakdown Voltage	IE = 10μA, IC = 0	6.0			V
ICBO	Collector Cutoff Current	VCB = 60V, IE = 0			0.01	μA
IEBO	Emitter Cutoff Current	VEB = 3.0V, IC = 0			10	nA
hFE	DC Current Gain	VCE = 10V, IC = 0.1mA,	35			
		VCE = 10V, IC = 1mA,	50			
		VCE = 10V, IC = 10mA,	75			
		VCE = 10V, IC = 150mA,	100		300	
		VCE = 10V, IC = 500mA,	40			
VCE(sat)	Collector-Emitter Saturation Voltage	IC = 150mA, IB = 15mA			0.3	V
		IC = 500mA, IB = 50mA			1	V
VBE(sat)	Base-Emitter Saturation Voltage	IC = 150mA, IB = 15mA		0.6	1.2	V
		IC = 500mA, IB = 50mA			2.0	V
fT	Current Gain Bandwidth Product	IC = 20mA, VCE = 20V, f = 100MHz	300			MHz
Cobo	Output Capacitance	VCB = 10V, IE = 0, f = 1.0MHz			8	pF
tON	Turn On Time	VCC = 30V, IC = 150mA, IB1 = 15mA, VBE(off) = 0.5V			35	ns
tOFF	Turn Off Time	VCC = 30V, IC = 150mA, IB1 = IB1 = 15mA			285	ns
NF	Noise Figure	IC = 100μA, VCE = 10V, RS = 1KΩ, f = 1.0KHz			4	dB

* DC item are tested by Pulse Test : Pulse Widths≦300μs, Duty Cycles≦2%

圖 30-1

繼電器常被用來控制機電設備，如家用電器、自動控制、配電盤及電源供應器等等，而在此將用它來控制風扇和加熱器燈開或關的動作，還有其他更廣泛的應用靜待發掘。

繼電器的規格表如圖 30-2(右) 所示，其中 "線圈額定電壓" (Coil Nominal Voltage)、線圈電阻 (Resistance Tol)、額定電流 (Nominal Current)、最大吸合電壓 (Maximum Pick Up Voltage)、最小釋放電壓 (Minimum Drop Out Voltage)。

線圈額定電壓是依型號做判斷，假如繼電器型號是 LU-12 那麼線圈額定電壓就等於 12V 同理可證 LU-5 其線圈額定電壓等於 5V。額定電流指的也是繼電器所能承受的最大電流，

　　吸合電壓是指繼電器能夠產生吸合動作的最小電壓，釋放電壓是指繼電器產生釋放動作的最大線圈電壓。如果減小在吸合狀態的繼電器的線圈電壓，當電壓減小到一定程度時，繼電器觸點將恢復到線圈未通電時的狀態。

　　圖 30-2(左) 所示繼電器的腳位圖，其中上方三隻腳由左至右分別為 "常態短路" NC(Normal Closed)、CoilA、"共同腳位" COM(Common)，下方三隻腳由左至右分別為 "常態開路" NO(Normal Open)、CoilB、"共同腳位" COM(Common)。

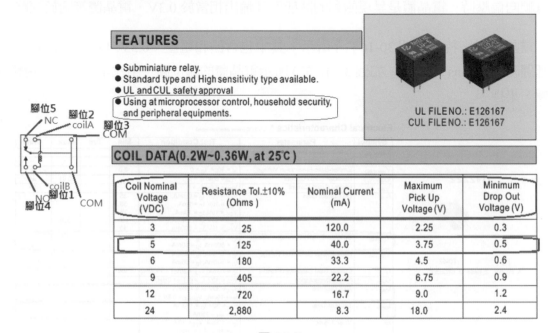

圖 30-2

30-1.2　電路工作分析

　　當基 - 射極間沒有順偏時，電晶體是呈現截止的狀態。忽略漏電流則電晶體所有電流均為零，V_{CE} 等於 V_{CC}。這時繼電器的線圈端沒有電壓，所以繼電器此時是不會有動作的，此時接在 NO 上的燈泡就會熄滅。當基 - 射極間為順偏時，電晶體是呈現短路的狀態。這時繼電器的線圈端會有 5V 的電壓通過，此時繼電器就會動作，而簧片就會被吸過去 NO 端，此時接在 NO 上的元件就會開始動作。電晶體當作開關電路與 DAQ 卡的連結如圖 30-3 所示，其中繼電器腳位 1 為 Coil B、腳位 2 為 Coil A、腳位 3 為 COM、腳位 4 為 NO、腳位 5 為 NC。實體電路如圖 30-4 所示。

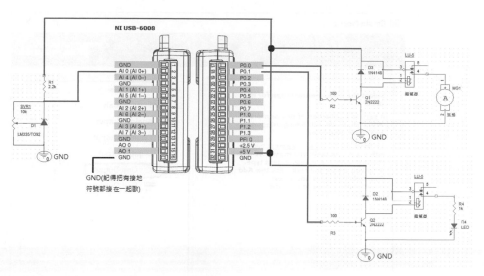

圖 30-3

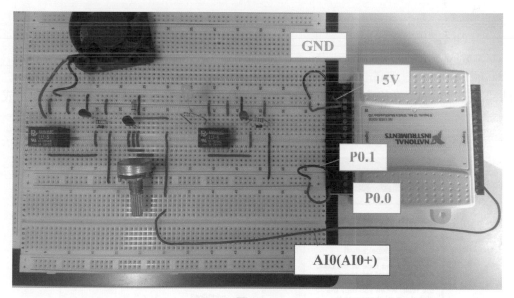

圖 30-4

30-2　程式撰寫

30-2.1　Digital I/O 的介紹

　　現在為大家介紹 Line Output。Line Output 的操作模式跟 Line Input 大同小異。在圖形程式區內按滑鼠右鍵，點選「Functions → Express → Output → DAQ Assistant」。選擇「Generate Signal，Digital Output」，然後點選 Line Output。如圖 30-5 所示。

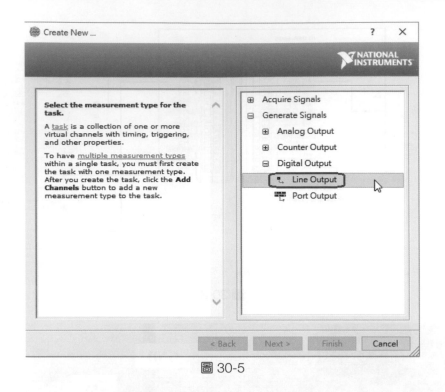

圖 30-5

點選 Line Output 之後會出現下面的選單，如圖 30-6 所示。然後按 Finish 後完成。

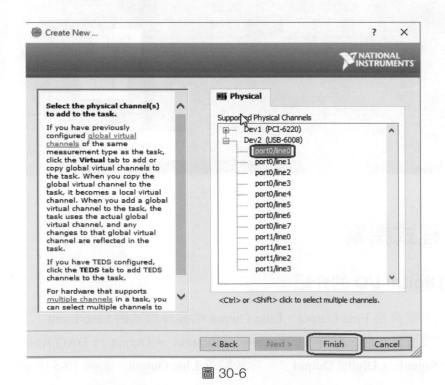

圖 30-6

接下來會出現下面的畫面，按下 OK 鍵之後，即可完成 Digital I/O 程式的撰寫。如圖 30-7 所示。

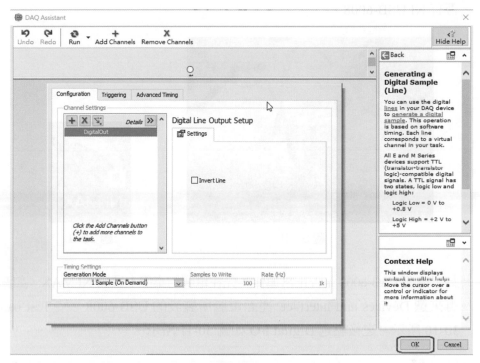

圖 30-7

如此一來以上設定可協助執行簡單的邏輯輸出 (1 或 0)，就可以利用電晶體和繼電器去推動小風扇或燈泡做開啟和關閉的動作。

30-3　LabVIEW 程式的撰寫 (電晶體當作開關量測)

30-3.1　DAQ USB-6008 基本功能檢測

例如：小明住在公寓的頂樓，由於小明家沒有冷氣所以想藉由風扇來散熱達到降溫的效果。但是，小明裝個風扇系統；但風扇一直轉很耗電。於是，小明想利用感溫測器結合繼電器達到下列的功能：利用 LM335 當做溫度感測器，當屋頂地面的溫度高於某個溫度值時，啟動風扇系統，當溫度低於某個溫度值將風扇系統自動關閉並開啟加熱器，並使用 USB-6008 裝置測試。

STEP 1 先確認 USB-6008 是否有接到電腦,並確認 USB-6008 電源指示燈是否閃爍,如圖 30-8 所示。也可透過圖 30-10 左方下拉選擇 Devices and Interface 確認是否有 NI USB-6008。

圖 30-8

圖 30-9

STEP 2 為了檢測 USB-6008 是否正常運作,先在電腦的桌面上啟動 NI MAX,如圖 30-9。再來選 Devices and Interface 裡面電腦所裝設的 USB-6008,按 Test panel 如圖 30-10 所示。之後點選 Digital I/O 如圖 30-11 所示。

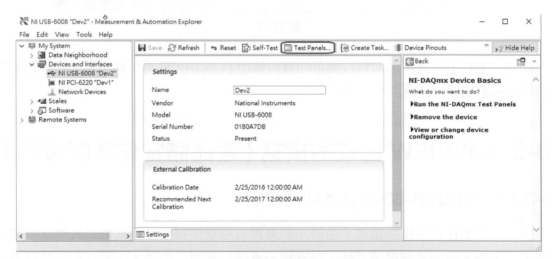

圖 30-10

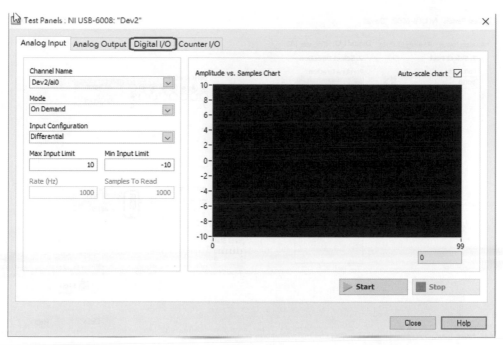

圖 30-11

STEP 3 再配合 USB 6008 裡所接的配線來設定 Output。假設接腳 P0.0 有接上一個燈泡，再來請依圖 30-12 操作，並按下 Start 鍵這樣就能先測試 USB-6008 能不能正常運作，如圖 30-13。

圖 30-12

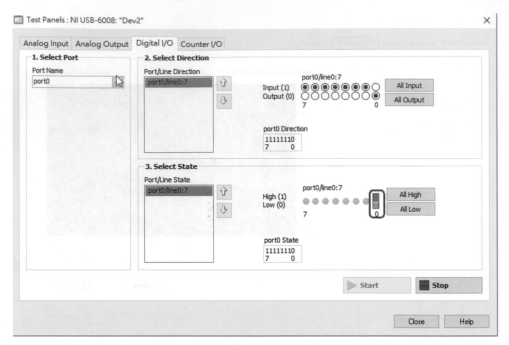

圖 30-13

30-3.2 LabVIEW 程式設計

STEP 1 開始在 LabVIEW 上撰寫程式。依照小明的需求要有 5 個 DAQ Assistant ，4 個數位輸出 (兩個 P0.0 和兩個 P0.1) 與 1 個類比輸入，元件路徑:「Function → MeasurementI/O → NI-DAQmx → DAQ Assistant」如圖 30-14(a)。

數位輸出設定 : 如前面 30-2.1 Digital I/O 小節所提，選擇「Generate Signal → Digital Output」，點選 Line Output。之後選擇 P0.0 是風扇的輸出腳、P0.1 是加熱器的輸出腳。由於要控制開與關，所以在這裡所需要的 DAQ Assistant 元件為 4 個，2 個元件負責風扇的開與關，另外 2 個元件負責加熱器的亮燈與滅燈。

類比輸入設定 : 在「Analog Signal → Analog input → Voltage」，再選擇自己所要輸入的 PORT。

完成此步驟後如圖 30-14(b)，將會建立出 5 個 DAQ Assistant，1 個負責接收量測溫度的值，而另外 4 個負責風扇與加熱器的開與關。如果對於此章節有不清楚的設定可以回到 28 章查看操作步驟。

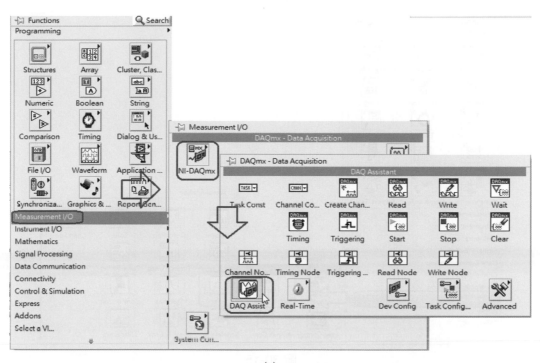

(a)

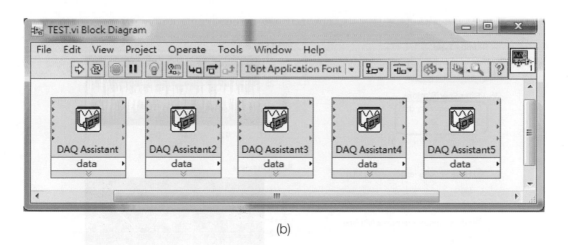

(b)

圖 30-14

STEP 2　因為 LM335 的訊號輸出與 DAQ 卡連接間會受到許多雜訊干擾，所以需要再接上一個低通濾波器來消除外來的雜訊。首先，在圖形程式區按滑鼠右鍵，在跳出的函數 Functions 面板上進入「Express → SignalAnalysis → Filter」，如圖 30-15 所示。接著在跳出來的視窗中設定 Filtering Type 為 Lowpass(低通)，再設定 Cutoff Frequency(截止頻率) 為 2 與 Order(N 階濾波) 為 3，如圖 30-16 所示。

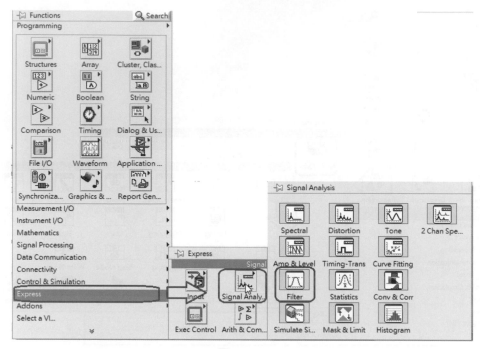

圖 30-15

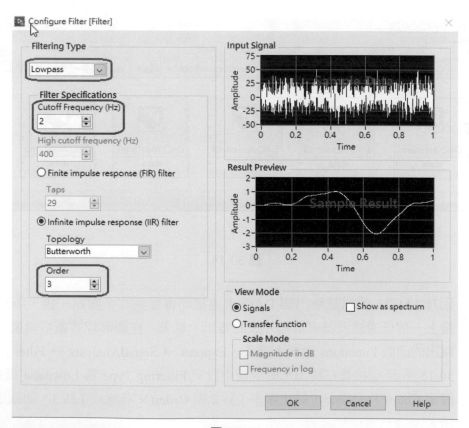

圖 30-16

STEP 3 設定完成後把 DAQ Assistant 和 filter 連接。接下來,將程式中的 filter 輸出端
先減去 2.732 再除上 0.01。因為當溫度為 0℃時,LM335 的輸出電壓為 2.732V
且 LM335 輸出為 10mv/ ,所以才要減 2.732 並除上 0.01,其輸出的數值才
會與溫度計所量測的一致。再來取出上限函數、下限函數、Case Structure 及
local variable,並如圖 30-17 所示佈線。並且如圖 30-18 所示佈置人機介面的控
制元件和顯示元件。如對於元件尚未能理解的話,請詳閱前面章節。

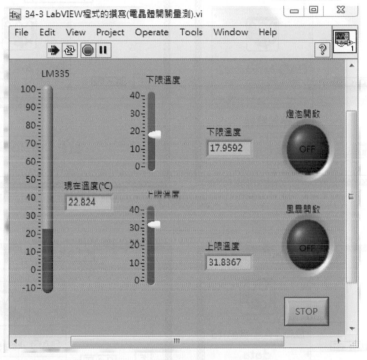

圖 30-17

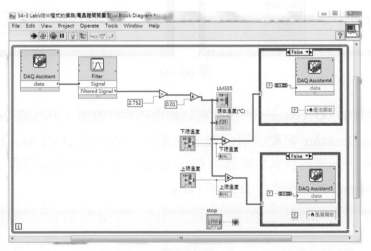

圖 30-18

STEP ④ 另外在撰寫判斷溫度上下限時用到 case structure (if....then else) 的觀念去控制
風扇及加熱器的啟動。當即時溫度高於上限溫度，風扇啟動；反之當即時溫度
低於下限溫度則加熱器啟動。case structure 上面會有 True 跟 False 這 2 個選項，
在風扇及加熱器的 True 設定裡面都要設定布林常數 T，False 設定裡面要設定
布林常數 F 如圖 30-19 和圖 30-20，不然輸出風扇或加熱器會一直動作。

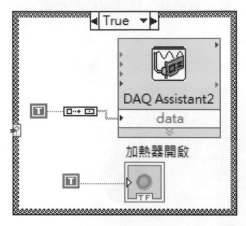 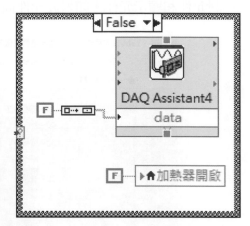

圖 30-19

 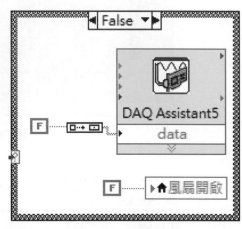

圖 30-20

註 這裡需要注意 DAQ Assistant 的編號可以依自己喜好設定，但必須正確；例如：控制
風扇的 Case Structure 需要放兩個設定輸出腳為 P0.0 的 DAQ Assistant 並分別放在
True 和 False。同樣的控制加熱器的 Case Structure 則需要放兩個設定輸出腳為 P0.1
的 DAQ Assistant 並分別放在 True 和 False。

第 31 章　半導體式溫度感測器 (LM335)

31-1 LM335 感測器的原理

　　LM335 是國家半導體公司製造的一系列半導體溫度感測器的一種。LM335 電阻與溫度兩者間的關係是隨著溫度上升而電阻變小，因此 LM335 具有負溫度係數。它工作與濟納二極體相似，其逆向崩潰電壓輸出隨溫度成正比線性變化。除了 LM335 之外，在這系列中還有許多不同型號的感測器各有不同的量測範圍與特性。表 31-1 為 LM 溫度感測器系列的部分規格表。如果需要查閱更多詳細資訊的話，請至光碟內本章節的資料夾中開啟附錄 "附錄 1-LM335"，在後面章節的例題中所使用的元件為 LM335。表 31-2 為 LM335 的特性，其檢測的溫度範圍在 -40℃～ +100℃之間。

表 31-1　National 半導體公司 LM 溫度感測器系列規格表

November 2000

𝒩 National Semiconductor

LM135/LM235/LM335, LM135A/LM235A/LM335A Precision Temperature Sensors

General Description

The LM135 series are precision, easily-calibrated, integrated circuit temperature sensors. Operating as a 2-terminal zener, the LM135 has a breakdown voltage directly proportional to absolute temperature at +10 mV/°K. With less than 1Ω dynamic impedance the device operates over a current range of 400 μA to 5 mA with virtually no change in performance. When calibrated at 25°C the LM135 has typically less than 1°C error over a 100°C temperature range. Unlike other sensors the LM135 has a linear output.

Applications for the LM135 include almost any type of temperature sensing over a −55°C to +150°C temperature range. The low impedance and linear output make interfacing to readout or control circuitry especially easy.

The LM135 operates over a −55°C to +150°C temperature range while the LM235 operates over a −40°C to +125°C

temperature range. The LM335 operates from −40°C to +100°C. The LM135/LM235/LM335 are available packaged in hermetic TO-46 transistor packages while the LM335 is also available in plastic TO-92 packages.

Features

- Directly calibrated in °Kelvin
- 1°C initial accuracy available
- Operates from 400 μA to 5 mA
- Less than 1Ω dynamic impedance
- Easily calibrated
- Wide operating temperature range
- 200°C overrange
- Low cost

表 31-2　LM335 的特性

(a) 工作溫度：－ 40℃～＋ 100℃

(b) 工作電流：400μA ～ 5mA

(c) 可承受正向電流：10mA

(d) 可承受反向電流：15mA

(e) 保存溫度：－ 60℃～＋ 150℃

(f) 靈敏度：10mV / °K

　　LM335 可以等效成一個濟納二極體，在外加電流 400μA ～ 5mA 之間皆有穩定的電壓輸出，不受電流變化的影響。LM335 可以承受正向電流 10mA 及反向電流 15mA，所以 LM335 被反接也不會損壞。LM335 的保存溫度在－ 60℃～ +150℃之間。當溫度為

0℃時，LM335 的輸出電壓為 0V。當溫度為 100℃時，輸出電壓則是 1V。溫度每升高 1°K，輸出電流增加 10mV，因此溫度 T 係數約為 10mV/°K。

圖 31-1 為 LM335 腳位示意圖及電路符號，圖 31-2 為 LM335 不同包裝的實體圖。

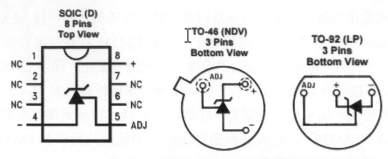

圖 31-1　LM335 腳位示意圖及電路符號

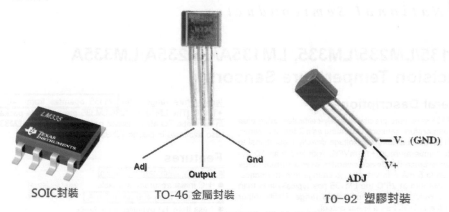

圖 31-2　LM335 不同包裝的實體圖

31-2 訊號類型

31-2.1 LM335 系列之比較

表 31-3 為 LM335 系列的特性規格表，從表中可得知 LM335 的誤差最大為 ±9.0℃，而 LM335A 的誤差最小為 ±2.0℃。在一個額定工作溫度範圍內，絕對溫度的誤差值，在沒有外部調整或經校正誤差調整後以及非線性度方面，LM335 都比 LM335A 的值來得大。

表 31-3　LM335 系列特性規格表

項　目		LM135	LM135A	LM235	LM235A	LM335
絕對最大額定	順向電流	10mA				
	反向電流	15mA				
工作需求狀態	工作溫度	−55℃～+100℃	−55℃～+100℃	−40℃～+125℃	−40℃～+125℃	−40℃～+100℃
	儲存溫度	−60℃～+150℃	−60℃～+150℃	−60℃～+150℃	−60℃～+150℃	−60℃～+150℃

溫度 精準性：LM135/LM235, LM135A/LM235A

參數		測試狀態	LM135A/LM235A			LM135/LM235			單位
			最小	典型	最大	最小	典型	最大	
工作狀態下輸出電壓		$T_C = 25℃$, $I_R = 1\,mA$	2.97	2.98	2.99	2.95	2.98	3.01	V
未校準時的溫度誤差		$T_C = 25℃$, $I_R = 1\,mA$		0.5	1		1	3	℃
未校準時的溫度誤差		$T_{MIN} \leq T_C \leq T_{MAX}$, $I_R = 1mA$		1.3	2.7		2	5	℃
在 25℃時的溫度誤差		$T_{MIN} \leq T_C \leq T_{MAX}$, $I_R = 1mA$		0.3	1		0.5	1.5	℃
校正	額外校正後誤差	$T_C = T_{MAX}$ (Intermittent)		2			2		℃
溫度	非線性	$I_R = 1\,mA$		0.3	0.5		0.3	1	℃

溫度 精準性：LM335,LM335A

參數		測試狀態	LM335			LM335A			單位
			最小	典型	最大	最小	典型	最大	
工作狀態下輸出電壓		$T_C = 25℃$, $I_R = 1\,mA$	2.92	2.98	3.04	2.95	2.98	3.01	V
未校準時的溫度誤差		$T_C = 25℃$, $I_R = 1\,mA$		2	6		1	3	℃
未校準時的溫度誤差		$T_{MIN} \leq T_C \leq T_{MAX}$, $I_R = 1mA$		4	9		2	5	℃
在 25℃時的溫度誤差		$T_{MIN} \leq T_C \leq T_{MAX}$, $I_R = 1mA$		1	2		0.5	1	℃
校正	額外校正後誤差	$T_C - T_{MAX}$ (Intermittent)		2			2		℃
溫度	非線性	$I_R = 1\,mA$		0.3	1.5		0.3	1.5	℃

31-3 訊號處理

31-3.1 訊號轉換的目的

感測系統主要是以利用各種型式感測器來檢出物理量為目的。由感測器檢出各種訊號 (電壓或電流)，然後再將這些訊號轉換成能與其他儀表連接之訊號，例如溫度表、壓力表等。以下為訊號轉換的相關術語。

1. 訊號準位變換

通常需要感測器檢測出類比訊號，有低準位和高準位等各種的電壓準位，這些訊號通常須經過放大器轉換為制式的訊號準位，1 ～ 5V DC 或 0 ～ 10V DC。

2. 訊號型態的轉換

為了便於處理檢出的訊號，訊號型態的轉換是必要的。例如電阻值變化的訊號可轉換為電壓訊號，以方便作放大處理。當感測器與受信器之間距離較遠時，一般則會轉換成電流訊號，如此可以降低傳輸線的訊號衰減，電流訊號一般為 4 ～ 20 mA。

3. 線性化

為感測器的輸出特性，一般為非線性例如 K-type 和 Pt-100 等檢出訊號均為非線性，因此需利用轉換器將訊號作線性化之處理，讓儀表的讀值顯示準確。

4. 濾波

控制系統中，電動機與電磁閥等大功率消耗機器的微小訊號常會與測定器併用，對 60Hz 的電源頻率會存在同步雜訊或脈波性雜訊，因此需防止雜訊引起受信器的錯誤動作。可用電容與電阻組成一次濾波器，以去除 50~60Hz 的雜訊成份。

31-3.2 LMX35 的典型應用與 LM335 轉換電路

圖 31-3 為 LM 系列規格表提供之 LMX35 系列設計規範。這裡來介紹一些簡單的 LMX35 系列量測溫度的參考電路圖。

where T is the unknown temperature and T$_o$ is a reference temperature, both expressed in degrees Kelvin. By calibrating the output to read correctly at one temperature the output at all temperatures is correct. Nominally the output is calibrated at 10 mV/°K.

Typical Applications

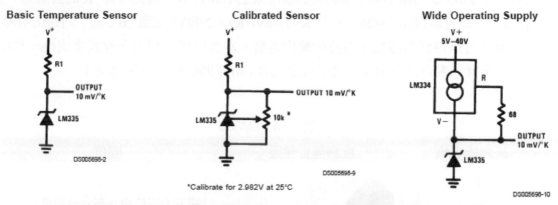

圖 31-3　LM 系列規格表提供之 LMX35 系列設計參考電路

　　圖 31-4 為 LM335 之轉換電路其輸出為 mV 的電壓，只需要透過可變電阻進行校正即可得到 10mV/℃ 的電壓輸出。使用 SVR1 及 SVR4 的 10kΩ 電阻來做為 LM335 的線性誤差調整 (可修正線性) 其目的在藉由調整過程中，可以藉由測量 4℃ (冷水) → V$_o$ = 40mV 和 100℃ (熱水) → V$_o$ = 1V 當下的輸出電壓值來驗證結果，以便達到校正效果。為了要精確的調整至 10mV/°K，使用一個 5.1kΩ 電阻串聯一個 10kΩ 的精密可變電阻，即可精確的調整至 10mV/°K。(℃ 及 °K 之溫度間距相同)

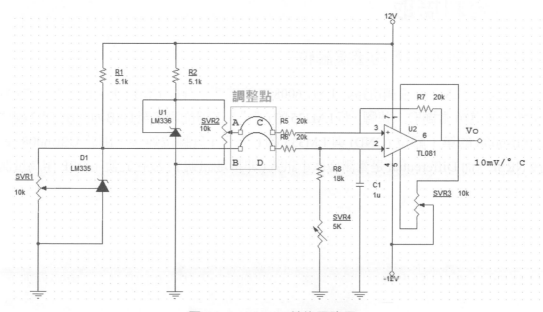

圖 31-4　LM335 轉換電路圖

31-3.3 使用 LabVIEW 時 LM335 的轉換電路

透過 LabVIEW 的強大功能，可以大大的簡化圖 31-4 中的放大電路。圖 31-5 的接線方式，使用 +5V 電源串聯 2.2kΩ 提供 LM335 電源，透過調整 10kΩ 可變電阻及使用三用電表量測使 LM335 的輸出電壓等於絕對溫度乘上 10mV/°K，因為°C 轉 °K 的公式為：°K= [°C] + 273，故可以得出：((26 + 273)°K×10mV/°K) = 2.99V(室溫 26°C 當下的輸出電壓)，如此一來就可以得到室溫底下對應的輸出電壓。當然也可以到後面程式完成後，利用人機介面的虛擬儀表再進行調整，有了對溫度的了解就開始程式的撰寫吧！

表 31-4 LM335

感測器名稱	感測器實體圖	腳位
LM335	 V- (GND) V+ ADJ TO-92 塑膠封裝	圖下方三條由左至右分別是 左：adj (調整) 中：+ 端 (輸出) 右：- 端 (GND) 註：參照圖 31-2 接腳

31-4 資料擷取

31-4.1 DAQ 卡介面的接線腳位

圖 31-5 為 LM335 感測電路與 USB-6008 的連接圖。選擇 USB-6008 的第 2 腳位 (AI0: 類比輸入通道 0) 當擷取訊號腳，將 LM335 的 ("+") 正腳位連接至 USB-6008 的第 2 腳位，而 USB-6008 的第 1 腳位 (GND) 與 LM335 的 ("-") 負腳位連接。由於 USB6008 沒有支援 NRSE，而 Differential 是量測極微小訊號 (非接地訊號)，故在此使用 RSE 作為量測。

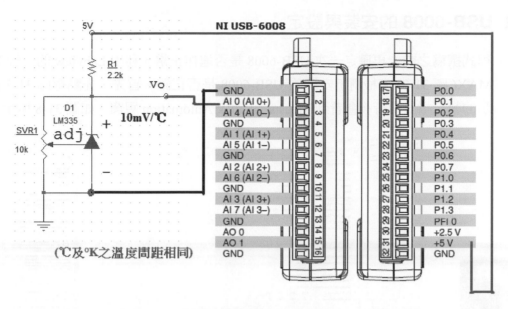

圖 31-5　LM335 感測電路與 USB-6008 的接線腳位圖

31-5　程式撰寫

31-5.1　數值 V.S. 儀表的計算準則

　　絕對溫度的 °K 是熱力學上的一種單位，把分子能量最低時的溫度定為絕對零度記為 0°K，相當於−273.15℃ (即 0°K ＝−273.15℃)，是一種極限溫度，在此種溫度下，分子運動不再具有可以轉移給其他系統的能量。攝氏−273℃是絕對溫度 0°K，所以說水的冰點是 273°K，沸點是 373°K。溫度轉換計算方式參考圖 31-6 所示。

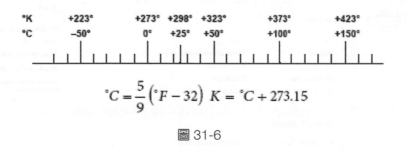

$$^\circ C = \frac{5}{9}\left(^\circ F - 32\right) \quad K = \,^\circ C + 273.15$$

圖 31-6

註　℃及 °K 之溫度間距相同。

31-5.2 USB-6008 的安裝與設定

STEP ① 程式撰寫之前，再確定一次 USB-6008 是否運作正常。利用 Labview 的一個 NI MAX(圖 31-7) 來檢測所安裝的 USB-6008 是否正確。首先，先點選圖 31-7 所示的執行檔，執行後會看到 Measurement & Automation 視窗。如圖 31-8 所示。

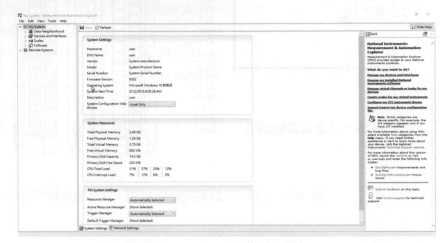

圖 31-7   圖 31-8　NI MAX 的程式畫面

STEP ② 滑鼠點選路徑「My System → Devices and Interface → NI USB-6008 "Dev1"(第一個安裝的硬體為 "Dev1"，第 2 個安裝的硬體為 "Dev2" …以此類推)，來檢查裝置是否有正確安裝。如圖 31-9 所示。

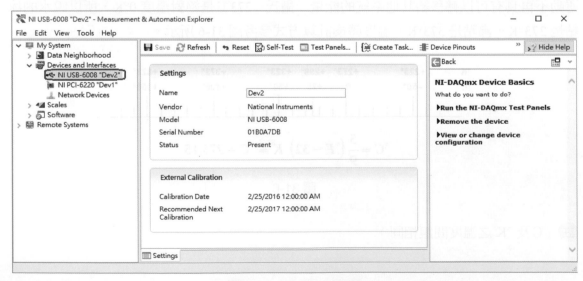

圖 31-9　NI USB-6008

STEP 3 確定 USB-6008 安裝正確後，接著開啟一個新的 VI。在圖形程式區裡，按滑鼠右鍵，點選「Functions → Measurement I/O → NI-DAQmx → DAQ Assistant」。如圖 31-10 所示。

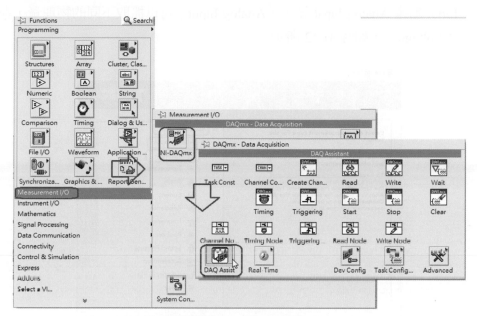

圖 31-10　DAQ Assistant

STEP 4 進入 DAQ 小幫手之後，可以看到 step by step 的視窗畫面。在 DAQ 小幫手裡，它是採取選單式的方式來撰寫程式，選單中有 Acquire Signals、Generate Signals，如圖 31-11 所示。

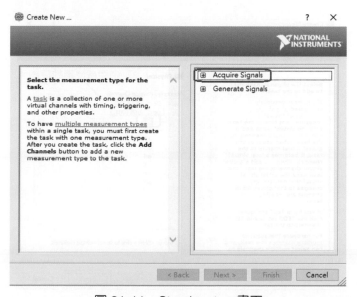

圖 31-11　Step by step 畫面

STEP 5 按下 Acquire Signals 後，裡面又可分為 4 個項目，分別是 Analog Input、Counter Input、Digital Input、TEDS。在這裡，只介紹 Analog Input 與 Digital I/O 的用法，其它的用法大同小異，有興趣的話，可以自行試試看。首先，先介紹 Analog Input 點選 Analog Input 後，「Analog Input」可以抓取不同的物理量，在此選擇「Voltage」，如圖 31-12 所示。

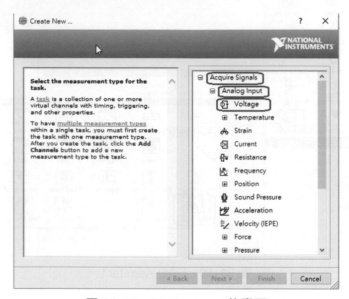

圖 31-12　Analog Input 的畫面

STEP 6 點選 Voltage 之後，接下來在 Dev2 中選擇 ai0 (請選擇自己所使用的 DAQ 卡型號)，再按下 Finish，如圖 31-13 所示。

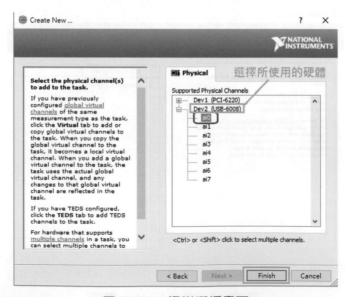

圖 31-13　通道選擇畫面

補充說明：假如有多個感測點需要量測，那是不是都要一個一個設定呢？答案是 NO 的。
可以利用鍵盤上的 shift 鍵或 Ctrl 鍵，按住滑鼠左鍵點選所需量測的通道數即
可，如圖 31-14 所示。

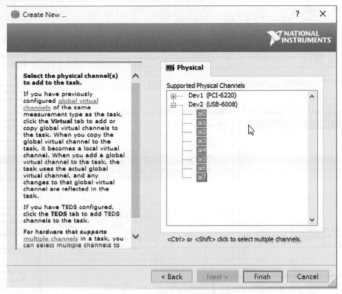

圖 31-14　多通道選擇畫面

STEP ⑦ 完成 STEP6 後，會跳出下一個視窗，在 Terminal Configuration 選擇量測模式：
RSE。您可以先點選 Run 測試是否成功擷取訊號，如圖 31-15 所示。

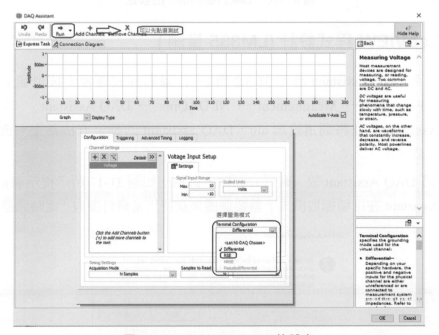

圖 31-15　DAQ Assistant 的設定

STEP 8 為了配合程式擷取所以選擇擷取模式：1 Sample(On Demand)，這個模式為：每執行一次程式，只會抓取一個取樣點。如圖 31-16 所示。(參考 27-5 節)

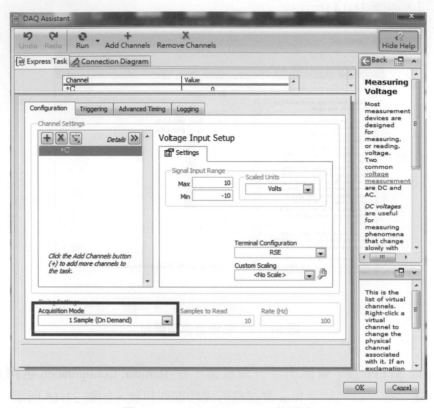

圖 31-16　DAQ Assistant 的設定

31-5.3　LabVIEW 程式設計 (LM335 量測)

STEP 1 利用 DAQ Assistant(參考 31-5.2 節)，在圖形程式區裡，按滑鼠右鍵，點選「Functions → Measurement → NI-DAQmx → DAQ Assistant」 叫 出 DAQ Assistant，並將通道設為 ai0，DAQ assistant 的設定方法為上一節所敘述的步驟。

小提醒 : 在將 DAQ Assistant 放入圖形介面時，會跑出如圖 31-17 所示提示視窗，內容大意是DAQ Assistant 在這種擷取模式下需要迴圈來維持正常資料擷取，這時請選擇 "是"。

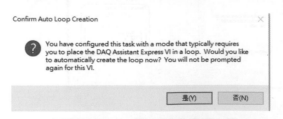

圖 31-17　提示視窗畫面

STEP 2 接著在人機介面

「Controls → Silver → Numeric 和
Boolean」中取三個數值控制元件、
四個數值顯示元件、一個布林控制
元件與兩個布林顯示元件，並分
別命名為"幾分鐘量測 1 次"、
"溫度上限"、"溫度下限"、
"現在溫度"、"溫度計"、"現
在時間"、"下次量測時間"、
"溫度過高"、"溫度過低"與
"確認"為了看到溫度的變化，
於人機介面上按滑鼠右鍵，在

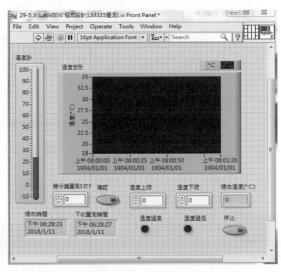

圖 31-18　　人機介面

「Controls → Silver → Graph → Waveform Graph」取出 Waveform Chart，並命名
為"溫度波形"如圖 31-18 所示。

STEP 3 為了在人機介面上可直接顯示 1℃ 有數值 1 的變化量，將 LM335 電路的 10mV/°K
輸出，然而因為 LM335 在 0℃ 時會有 2.732V 的電壓輸出，減去 2.732V 後除上
0.01V(10mV) 後就變成 1V/℃ 的輸出，即 1℃ 有數值 1 的變化，請從圖形程式區
「Functions → Programing → Numeric 和 Comparison」中取出減、除函數和大於、
小於函數，再取出 Get Data/Time In Seconds、Case Structure 以及 Local Variable1 並
且請依照圖 31-19 LabVIEW 的人機介面和圖形程式區來排列與連接元件。在自動
量測系統設計上，為了方便由使用者可自行設定檢測時間間隔，在程式區加上一
個"時間元件"來當作自動量測程式的時間觸發點。當按下"確認"設定時間後，
每次"現在時間"等於"下次量測時間"後便會執行一次溫度量測。(在這裡為
了方便檢測程式是否正確，所以此處的檢測時間間格設定為 5 秒，這部分可依需
求調整)

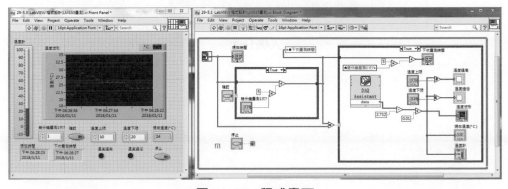

圖 31-19　　程式畫面

STEP ④ 當設定完成後，點選 "單次執行" 來執行程式。再來將酒精溫度計放置在附近 10 分鐘左右來量測室溫 (不可接近發熱體)，再利用螺絲起子來改變圖 31-5 電路中的 10k 可變電阻，來調整程式中的數值，讓其與室溫相近，調整完後就可以開始量測溫度了。

圖 31-20　酒精溫度計

自我挑戰題：溫室栽培自動化系統

溫室栽培的意義是能夠使得內部環境維持適合農作物的生長。為了達到這目地，省電一哥有限公司決定開發溫室栽培自動化系統。其功能如下：

在夏天的白日，溫室內部氣溫若高於 25℃，則需開啟灑水系統。

在冬季寒流來臨時，夜間若低於 18℃以下，則需開啟熱風機系統。

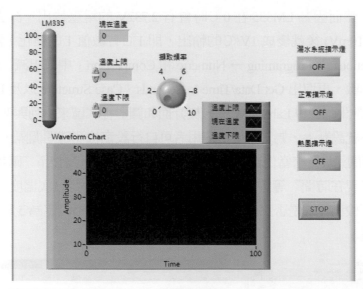

人機介面

第 32 章　電阻式溫度感測器 (Pt100)

32-1　Pt100 感測器的原理

工業用常見的 Pt100 元件其感測端的外觀為圓柱形 (圖 32-1)，而 Pt100 結構體是將一支細長的鉑 (俗稱白金) 導線纏繞在一個絕緣的小圓柱上 (圖 32-2)，此圓柱之材質可以為玻璃、電木、陶瓷等。由於白金導線並沒有絕緣的外層，因此白金導線在纏繞時須避免相互觸碰，並且須注意白金導線在相鄰繞阻間的絕緣程度。同時要避免因遭受溫度變化時所造成的白金導線本體之伸縮變形，導致溫度變化所引起的誤差，因而影響了測量結果。白金測溫電阻體在市面上所販賣的有 0℃為 100Ω 的 Pt100、0℃為 50Ω 的 Pt50、0℃為 1kΩ 的 Pt1000。很難從外型去判定感測器是 pt100 還是 pt1000 只能透過量測的方式去判定。而連接訊號的方式可以透過客制去改變；例如 :BNC、直接拉出等方式。本章節所討論的是使用 0℃為 100Ω 的 Pt100 且為三線式。

圖 32-1　Pt100 元件的外型

白金線　　玻璃　　特殊導線

圖 32-2　Pt100 的內部構造

32-2　訊號類型

32-2.1　元件特性及其特性曲線圖

Pt100 是一種「溫度 - 電阻」型的電阻性溫度檢測器 (簡稱 RTD)，具有低價格與高精度的優點，測量範圍大約為 - 200℃～ +630℃，故常用在工業控制中的溫度檢測裝置上。

Pt100 導體電阻與溫度兩者間的關係是隨著溫度上升而電阻變大，因此 RTD 導體具有正溫度係數，導體電阻 R_T 與溫度 T 的關係可以表示為：

$$R_T = R_0(1 + AT + BT^2 - 100CT^3 + CT^4 \cdots)$$

其中 R_T：導體在 T ℃時的電阻 (單位 Ω)

R_0：導體在參考溫度 0℃時的電阻 (單位 Ω)

A、B、C…：導體材料的電阻溫度係數 (% / ℃)

T：攝氏溫度 (單位℃)

其中 A：0.003908、B：– 5.775E-7、C：– 4.183E-12，而 E-7 代表乘 10 的負 7 次方

　　從上式中可以看出 RTD 導體有某種程度的非線性特徵，但若使用在一定溫度測量範圍內，例如在 0 ～ 100℃時，則上式可以簡化為

$$R_T = R_0(1 + AT)$$

　　RTD 通常由使用純金屬如白金 (鉑)、銅或鎳等材料所製成，這些材質在範圍內每個溫度都有其固定的電阻值。圖 32-3 所示，為鉑、銅、鎳三種金屬材料的「溫度 - 電阻」特性曲線。一般實用場合大都以白金 (簡稱 PT) 測溫電阻體所製成的感溫元件最為常見，主要的原因是因為白金導線之純度可製作高達 99.999% 以上，且具有極高的精密度以及安定性的要求。目前國際間並以 0℃時感溫電阻為 100Ω 之白金導線作為製作時的標準規格，也就是一般俗稱的 "Pt100"。

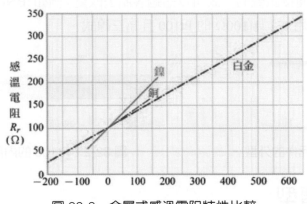

圖 32-3　金屬式感溫電阻特性比較

　　表 32-1 所示為 Pt100 之「溫度 - 電阻」特性規格表。表左上角為最低測量溫度 T = – 200 (℃) 以及感測電阻 R_T = 17.31(Ω)，表右下角為最高測量溫度 T = 630 (℃) 以及感測電阻 R_T = 327.08 (Ω)。

表 32-1　Pt100 T (℃) 與 RT(Ω) 關係表

T(℃)	RT(Ω)	T(℃)	RT(Ω)	T(℃)	RT(Ω)
− 200	17.31	80	131.42	360	235.47
− 190	21.66	90	135.30	370	239.02
− 180	25.98	100	139.16	380	242.55
− 170	30.27	110	143.01	390	246.08
− 160	34.53	120	146.85	400	249.59
− 150	38.76	130	150.68	410	253.09
− 140	42.97	140	154.49	420	256.57
− 130	47.97	150	158.30	430	260.05
− 120	51.32	160	162.09	440	263.51
− 110	55.47	170	165.87	450	266.96
− 100	59.59	180	169.64	460	270.40
− 90	63.70	190	173.40	470	273.83
− 80	67.79	200	177.14	480	277.25
− 70	71.87	210	180.88	490	280.65
− 60	75.93	220	184.60	500	284.04
− 50	79.97	230	188.31	510	287.43
− 40	84.00	240	192.01	520	290.79
− 30	88.02	250	195.70	530	294.15
− 20	92.03	260	199.37	540	297.50
− 10	96.02	270	203.03	550	300.83
0	100.00	280	206.69	560	304.15
10	103.97	290	210.33	570	307.47
20	107.93	300	213.95	580	310.76
30	111.87	310	217.57	590	314.05
40	115.81	320	221.17	600	317.33
50	119.73	330	224.77	610	320.59
60	123.64	340	228.35	620	323.84
70	127.54	350	231.92	630	327.08

圖 32-4 是 Pt100 溫度對電阻的特性曲線。從特性曲線中不難發現－200 ～－100℃時其溫度係數較大，－100 ～ 300℃時具有理想的線性關係，300℃以上其溫度係數反而小了一些，即 Pt100 作低溫或高溫測試時，必須對這微小的非線性做適當的線性補償。

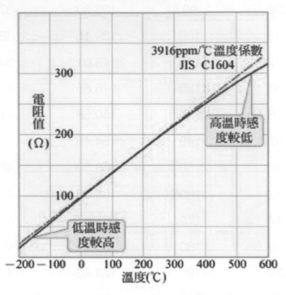

圖 32-4　Pt100 溫度對電阻的特性

32-2.2　Pt100 三線制緣由和電壓訊號、電流訊號差別

Pt100 採用三線制接法是為了消除連線導線電阻引起的測量誤差。這是因為測量熱電阻的電路一般是不平衡電橋。Pt100 熱電阻作為電橋的一個橋臂電阻，其連線導線（從熱電阻到中控室）也成為橋臂電阻的一部分，這一部分電阻是未知的且隨環境溫度變化造成測量誤差。 採用三線制將導線一根接到電橋的電源端，其餘兩根分別接到熱電阻所在的橋臂及與其相鄰的橋臂上，這樣消除了導線線路電阻帶來的測量誤差。工業上 Pt100 一般都採用三線制接法。採用電流訊號的原因是不容易受干擾，並且電流源內阻無窮大，導線電阻串聯在迴路中不影響精度在普通雙絞線上可以傳輸數百米。工業上使用 Pt100 時，通常會搭配對應的傳送器，其規格為 4~20mA。上限取 20mA 是因為防爆的要求：20mA 的電流通斷引起的火花能量不足以引燃瓦斯。下限沒有取 0mA 的原因是為了能檢測斷線：正常工作時不會低於 4mA，當傳輸線因故障斷路，環路電流降為 0。常取 2mA 作為斷線報警值。 Pt100 熱電阻產生的是毫伏訊號，不存在這個問題。兩線制時導線電阻對溫度測量易造成誤差，三線制和四線制能有效的消除引線電阻的影響。但四線制較三線制測量精度更高，而四線制需要多一根電纜，成本較三線制更高，所以多數採用三線制。

資料來源：江蘇金湖創偉自動化儀表科技公司

32-3　訊號處理

32-3.1　普遍性的 Pt100 轉換電路

圖 32-5 為 Pt100 溫度 - 電壓轉換電路，由 Pt100 感測外界的溫度 T (℃)，而呈現出溫度對應電阻體的電阻值 VR2，經過定電壓電路、電橋電路、濾波電路以及差動放大電路，組合成電阻值 VR2 對測試端 Tp_4 的輸出直流電壓值。(圖 32-6 為轉換電路方塊圖)

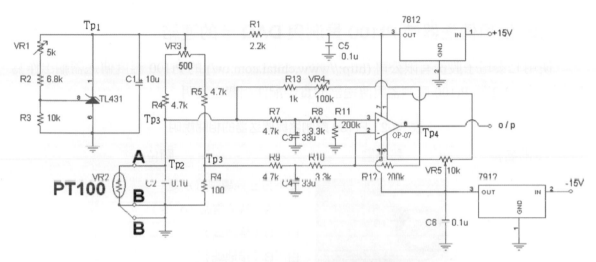

圖 32-5　Pt100 溫度 - 電壓轉換電路

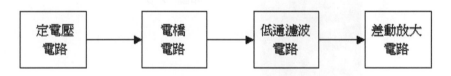

圖 32-6　轉換電路方塊圖

定電壓電路基本上是利用精確可調分流調整器功能的 IC (編號為 TL431)、穩壓 IC (7812 及 7912) 所組成。主要是用來提供決定整個溫度 - 電壓轉換電路的精確參考電壓 5V (Tp_1)，因此當調整可變電阻器 VR1 (5kΩ) 使得測試點 Tp_1 的電壓越接近 5V 時，則電路的準確度愈高。

惠斯頓電橋電路由 R_4 (4.7kΩ)、R_5 (4.7kΩ)、VR2 (Pt100) 電阻體的電阻以及 R_6 (100Ω) 所構成，用以作為 Pt100 的測定及不平衡檢出，經由測試點 Tp_3 相對於 Tp_2 而輸出，可變電阻器 VR3 (500Ω) 用以調校整個溫度-電壓轉換電路低點溫度測定的零點調整。當惠斯頓電橋電路有不平衡輸出時，測試點 Tp_3 及 Tp_2 分別經過由 R_7 (4.7kΩ)、C_3(33μF)、R_9(4.7kΩ) 以及 C_4 (33μF) 所構成的低通濾波電路後，再經由 R_8 (3.3kΩ) 及 R_{10} (3.3kΩ) 加到由 IC1 (OP-07) 所構成的差動放大電路加以輸出到測試端 Tp_4，可變電阻 VR4 則做為高點溫度測定的跨距調整。

32-3.2 使用傳送器時 Pt100 量測與 DAQ 卡的連結

使用七泰電子股份有限公司 (http://www.chitai.com.tw/) 的 Pt100 溫度傳送器輸出作為範例。表 32-2 為 Pt100 感測器與傳送器的實體配件相關之說明。

表 32-2　Pt100 感測器與傳送器的相關說明

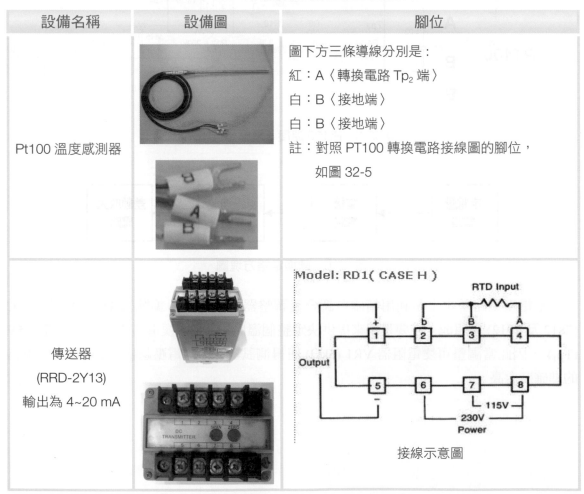

設備名稱	設備圖	腳位
Pt100 溫度感測器		圖下方三條導線分別是： 紅：A〈轉換電路 Tp_2 端〉 白：B〈接地端〉 白：B〈接地端〉 註：對照 PT100 轉換電路接線圖的腳位， 　　如圖 32-5
傳送器 (RRD-2Y13) 輸出為 4~20 mA		接線示意圖

　　如圖 32-7 和 32-8 為 Pt100、傳送器與 USB-6008 接線和實體圖。圖中 RTD 為 Pt100、115V 為 AC 電源插座，在此選擇 USB-6008 第 2 腳 (AI 0：類比輸入當第一接點) 當信號擷取腳，而接地腳選擇 USB-6008 第 1 腳 (GND)。

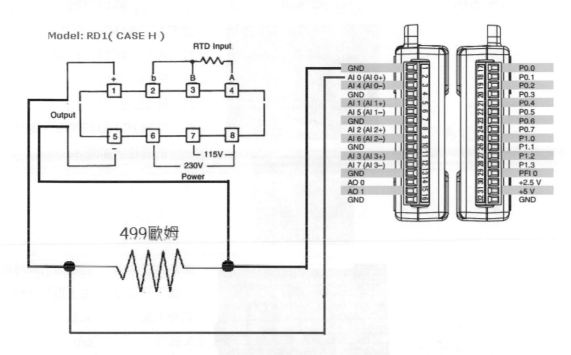

圖 32-7　Pt100 與傳送器以及 USB-6008 的接線圖

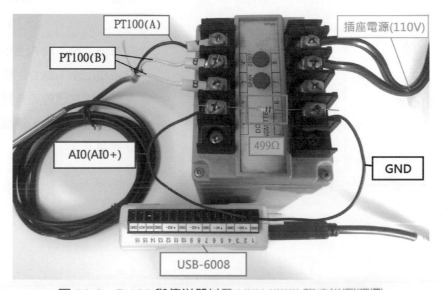

圖 32-8　Pt100 與傳送器以及 USB-6008 的連接實體圖

32-3.3 使用轉換電路時 Pt100 量測與 DAQ 卡的連結

表 32-3　元件接腳說明

設備名稱	設備圖	腳位說明	
Pt100 感測器	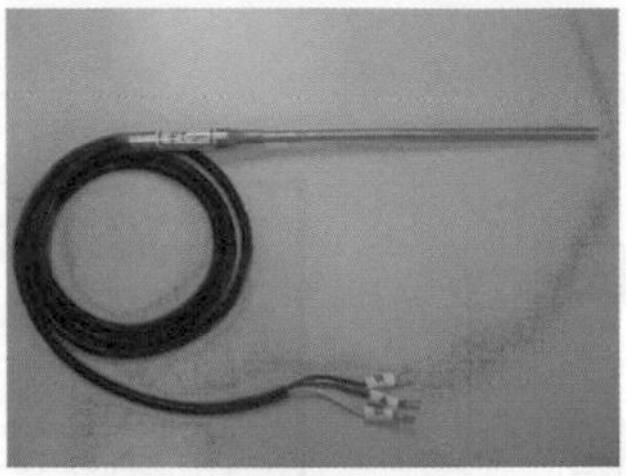 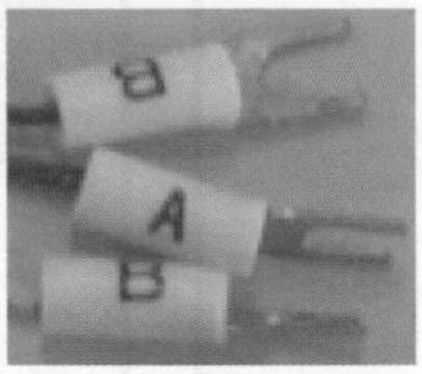	圖下方三條導線分別是： 紅：A〈轉換電路 Tp_2 端〉 白：B〈接地端〉 白：B〈接地端〉 註：對照 PT100 轉換電路接線圖 　　的腳位，如圖 32-5	
轉換電路實體圖 〈圖 32-5 的實體電路〉	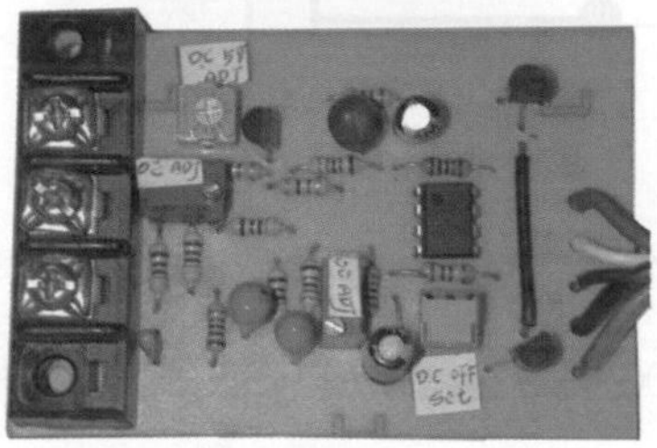	圖左方三格由 上而下分別是 對應上圖 A 腳 B 腳 B 腳	圖右方五條導線 由上而下分別是 +15 o/p GND GND −15
USB-6008		左方由上至下為 AI 腳位 右方由上至下為 DO 腳位 其腳位圖在硬體篇有提到， 如讀者有不熟悉，請翻回詳閱 硬體篇。	

32-4 程式撰寫

32-4.1 數值 V.S. 儀表的計算準則

接下來，要計算所需的電阻值。因為 4~20mA 共有 16mA 的範圍 (20mA-4mA=16mA)，而溫度的輸出範圍為－50~50℃。因此，要計算每一℃為多少電流，16mA/100℃ =160uA/℃ 代表每℃有 160uA。最後，利用歐姆定律來計算需在負載端並聯多少歐姆的電阻；＝62.5Ω。首先，使用一個 10 轉 500Ω 的精密可調電阻，先在電阻的二端跨接三用電表將電阻值調至 62.5Ω，再將其跨接到傳送器的輸出端上，如圖 32-7。由於，假設 4mA 為－50℃而 20mA 為 50℃。在這裡，會發現當－50℃時會有 4mA×62.5Ω = 0.25V。所以，在程式設計上必需將輸出的電壓值先減去 4mA×62.5Ω + (16mA/2)×62.5Ω = 0.75V，在程式畫面上才會顯示 0℃。

接下來，再為大家介紹另外一種比較簡易的算法。大家應該都知道市面上所賣的傳送器，只要是電流輸出幾乎都為 4 ~ 20mA。所以，只要在傳送器的輸出端並聯一 499Ω 的精密電阻。接下來，在程式中擷取進來的電壓值約為 8.32189 減去 (4mA×499Ω + (16mA/2)×499Ω = 5.988V) = 2.3237，以當前溫度 27.5℃為例 27.5/2.3237 = 11.8345 即為修正倍數。即可利用感測器量測當前的溫度值。

32-4.2 LabVIEW 程式設計

STEP 1 利用 DAQ Assistant，Step by Step 來完成所需的程式。其 DAQ Assistant 的設定步驟參考之前 LM335 的 DAQ Assistant 的設定步驟。

STEP 2 取三個數值控制元件、布林顯示元件，並分別命名 "現在溫度"、 "輸入上限溫度"、 "PT-100" 及 "溫度過高警告"，如圖 32-9 所示。

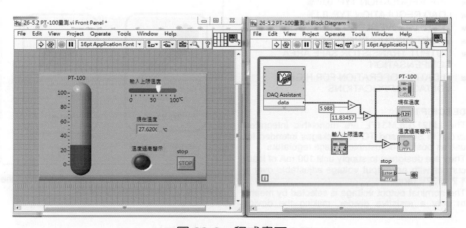

圖 32-9 程式畫面

STEP 3 接著，在圖形程式區上按滑鼠右鍵，在跳出的函數面板上進入 Block Diagram 的「Input → DAQ Assistant」裡面取出 DAQ Assistant.vi，將通道數設為 ai0。接下來，程式畫面裡將程式中的 DAQ function 輸出端先減去 5.988 V，使溫度傳送器的輸出電壓為 2.3237V。在實際的應用上，一般都會以實際的計量器做為電腦量測值之校正通常都會乘上某一倍率值，在本範例中是以溫度計做為校正，其結果在程式內需乘上 11.8345 倍後，其輸出的數值才會與溫度計所量測的一致，如圖 32-9 所示。

32-5　使用 LabVIEW 搭配自激源量測 Pt100 電阻轉換溫度

使用 LM317 做為此次實做的自激源。LM317 應用相當廣泛可以使用在穩壓器、充電電路、電壓調節電路、波形產生電路等等。如圖 32-10 所示為其產品描述，其中 LM317 電壓輸出範圍：1.2V~37V，電流輸出可以來到 100mA，產品依需求不同有 TO-92 塑膠封裝、SO-8 SMT、金屬封裝。

圖 32-11 是 LM317 腳位，由左而右分別是"調整腳"(ADJUST)、輸出腳 (OUT)、輸入腳 (IN)，此次實作採用的是 TO-92 塑膠包裝。

在這裡使用如圖 32-12 所示為 LM317 出產廠家提供之產品應用。當然這只是冰山一角的應用，如對 LM317 有興趣可以至光碟內本章節的資料中開啟"附錄 2-LM317"附件。在後面小節將延伸做成自激源。

- OUTPUT VOLTAGE RANGE: 1.2 TO 37V
- OUTPUT CURRENT IN EXCESS OF 100 mA
- LINE REGULATION TYP. 0.01%
- LOAD REGULATION TYP. 0.1%
- THERMAL OVERLOAD PROTECTION
- SHORT CIRCUIT PROTECTION
- OUTPUT TRANSISTOR SAFE AREA COMPENSATION
- FLOATING OPERATION FOR HIGH VOLTAGE APPLICATIONS

DESCRIPTION

The LM217L/LM317L are monolithic integrated circuit in SO-8 and TO-92 packages intended for use as positive adjustable voltage regulators. They are designed to supply until 100 mA of load current with an output voltage adjustable over a 1.2 to 37V range.
The nominal output voltage is selected by means of only a resistive divider, making the device

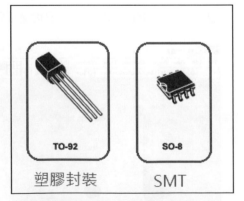

TO-92　　　SO-8

塑膠封裝　　SMT

exceptionally easy to use and eliminating the stocking of many fixed regulators

圖 32-10　LM317 特性描述

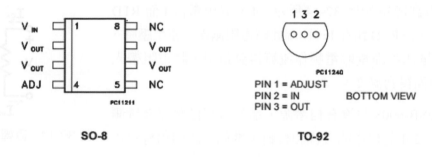

圖 32-11　LM317 腳位

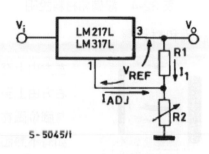

圖 32-12　LM317 產品應用

32-5.1　硬體原理

　　此次實作參考 NI 官網的線上支援，文章名稱是 Making an RTD or Thermistor Measurement in LabVIEW(使用 LabVIEW 製作電阻溫度裝置或溫度計量測)，文章是原義呈現，在此筆者擷取精華部分為大家作講解。如圖 32-13 所示為較高階的 NI 量測設備所具備的自激源功能 (電流源 Iex)，並利用此功能量測 2 線式 RTD。相信學習過三用電錶的人都知道，要量測電阻的話三用電錶本身內裝的電池一定要有電，如果沒電的話則無法進行量測，而這個電池就是三用電錶的自激源。

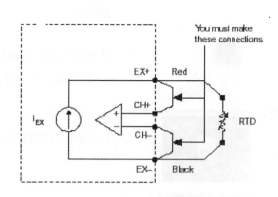

c. Two-Wire RTD Configuration

● = Connection to Terminal Block

圖 32-13　使用自激源

　　原理相當簡單如圖 32-14 所示，Iex 流出電流 I 而 RTD 則為電阻 R，將 RTD 跨在 Iex 兩端此時電阻兩端會產生壓降，再利用 NI 量測設備量取電壓作運算得到電阻，將電阻帶入演算公式進而得到溫度。

　　可是 USB-6008 並沒有自激源，那就自製自激源來量測 Pt-100。表 32-4 為實作的設備和材料，準備好設備和材料才能完成實作。

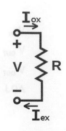

圖 30-14　歐姆定律示意圖

表 32-4　設備和材料說明

設備和材料名稱	設備和材料圖	腳位說明
USB-6008		左方由上至下為 AI 腳位 右方由上至下為 DO 腳位 其腳位圖在硬體篇有提到， 如有不熟悉，請再詳閱硬體篇。
Pt100 感測器		圖下方三條導線由上而下分別是 紅：A〈轉換電路 Tp2 端〉 白：B〈接地端〉 白：B〈接地端〉 註：對照 PT100 轉換電路接線圖的腳位， 　　如圖 32-5
		Note: 其中 B 的兩隻腳是相通的，如果使 用電錶量測沒有相通，代表感測器有毀損 的情形。
LM317		如圖由左至右分別是 :ADJ(Adjust)、 VOUT(Output)、VIN(Input)
5k 臥半式可變電阻		中間腳位和旁邊任一隻腳位都可成一個可變 電阻。
499Ω 精密電阻 1/4W		精密電阻功率較小，且歐姆數精準適合作為 量測電路的電阻。

　　圖 32-15 所示為 LM317 結合 Pt100 和 USB-6008 的接線圖，32-16 所示則為電路實體接線圖，接下來如下步驟操作，LM317:VIN 接 USB-6008 的 5V、LM317:VOUT 接 499 歐姆精密電阻串接 5K 可變電阻到 ADJ、Pt-100:A 腳接 LM317 的 ADJ、Pt-100:B 腳接 USB-6008 的 GND、USB-6008:AI 0(AI 0+) 接 LM317 的 ADJ、USB-6008: USB-6008:AI 4(AI 0-) 接 USB-6008 的 GND。

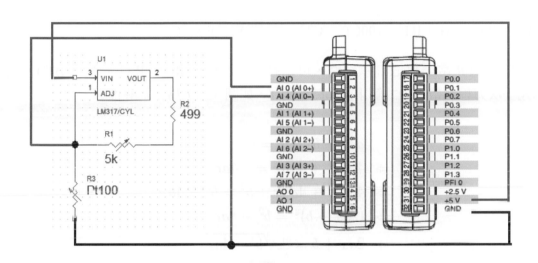

圖 32-15　LM317 搭配 Pt100 實作電路圖

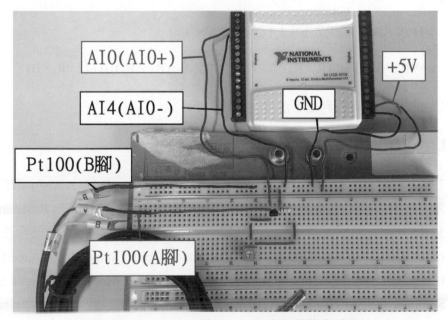

圖 32-16　LM317 搭配 Pt100 實作電路實體圖

32-6 程式撰寫

32-6.1 利用特性曲線方程式求得即時溫度

在 32-2.1 節有提到 Pt100 導體電阻與溫度兩者間的關係是隨著溫度上升而電阻變大，因此 RTD 導體具有正溫度係數。導體電阻 RT 與溫度 T 的關係可以表示為：

$$R_T = R_0(1 + AT + BT^2 - 100CT^3 + CT^4\cdots)，且 A >> B >> C$$

由於 C 項非常小故把 C 項忽略，可以將式子改寫成 $R_T = R_0(1 + AT + BT^2)$，把此一二元一次方程式帶入公式解求出即時溫度 T。如圖 32-17 為公式解推導

$$ax^2 + bx + c = 0$$
$$\Rightarrow 4a^2x^2 + 4abx = -4ac$$
$$\Rightarrow 4a^2x^2 + 4abx + b^2 = b^2 - 4ac$$
$$\Rightarrow (2ax + b)^2 = b^2 - 4ac$$
$$\Rightarrow 2ax + b = \pm\sqrt{b^2 - 4ac}$$
$$\Rightarrow x = \frac{-b \pm \sqrt{b^2 - 4ac}}{2a}$$

圖 32-17 公式解

代入後可得：B 代入 a，A 代入 b，1 代入 C

$$T = ((-1)\times R_0\times A + (sqrt (R_0\times R_0\times A\times A - 4\times R_0\times B\times(R_0 - R_T)))) / (2\times R_0\times B)$$

此式子可以協助進行運算得到當下溫度。

32-6.2 LabVIEW 程式設計

STEP 1 在圖形程式區從「MeasurementI/O → NI-DAQmx → DAQ Assist」取出 DAQ 小幫手，在跳出的視窗點選「Acquire Signals → Analog Input → Resistance」如圖 32-18 所示。再來點選「ai0 → Finish」如圖 32-19 所示。再來做後台設定 :Signal Input Range → Max:200、Min:100；Scaled Units:Ohms；Iex Source:External；Iex Value:2mA；Configuration:3-Wire；Acquisition Mode:Continuous Samples；Samples to Read:10；Rate(Hz):100，再點選 OK 結束設定如圖 32-20 所示。

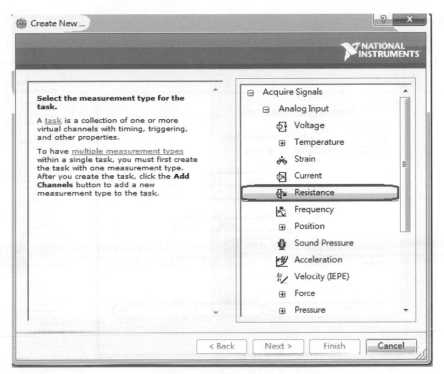

圖 32-18　程式設定

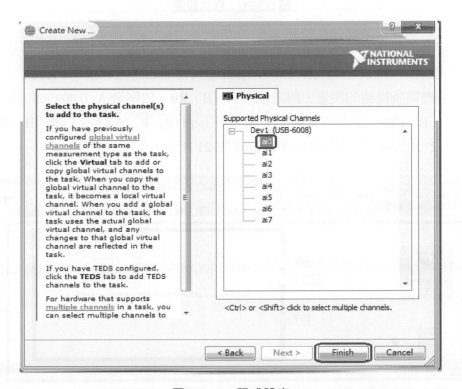

圖 32-19　程式設定

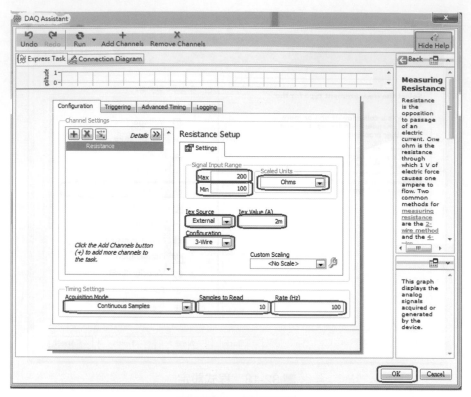

圖 32-20　程式設定

STEP ② 接著，在圖形程式區從「Programming → Structures → Formula Node」取出公式節點，再來點選元件中的空白處輸入在前面所推導出來的公式，之後再如基礎篇所提到的設定去創造輸入 A、B、R0，依序是 A: 0.003908、B: -5.775E-7、R0:100，公式 : $T = ((-1) \times R_0 \times A + (sqrt(R_0 \times R_0 \times A \times A - 4 \times R_0 \times B \times (R_0 - R_T)))) / (2 \times R_0 \times B)$；並創造輸出 T，如圖 32-21 所示。

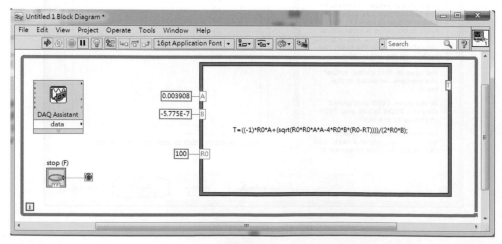

圖 32-21

STEP 3 接著在人機介面「Controls → Modern → Numeric」中取出二個數值顯示元件，並分別命名為 "溫度" 、 "溫度計" ，為了看到溫度的變化，在人機介面上按滑鼠右鍵，在「Controls → Modern → Graph → Waveform Chart」取出 Waveform Chart，並命名為 "波形" ，再如圖 32-22 所示做連結。

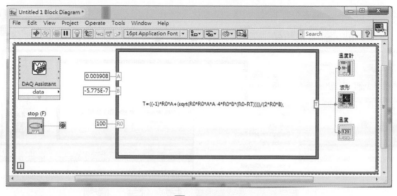

圖 32-22

STEP 4 接著，在圖形程式區按滑鼠右鍵從函數面板取出「Express → Signal Analysis → Filter」濾波器函數，接著在跳出來的視窗中，設定 Filtering Type 為 Lowpass（低通），再設定 Cutoff Frequency（截止頻率）為 2 與 Order（N 階濾波）為 3，如圖 32-23 所示。

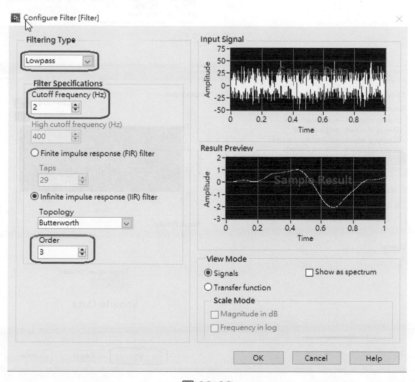

圖 32-23

STEP 5 接著，在圖形程式區對著 Filter 函數的 Filtered Signal 按右鍵點選「Signal Manipulation Palette → From DDT」如圖 32-24 所示，之後會跳出如圖 32-25 之視窗，請在 Resulting data type 選擇 Single scalar，再來依圖 32-26 做連結，其結果 (人機介面) 如圖 32-27 所示。

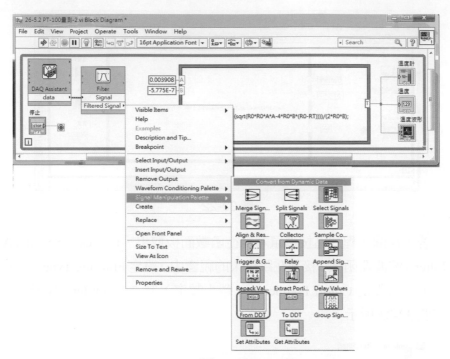

圖 32-24

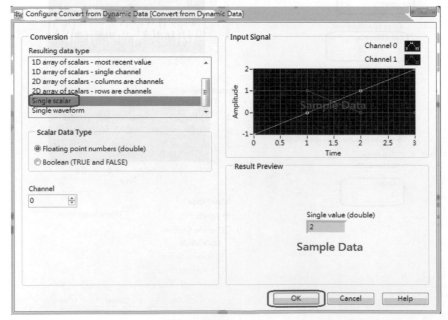

圖 32-25

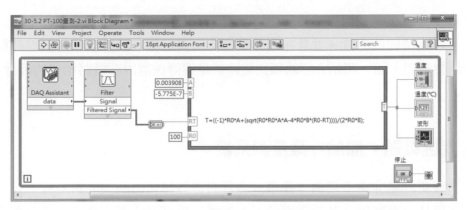

圖 32-26

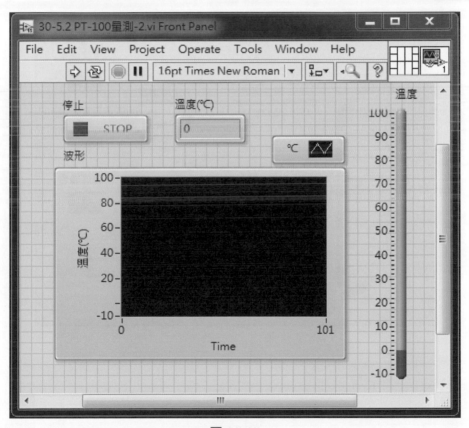

圖 32-27

（此處的 "使用者可自行設定檢測時間間隔" 的程式，可參考 29 章 LM335 的程式設
計來修改）

註 都完成後，請筆者轉動可變電阻使程式所顯示的溫度趨近於即時溫度，又或者把 PT-
100 和 GND 之間開路量測電流，使電流趨近於 2mA，即大功告成。

但必須要強調後者利用公式演算出之溫度量測方法相較於前者用類比電路設計，前者還是最正統且精確的方式，並且在業界中會使用傳送器做設計以利得到即時精確的溫度並減少開發時間。而一開始介紹的類比電路就是與傳送器內部電路相似的設計。

自我挑戰題：船艙冷藏量測系統

保持漁獲新鮮是非常重要的一件事，漁貨商當然想知道漁獲的新鮮度，是否從捕獲至交貨，都保持冷藏狀態。基於這考量下，省電二哥有限公司開發－船艙冷藏量測系統來達到此目地。

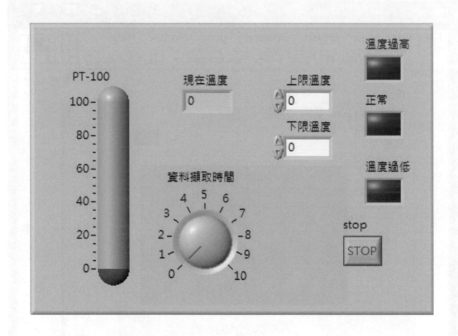

第 33 章　荷重元感測器

33-1　壓力感測器的原理

　　壓力感測器可以測量各種形體的應力，舉凡重量、流速、液壓、氣壓和蒸汽都可以是量測對象，它可以應用在漁業、農業、礦業、鋼鐵業、電子業等設備。圖 33-1 所示是利用電阻式的壓電材料達到觸控的目的、圖 33-2 則為 Wii Fit 則是利用壓力感測器偵測人的動作、再如圖 33-3 所示為壓力變送器是利用利用壓力感測器偵測氣體、液體、蒸氣等壓力。

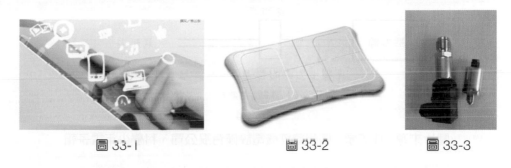

圖 33-1　　　　　　　　　　圖 33-2　　　　　　　　　　圖 33-3

　　所謂壓力感測器，其實就是根據對應變規或壓電材料施加的壓力，而改變其電阻值，再利用外加電壓或電流來量測其訊號變化達到測量效果。壓力的量測可以分成三類：絕對壓力測量、表壓力測量與差壓力測量。

1.　絕對壓力所指的就是對應於絕對真空所測量到的壓力。
2.　表壓力所指的就是對應於地區性大氣壓力所測量的壓力。
3.　差壓力就是指兩個壓力源間的壓力差值。

　　壓力感測器也如同壓力量測可以分成三類，如圖 33-4 所示：
　a.　絕對壓力感測器：此裝置包含有參考真空，以做為環境的絕對壓力的測量或是管接壓力源的測量，而圖 33-3 的感測器屬於絕對壓力感測器的一種。
　b.　差壓力感測器：為兩個管接壓力源間之壓力差值的測量。
　c.　表壓力感測器：它也是一種差壓力轉換器，但是，其壓力源一個為地區性大氣壓，另一個則為管接的壓力源。

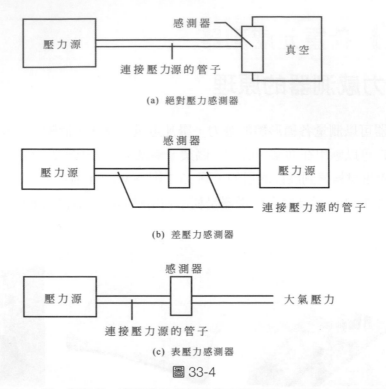

(a) 絕對壓力感測器

(b) 差壓力感測器

(c) 表壓力感測器

圖 33-4

圖片來源：任天堂、廣州歐控機電設備有限公司、科學少年電子報

33-2 重量感測器的原理

33-2.1 荷重元 (Load cell)

在此章節採用荷重元 (Load cell) 作為實作的感測器元件 (電子秤)，主要的應用是在量測重量及力的場合。而其量測的型式可分為拉緊與壓縮 (Tension and Compression)、壓力 (Pressure) 與集束型 (Beam Style) 等作用力量測方式。可量測重量的範圍由幾公克重到幾頓重，其輸出為電壓型式且需經由儀表放大器將訊號放大。為配合不同的場合及搭配使用，因此 Load Cell 的外形變化很大，如圖 33-5 所示。而荷重元是利用應變規 (Strain Gage) 貼片來測量重量，是利用導電材料因外力變形而改變電阻的特性來量測重量，必須安裝在材料易變形處。為使量測的結果更加準確，一般會搭配電橋來設計量測電路。

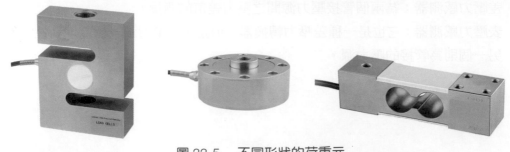

圖 33-5　不同形狀的荷重元

33-2.2　應變規原理 (Strain gauge)

如圖 33-6 所示為其構造圖。以荷重元為例,其中載體為應變規主體而測試樣品為荷重元金屬塊,格狀金屬則是電阻變化的所在,格狀金屬的電阻值與其電阻係 (ρ) 和長 (L) 成正比,與其截面積 (A) 成反比。因此,將格狀金屬之長度拉長或縮短則電阻值必定會發生改變; 用這種原理可製成一種傳感器 (Transducer)。

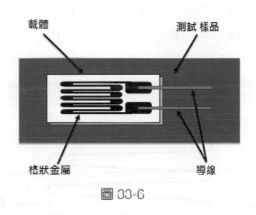

圖 33-6

其關係式可以表示為

$$GF = \frac{\Delta R / R}{\Delta L / L} = \frac{\Delta R / R}{\varepsilon}$$

GF 為「電阻的局部變化」與「長度 (應變) 的局部變化」之比,GF:應變係數 (應變的敏感度)

如圖 33-7 所示為其示意圖,如圖 33-8 所示為電阻 - 長度之關係圖。

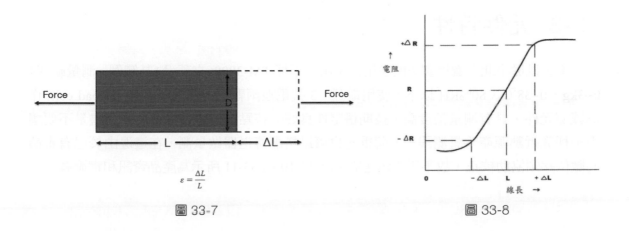

圖 33-7　　　　　　　　　　　　　　　　　圖 33-8

應變規的使用

標準典型的應變規是一個只有幾微米厚度金屬阻抗薄片，固定在一片電子絕緣材料上。為了符合所需的外形將不需要的部份去除掉，如此一來輸出阻抗改變值的導線就可以固定了。應變規阻抗一般設計為 120Ω 與 350Ω。應變規的型式有兩種：線狀 (Wire) 與箔狀 (foil)，兩者的基本特性相同，均對應變 (作用力) 有產生對應之電阻變化。而應變計對應變之靈敏度為單方向，即只有一個方向施力才對應變發生反應，如圖 33-9 所示。一般的應變規，它提供上述之特性，由圖中可看出格狀金屬的設計，當力量作用於靈敏方向時，長度增加量可提供足夠的電阻變化。若應變作用在垂直方向，導線長度變化並不明顯，故電阻變化極小，所以只有在水平加作用力才能改變導線長度。

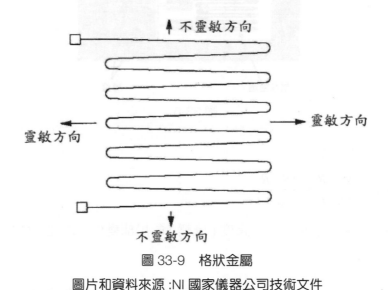

圖 33-9　格狀金屬

圖片和資料來源 :NI 國家儀器公司技術文件

33-3　元件特性

本書以從小北大賣場買來的多用途家用電子秤 TM-3000(立菱尹) 為範例。測量範圍：0~3kg、0~38℃、80%RH 以下。使用電源：3 號電池兩顆，內部採用荷重元 (load cell) 作為感測元件，具有測量精度高、長期穩定性良好的特點，但容易受溫度影響盡量不要讓電子秤靠近熱源產生量測誤差。荷重元也可以搭配傳送器做量測，在這邊由於已有實體的數位錶頭協助校正，故不需要傳送器。圖 33-10 和 33-11 所示為產品資訊和實體圖。

最大秤重：3公斤/80台兩
最小秤重：3公克/0.1台兩
精準誤差值：±1公克/0.1台兩
單位選擇：公克g/台兩tl
秤台尺寸：直徑14.5(公分)
體積：長24公分 寬17公分 高3.7公分
重量：250公克
使用電源：3號電池2顆 (無附贈)
使用環境：0°C~38°C 溼度 ≦80%RH
產地：中國(台灣監製)

注意事項
1.當物品重量超重或太輕，電子秤則會無法顯示。
2.重擊或重壓會造成機器損壞。
3.避免再電波磁場干擾下使用電子秤。
4.避免太陽下曝曬、高濕氣環境。
5.若將長時間不使用，請取下電池，防止電池漏液造成損壞。
6.請勿長時間放置物品於秤盤上，因而影響測量精準度。
7.本產品非供營業交易、證明或公務檢測之用途。

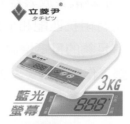

圖 33-10　　　　　　　　　　　圖 33-11

表 33-1 為 TM-300 電子秤的拆解圖示及進行量測前的準備工作。為方便量測工作的進行，請先在電子秤的電路板上白線與藍線的地方個銲接出一紅一黑的單芯線，可參照圖 33-12 所示。後面將以多用途家用電子秤 TM-3000 為感測器，利用 USB-6008 來量測重量。

表 33-1

設備名稱	設備圖	腳位
多用途家用電子秤 立菱尹 TM-3000		從電子秤的電路板中白線和藍線的地方銲出兩條線一黑(sensor-) 一紅 (sensor+)，如圖 33-12 所示。藍或白正負無差別。

圖 33-12　　電子秤電路板

33-4 訊號處裡

33-4.1 電路設計

　　圖 33-13 所示為儀表放大器電路。因為荷重元接上激發源後輸出變化極小需要透過儀表放大電路進行阻抗匹配和小訊號放大。否則在 USB-6008 擷取信號後秤重會毫無變化，故必須要有足夠的電壓增益才能量測得到重量的變化。透過後一級放大電路的 R10 調整直流位準讓工作點正常。表 33-2 為所需的電子材料表。

表 33-2 電子材料表

材料名稱		備註
10k 臥式上調可變電阻 *1	560k 1/4W 精密電阻 *4	在儀表放大電路中電阻相當重
0.1μF 無極性電容 *2	20k 1/4W 精密電阻 *1	要，一點點的誤差都可以使輸出
TL082 *1(運算放大器)	10k 1/4W 精密電阻 *2	電壓有極大的誤差，故在此電路
TL081 *1(運算放大器)	10k 可變電阻 25 轉 *1	中的電阻須採用精密電阻。

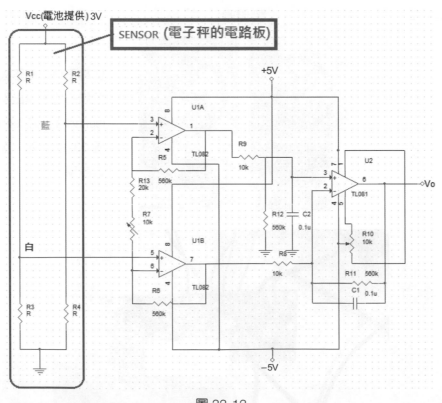

圖 33-13

STEP 1　電路接線完成後，請先接上電源暫且不要接上感測器，把 TL082 的 3 腳和 5 腳接地並調整 R10 使 Vo(TL081 的第 6 腳) 輸出趨近於 0V。

STEP 2　把 TL082 的第 3 腳和 5 腳開路並各別接回感測器的藍與白線端點。接上電子秤電源 (2 顆 3 號電池)。

STEP 3　開啟電子秤，隨意秤重假設 100 克，試著調整 R7 使 Vo 等於 0.1V。假設再秤重 200 克能使輸出等於 0.2V，如果成功了，代表電路功能正常。

33-4.2 資料擷取

圖 33-14 和 33-15 所示為整體連接圖 (包括感測器量測電路和 DAQ USB-6008) 和實體圖，首先將所有電源接上並確定 USB-6008 可以正常工作。接著連接 USB-6008 的 AI0(V+) 到儀表放大電路的 Vo(6 腳)，連接 USB-6008 的 AI4(V-) 到儀表放大電路的接地腳，完成後即可開始程式撰寫。

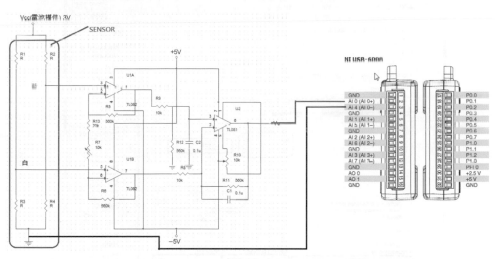

圖 33-14

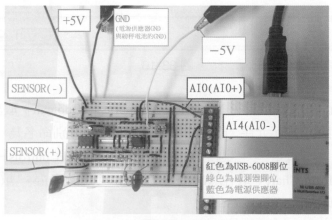

圖 33-15

33-5 程式撰寫

33-5.1 數值 V.S. 儀表的計算準則

此電路由於雜訊干擾,無法依照先前 33-4.1 小節測試的數據做對照,只能透過實際接上 USB-6008 對照電子秤數位錶頭進行數值校正。經過筆者校正後得知擷取到的訊號需要乘上 2901.234 才能量測到精確的重量。

33-5.2 LabVIEW 程式設計 (重量量測)

STEP 1 利用 DAQ Assistant,Step by Step 來完成所需的程式。其中 DAQ Assistant 的設定步驟請參考之前 Pt-100 的 DAQ Assistant 的設定步驟,如圖 33-16。

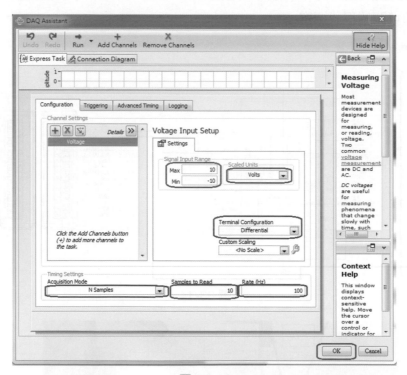

圖 33-16

STEP 2 在人機介面「Controls → Modern → Numeric 和 Boolean」取出兩個數值控制元件、一個數值顯示元件、兩個布林顯示元件,並分別命名為"重量上限"、"重量下限"、"重量"、"過重"、"過輕",並從「Controls → Modern → Graph → Waveform Chart」取出 Waveform Chart,並命名為"重量波形",如圖 33-17 所示。

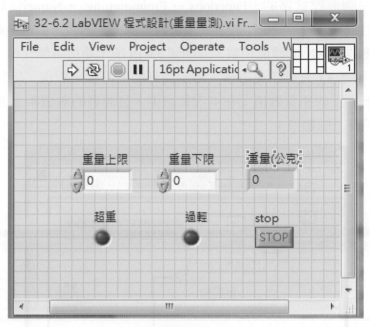

圖 33-17

STEP 3 接著，在圖形程式區點選滑鼠右鍵從函數面板取出「Express → Signal Analysis → Filter」濾波器函數，接著在跳出來的視窗中，設定 Filtering Type 為 Lowpass(低通)，再設定 Cutoff Frequency(截止頻率) 為 2 與 Order(N 階濾波) 為 3，如圖 33-18 所示。

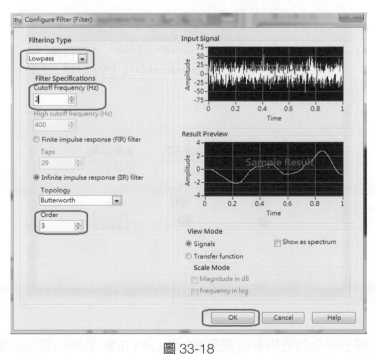

圖 33-18

STEP 4 接著在圖形程式區的「Functions → Programming → Numeric 和 Comprasion」
中取出乘、大於等於、小於等於函數各一個，並創造一個常數設定為 2901.234
和濾波器的輸出動態值相乘，並如圖 33-19 所示連接各個元件。最後結果如圖
33-20 所示。(當校正完成後，將量測到的值乘上一數值。，後的數值必須接
近電子秤上的重量數值。在本次實驗中，量測到的數值乘上 2901.234 後趨近
於電子秤上的數值)

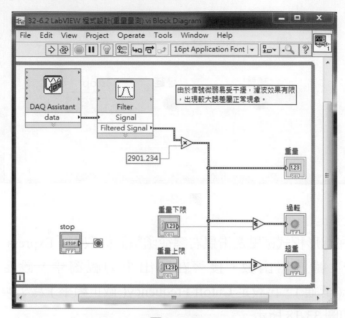

圖 33-19

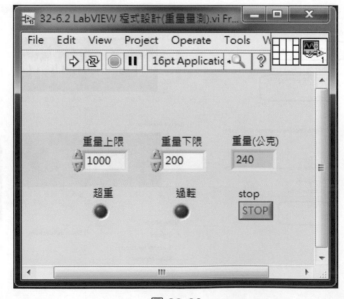

圖 33-20

註 完成後，在電子秤上放重物，並調整 R7 使 LabVIEW 量測的數值和電子秤的數值一
樣，即可大功告成。

第 34 章 pH 感測器

34-1 pH 感測器的原理

pH 感測器是用來測量各種物體的酸鹼值,例如液體、土壤和食物等。它可以被應用在農業、醫學、養殖漁業、環境監測和汙染偵測等。圖 34-1(a) 所示為土壤酸鹼度檢測、圖 34-1(b) 所示為食物酸鹼度檢測計、圖 34-1(c) 所示為水質酸鹼度檢測。在本章節中將會詳細介紹如何測量 pH 值與擷取訊號。

圖 34-1(a)

圖 34-1(b)

圖 34-1(c)

一般水質的 pH 值範圍為 6.5 ~ 8.5 之間,在這數值範圍外的生物將會因為水質過於偏酸或偏鹼造成危害,其範圍及來源如圖 34-1(d) 所示。

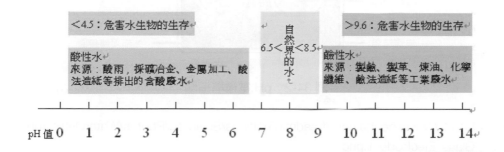

圖 34-1(d)

pH 值，亦稱氫離子濃度指數、酸鹼值，是溶液中氫離子活度的一種標度，也就是溶液酸鹼程度的衡量標準。通常情況下為 25℃、298°K 左右，當 pH 小於 7，溶液呈酸性，當 pH 大於 7，溶液呈鹼性，當 pH 等於 7，溶液為中性。

「pH」中的「p」代表力度、強度，「H」代表氫離子 (H⁺)。pH 值的活性氫離子在摩爾濃度定義下為負的對數，pH − –logH，如式子 34-a 所示。故 pH 值是依氫離子的活性強度去測定的。

$$pH = -\log_{10}\left[aH^+\right] \qquad\qquad 34\text{-}a$$

pH 感測器是由一參考電極及內電極所組成，用以偵測溶液中氫離子 (H⁺) 濃度。而 pH 電極之電極薄膜就相當重要，就是一個只讓氫離子通過的濾網，薄膜對氫離子要有很好的靈敏度和選擇性，才能提高量測準確度，如圖 34-2 為 pH 電極構造圖。

pH 電極主要含 Ag/AgCl 內電極、0.1MHCl 電極內溶液 /AgCl(AgCl 飽和) 及玻璃薄膜。其內部反應式可以表示成能斯特方程式 (Nernstian equation)，如式子 34-b 所示

$$E_{pH} = E^o_{pH} + 0.059\log_{10}\left[aH^+\right] \qquad\qquad 34\text{-}b$$

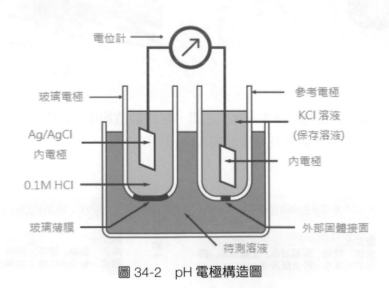

圖 34-2　pH 電極構造圖

圖片來源：http：//www.horiba.com/fileadmin/uploads/Scientific/Photos/WaterQuality/ph/en/Glass_Electrode-1.png

資料參考：化學感測器 施正雄著 五南出版社、Hach 公司、廣州銘睿電子科技公司

34-2　元件特性

　　在這裡使用全華精密儀器公司所代理 Eutech Instruments 的 pH 電極，型號為 ECFC7252101B，如圖 34-3 所示。測量範圍：1 to 13 pH、0 to 80℃，訊號的連接方式採取 BNC。pH 感測器本身屬於密封式 (無法填充)，所以 pH 感測器算是消耗品。固體接面採取多孔高密度接腳。表 34-1 為技術參數，由 34-b 式子可以得知 pH 感測器的輸出電壓變化 59.16mV/pH，但實際上的電壓變化在 50mV ～ 58mV 之間，如圖 34-4 所示為輸出溫度特性曲線圖。如果需要查閱更多詳細資訊，請至光碟內本章節資料夾開啟 "附錄 3"。

表 34-1

圖 34-3

Parameter	pH
Range	1 to 13 pH
Temp. Range	0 to 80 ºC
Liquid Junction Type	Porous HDPE pin
Internal Reference Type	Ag/AgCl
Sealed/Refillable	Sealed
Reference Junction	Single
Refilling Reference Electrolyte	–
Dimensions (Shaft)	90 x 12 mm
Cable Length	1 m
Connector	BNC
Description	General purpose plastic-body pH electrode
Used With	All pH meters with BNC input connector

Influence of Temperature on pH Measurement

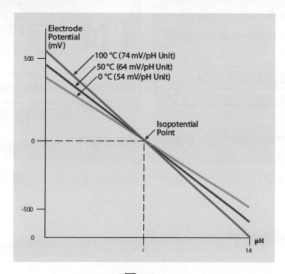

圖 34-4

34-2.1 pH 感測器的選用

　　Eutech 所販售的感測器有兩種材質的包裝，分別為玻璃與塑膠，如圖 34-5 和圖 34-6 所示。玻璃材質的感測器可承受 100℃ 以上的高溫、耐腐蝕性的材料與溶劑且容易清理，適合實驗使用，但是很脆弱，所以請小心使用。塑膠材質的 pH 感測器在使用時建議量測物的溫度範圍不要超過 80℃，腐蝕性的材料與溶劑的耐性適中。塑膠材質能承受一定的碰撞，因此適合多種地方使用。

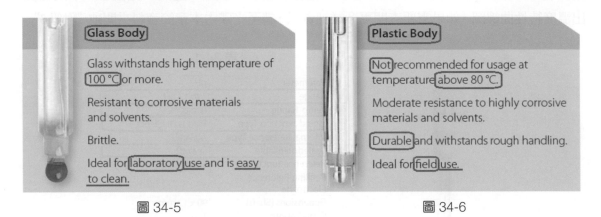

圖 34-5　　　　　　　　　　　　　　　　圖 34-6

　　pH 感測器內部的液體的封裝方式有兩種，分別為填充型與密封型。填充型有注入口，並可以反覆使用多次，缺點是當內部液體快沒了就需要填充。密封型使用後不用太常保養，缺點是如果出現量測不準確情形就需要淘汰，如圖 34-7 和圖 34-8 所示。

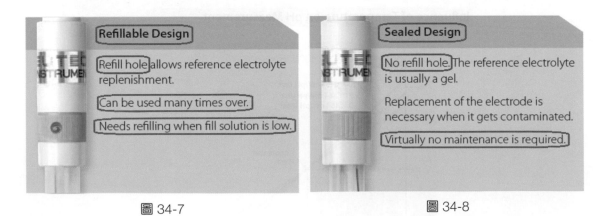

圖 34-7　　　　　　　　　　　　　　　　圖 34-8

34-3　pH 感測器的保養

　　pH 感測器想要長期使用的話，必須做好一定的保養。在這裡以填充內部溶液來作為開頭，補充型補充的方式如圖 34-9(從左至右)，轉動黑色的瓶蓋將瓶口開啟，將補充液接上瓶口後倒入感測器中，完成後轉動瓶蓋將瓶口封閉，這樣就能完成感測器液體的補充。

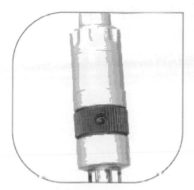
Twist-open the cap to expose the refilling hole

Pour in reference electrolyte with the refilling bottle

Twist-close the cap

圖 34-9

34-3.1　玻璃電極

1. 玻璃表面必需永遠保持乾淨。
2. 做水溶液測量時，先用蒸餾水充分沖洗。
3. 電極暫時不用時 (兩次實驗之間) 玻璃電極應存放在蒸餾水或弱酸緩衝液中。
4. 長期使用強鹼溶液或弱氟氫酸溶液會嚴重減低電極的壽命，而且玻璃表面也會逐漸被融解 (高溫下損毀速率更快)。
5. 如果電極有二星期 (或以上) 沒有使用，應將電極擦乾存放於 KCl、AgCl 溶液中。再次使用之前必需充分浸泡在緩衝溶液中。
6. 電極內部的參考電極四周若有氣泡，會使測量讀值不穩定。因此有氣泡出現時，請輕輕敲 (甩) 電極；如果氣泡卡在 KCl 結晶內，則將電極隔水加熱 (最高不超過 60℃) 以移除氣泡。
7. 新的或乾燥存放後的電極使用之前，需先浸泡在蒸餾水或酸性緩衝溶液中至少 24 小時以上 (小型的電極則需更久的浸泡時間)，才能確保測量數據的穩定；如果急需使用電極而無法做到上述浸泡工作，則測量時需反覆做校正 (未充分浸泡即使用電極，會造成測得數據的漂移)。

8. 注意電極內的 KCl 或 AgCl 溶液高度要保持不超過填加孔位，並要保持電極內可以看到 5mm 高 KCL 固體結晶量最好，避免影響到 PH 電極的靈敏度。

9. 校正液平時保存在室溫即可，長期不用可放在 4℃ 冰箱保存，但使用時需等回到常溫才可使用。

10. 校正液使用約二星期後建議更換，避免影響校正值的準確度。

11. 電極線，接頭連接器必需保持乾燥及輕潔。

12. 每支電極的壽命受到很多因素影響，所以每支電極的壽命也不盡相同。高溫、強鹼溶液，反覆腐蝕或不當保養都會縮短電極壽命，甚至乾燥存放下的電極都會逐漸耗損。一般正常使用下的電極壽命約一到二年 (視使用狀況有所不同)。

13. 實驗後清洗完畢，須以拭鏡紙擦拭，如以其他物品做擦拭會刮傷電極。

34-4 pH 感測器的量測

34-4.1 感測電路設計

首先在實作前必須要有設備和材料，如表 34-2 所示。確保設備和材料無誤後開始設計電路圖，如圖 34-10 所示。工業上生產的 pH 感測器，其輸出特性曲線相當的線性，輸出電壓在 –0.1V ～ 1.0V 之間。在圖 34-10 的電路中，正負 5V 由電源供應器提供，U1A(TL082) 的主要功能是將由 pH 檢測器輸出的電壓訊號作微小放大，並使其與 pH 值作比例。U1B(TL082) 的部份則為電壓隨耦器，其中 VR10K 乃是作為 pH 值 7 的參考校準用。

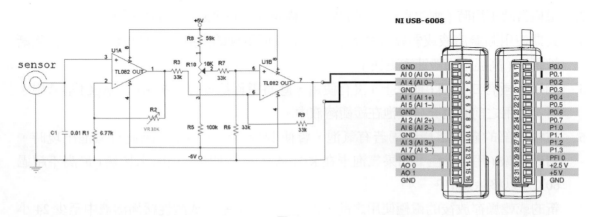

圖 34-10

表 34-2　設備和材料說明

設備和材料名稱	設備圖	腳位
ECFC7252101B pH 電極		輸出：BNC 接頭
BNC 轉接頭 公轉兩芯雙絞線		接在 BNC 轉接頭母對母的一端
BNC 轉接頭母對母		一端接在 pH 電極的輸出 BNC 接頭，另一端接在 BNC 公轉兩芯雙絞線
pH 10 校正液		在普通的化工材料行就有販售，約 80 元
pH 4 校正液		在普通的化工材料行就有販售，約 80 元

表 34-2　設備和材料說明 (續)

設備和材料名稱	設備圖	腳位
TL082 (運算放大器)		腳位說明如圖 34-11 所示
USB-6008		左方由上至下為 AI 腳位 右方由上至下為 DO 腳位 其腳位圖在硬體篇有提到，如 有不熟悉，請詳閱硬體篇。
6.77K or 6.8K × 1	1/4W 精密或碳膜電阻	
33K × 4	1/4W 機密或碳膜電組	
0.01μF	無極性電容	
VR 10K × 2	25 轉 可變電阻	
100K × 1	1/4W 機密或碳膜電組	
59K or 56K × 1	1/4W 機密或碳膜電組	

　　TL082(運算放大器) 中內含兩個 OPA 運算放大器的 IC，1、2 和 3 腳分別為第一組放大器的輸出、反向輸入及正向輸入，4 腳為負電源、8 腳為正電源，5、6、7 腳分別為第二組放大器的正向輸入、反向輸入及輸出。完成之實體電路與 DAQ 卡連結，如圖 34-12 所示。

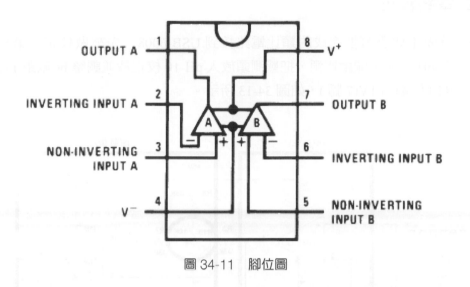

圖 34-11　腳位圖

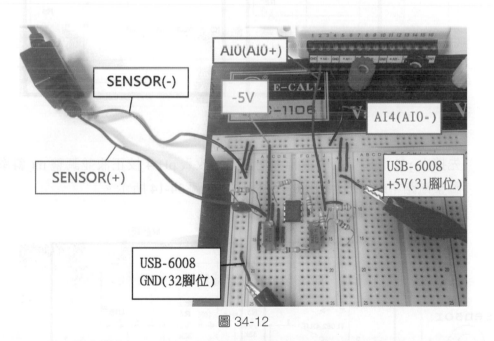

圖 34-12

34-4.2 電路校正

STEP 1 首先不要急著把完成的類比電路接到 USB-6008。先來做校正，第一步先接上 pH 電極、開啟電源，把感測頭放入 pH 10 校正液並調整 b(截距) 電路中的 R10 使輸出 1V(7 腳)，如圖 34-13 所示。

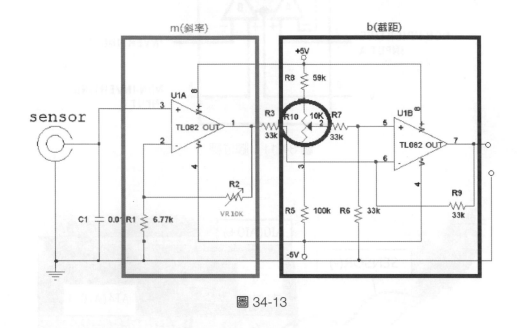

圖 34-13

STEP 2 先接上 pH 電極、打開電源，把感測頭放入 pH 4 校正液並調整 m(斜率)，即調整電路中的 R2 使輸出 0.4V(7 腳)，如圖 34-14 所示。

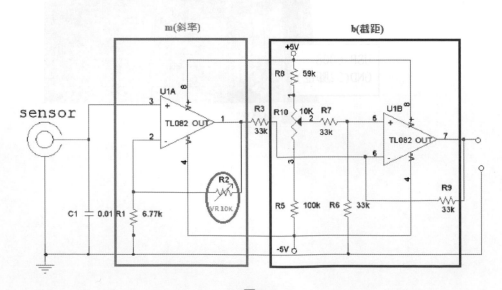

圖 34-14

STEP 3 重複 Step.1 和 Step.2 3 ～ 4 次，之後量測水是否能使輸出 0.68V(7 腳)，如果是則成功，可以進入程式撰寫。如果不是請繼續重覆 Step.1 和 Step.2 步驟直到成功。

　　由此操作過程中可以得知 Vo(7 腳) 的輸出相當於 $y = mx + b$，而其中 m 就是第一級正向放大電路的放大倍數，b 則是第二級加法電路的加數，透過以上步驟交互校正來達到 pH 真正的輸出直線方程式。

34-5 程式撰寫

34-5.1 數值 V.S. 儀表的計算準則

　　從剛才的實作電路可以得知，其 Vo(7 腳) 輸出是 0.1V/pH，也就是每 1pH 就輸出 0.1V，那麼只需要將擷取到的信號乘以 10 就好。

34-5.2 LabVIEW 程式設計 (pH 量測)

STEP 1 利用 DAQ Assistant，Step by Step 來完成所需的程式。DAQ Assistant 的設定步驟可參考之前 Pt-100 的 DAQ Assistant 的設定步驟，如圖 34-15 所示。

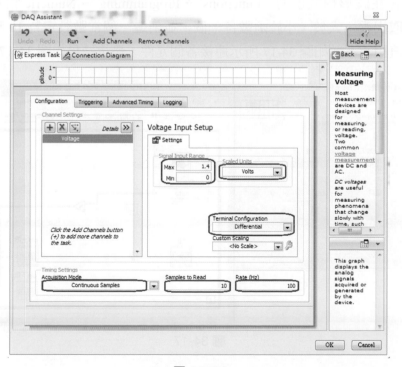

圖 34-15

STEP **2** 接著在人機介面「Controls → Modern → Numeric 和 Boolean」中取出二個數值控制元件，二個 "Round LED" 和一個數值顯示元件，並分別命名為 "上限"、"下限"、"過鹼"、"過酸"、"pH 值"，如圖 34-16 所示。

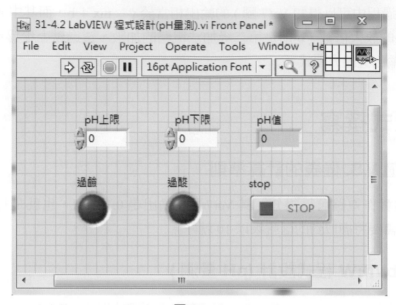

圖 34-16

STEP **3** 接著在圖形程式區的「Functions → Programming → Numeric 和 Comprasion」中取出乘、大於、小於函數各一個，並創造一個常數設定為 10 和擷取到的靜態值相乘，並如圖 34-17 所示連接各個元件，最後結果如圖 34-17 所示。

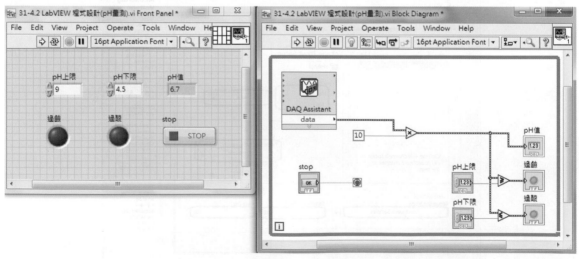

圖 34-17

國家圖書館出版品預行編目資料

LabVIEW 與感測電路應用 / 陳瓊興編著. -- 四版.
  -- 新北市 : 全華圖書股份有限公司, 2021.03
    面 ; 公分
  ISBN 978-986-503-576-1(平裝附數位影音光碟)

1.CST: LabVIEW(電腦程式) 2.CST: 量度儀器

331.7029   110002269

LabVIEW 與感測電路應用

(第四版)(附範例、多媒體光碟)

作者 / 陳瓊興

發行人 / 陳本源

執行編輯 / 張峻銘

出版者 / 全華圖書股份有限公司

郵政帳號 / 0100836-1 號

印刷者 / 宏懋打字印刷股份有限公司

圖書編號 / 06323037

四版二刷 / 2023 年 2 月

定價 / 新台幣 600 元

ISBN / 978-986-503-576-1

全華圖書 / www.chwa.com.tw

全華網路書店 Open Tech / www.opentech.com.tw

若您對本書有任何問題,歡迎來信指導 book@chwa.com.tw

臺北總公司(北區營業處)
地址:23671 新北市土城區忠義路 21 號
電話:(02) 2262-5666
傳真:(02) 6637-3695、6637-3696

南區營業處
地址:80769 高雄市三民區應安街 12 號
電話:(07) 381-1377
傳真:(07) 862-5562

中區營業處
地址:40256 臺中市南區樹義一巷 26 號
電話:(04) 2261-8485
傳真:(04) 3600-9806(高中職)
     (04) 3601-8600(大專)

（請由此線剪下）

歡迎加入 全華會員

● 會員獨享

會員享購書折扣、紅利積點、生日禮金、不定期優惠活動⋯等。

● 如何加入會員

掃 QRcode 或填妥讀者回函卡直接傳真 (02) 2262-0900 或寄回，將由專人協助登入會員資料，待收到 E-MAIL 通知後即可成為會員。

如何購買 全華書籍

1. 網路購書

全華網路書店「http://www.opentech.com.tw」，加入會員購書更便利，並享有紅利積點回饋等各式優惠。

2. 實體門市

歡迎至全華門市（新北市土城區忠義路 21 號）或各大書局選購。

3. 來電訂購

(1) 訂購專線：(02) 2262-5666 轉 321-324
(2) 傳真專線：(02) 6637-3696
(3) 郵局劃撥（帳號：0100836-1　戶名：全華圖書股份有限公司）
※ 購書未滿 990 元者，酌收運費 80 元。

OpenTech 全華網路書店.com.tw

全華網路書店 www.opentech.com.tw
E-mail: service@chwa.com.tw

※ 本會員制如有變更則以最新修訂制度為準，造成不便請見諒。

讀者回函卡

掃 QRcode 線上填寫 ▶▶▶

姓名：　　　　　　　　　生日：西元　　　年　　　月　　　日　　性別：□男 □女

電話：（　　　）　　　　　　　　手機：

e-mail：　　　　　　　　　　　（必填）

註：數字零，請用 Φ 表示，數字 1 與英文 L 請另註明並書寫端正，謝謝。

通訊處：□□□□□

學歷：□高中・職　□專科　□大學　□碩士　□博士

職業：□工程師　□教師　□學生　□軍・公　□其他

學校／公司：　　　　　　　　　　　科系／部門：

・需求書類：

□A. 電子　□B. 電機　□C. 資訊　□D. 機械　□E. 汽車　□F. 工管　□G. 土木　□H. 化工　□I. 設計
□J. 商管　□K. 日文　□L. 美容　□M. 休閒　□N. 餐飲　□O. 其他

・本次購買圖書為：　　　　　　　　　　　　　　　　書號：

・您對本書的評價：

封面設計：□非常滿意　□滿意　□尚可　□需改善，請說明
內容表達：□非常滿意　□滿意　□尚可　□需改善，請說明
版面編排：□非常滿意　□滿意　□尚可　□需改善，請說明
印刷品質：□非常滿意　□滿意　□尚可　□需改善，請說明
書籍定價：□非常滿意　□滿意　□尚可　□需改善，請說明
整體評價：請說明

・您在何處購買本書？

□書局　□網路書店　□書展　□團購　□其他

・您購買本書的原因？（可複選）

□個人需要　□公司採購　□親友推薦　□老師指定用書　□其他

・您希望全華以何種方式提供出版訊息及特惠活動？

□電子報　□DM　□廣告（媒體名稱　　　　　　　　　　　）

・您是否上過全華網路書店？（www.opentech.com.tw）

□是　□否　您的建議

・您希望全華出版哪方面書籍？

・您希望全華加強哪些服務？

感謝您提供寶貴意見，全華將秉持服務的熱忱，出版更多好書，以饗讀者。

填寫日期：　　／　　／

2020.09 修訂

親愛的讀者：

感謝您對全華圖書的支持與愛護，雖然我們很慎重的處理每一本書，但恐仍有疏漏之處，若您發現本書有任何錯誤，請填寫於勘誤表內寄回，我們將於再版時修正，您的批評與指教是我們進步的原動力，謝謝！

全華圖書　敬上

勘　誤　表

書 號				書 名		作 者
頁 數	行 數			錯誤或不當之詞句		建議修改之詞句

我有話要說：（其它之批評與建議，如封面、編排、內容、印刷品質等・・・）